普通高等教育人工智能与大数据系列教材

Python 程序设计：
从基础开发到数据分析

艾小伟　编著

机械工业出版社

本教材包括两部分内容：第 1 部分是前 9 章，内容为 Python 编程基础知识；第 2 部分是后 5 章，内容为 Python 数据分析基础知识及应用。

第 1 章从编程语言的特点入手，介绍 Python 的学习路径及其安装方法。第 2 章介绍 Python 的基础语法，包括变量、数据类型、运算符、内置函数。第 3 章介绍 Python 的四种序列结构，包括列表、元组、字典、集合。第 4 章介绍 Python 的条件控制、循环控制结构。第 5 章介绍 Python 的自定义函数。第 6 章介绍 Python 常用标准库、第三方库的功能。第 7 章介绍字符串的编码格式及常用方法。第 8 章介绍 Python 对文本文件、二进制文件的操作。第 9 章介绍 Python 面向对象编程的机制及特点。第 10 章介绍 NumPy 数组及数组间的运算。第 11 章介绍 Matplotlib 库下 6 种基本图形及动态图的绘制。第 12 章介绍 Python 与 MySQL 数据库编程。第 13 章介绍 Pandas 统计分析基础。第 14 章介绍 skl 库下，常用机器学习算法的使用。

本教材配套以下教学资源：教学 PPT、习题答案、数据分析支撑文件、程序代码等，请选用本书作教材的老师登录 www.cmpedu.com 注册下载，或发邮件至 jinacmp@ 163.com 索取（注明学校名+姓名）。书中的程序代码均在 Python 3.8、Anaconda 3 上调试通过，有些需要安装第三方库。

本书可作为普通高校计算机、大数据、人工智能、金融管理等专业的教材，也可供广大从事数据分析、人工智能、机器学习等应用系统开发的技术人员参考。

图书在版编目（CIP）数据

Python 程序设计：从基础开发到数据分析/艾小伟编著. —北京：机械工业出版社，2021.6（2023.6 重印）
普通高等教育人工智能与大数据系列教材
ISBN 978-7-111-68156-4

Ⅰ.①P…　Ⅱ.①艾…　Ⅲ.①软件工具-程序设计-高等学校-教材
Ⅳ.①TP311.561

中国版本图书馆 CIP 数据核字（2021）第 083215 号

机械工业出版社（北京市百万庄大街 22 号　邮政编码 100037）
策划编辑：吉　玲　责任编辑：吉　玲
责任校对：张　力　封面设计：张　静
责任印制：张　博
北京建宏印刷有限公司印刷
2023 年 6 月第 1 版第 3 次印刷
184mm×260mm · 19.5 印张 · 493 千字
标准书号：ISBN 978-7-111-68156-4
定价：59.80 元

电话服务　　　　　　　　　　网络服务
客服电话：010-88361066　　机　工　官　网：www.cmpbook.com
　　　　　010-88379833　　机　工　官　博：weibo.com/cmp1952
　　　　　010-68326294　　金　书　网：www.golden-book.com
封底无防伪标均为盗版　　　　机工教育服务网：www.cmpedu.com

前　言

　　任何一种编程语言都有自己的语法规则、命名规范，包括变量的命名、数据类型、赋值运算、程序结构、基本函数、对外交互等，但程序员用程序解决问题的思路应是一样的。任何一名程序员，只要从开始就养成一个好的编程习惯，理清自己的编程思路，就一定会成为优秀的程序员。

　　我从事编程已有二十多年，使用过的编程语言超过十种，一次偶然的机会我接触到 Python，并喜欢上它，现结合自己多年的编程经历和教学实践编写了本教材。

　　本教材主要包括两部分内容：前 9 章是 Python 编程的基础知识，涵盖了 Python 各个应用领域的知识点；后 5 章是 Python 数据分析的基础知识及应用。

　　本教材在介绍基础知识点时，都会结合具体的例子进行讲解。尤其是在数据分析方面，提供了多种多样的数据格式，包括文本文件（∗.txt）、逗号分隔文件（∗.csv）、Excel 文件（∗.exl）、Word 文件（∗.doc）、NumPy 压缩文件（∗.npz）、其他二进制文件、数据库文件（MySQL），使读者在不知不觉中，提高了处理各种数据的编程能力。

　　另外，在第 6 章，增加了人脸识别、语音识别方面的案例。在第 14 章，增加了逻辑回归、神经网络、支持向量机等机器学习方面的内容。特别是深度学习离不开神经网络，而神经网络的学习成本非常高，为了提高读者的学习效率，14.4 节对此进行了大胆尝试。

　　本教材只需要读者具备计算机的基础知识即可，不需要太多计算机方面的前导课程，如果学过 C 语言，则上手会相对容易。

　　本书可作为 Python 程序设计与数据分析课程的教材，还可作为在校的研究生、高校教师等科研工作者的自学用书。

　　本教材配备了源代码、习题答案及数据文件，都可通过本书提供的百度网盘，或机械工业出版社的相应渠道免费获得。选用本书作为教材的教师，还可获得教材的 PPT 及教学大纲。

　　本教材的顺利出版，离不开各方面的大力支持。首先感谢父母的养育之恩，让我从一个贫苦的农村娃，成长为一名高校教师。其次感谢我爱人背后的默默支持，让我能安心下笔，女儿的不停鞭策，也给了我无穷动力。另外，还要感谢南昌航空大学的领导和同事们的大力支持。最后，要感谢机械工业出版社的吉玲编辑，她工作认真、责任心强，我们对书稿的内容多次沟通、反复修改，合作非常愉快，这是我人生中一段快乐的旅程。

　　感谢本教材的每一位读者，学习编程是一件苦中有乐之事，希望您能从中受益。

　　由于编者水平有限，书中错误或不当之处在所难免，欢迎读者批评指正，我的邮箱是627869587@qq.com。

艾小伟

于南昌前湖

教材使用说明

本教材兼顾了不同层次的学生的需求。带（＊）的章节内容有难度，教师可根据需要选择教学内容，也可以安排学生自学。

前 11 章是基础，建议学时分配如下：

序号	教学内容	学时分配	其中			
			讲授	实验	上机	实践
1	第 1 章　Python 概述	2	2			
2	第 2 章　Python 基础语法	6	4		2	
3	第 3 章　Python 序列结构	6	4		2	
4	第 4 章　Python 程序控制结构	2	2			
5	第 5 章　Python 自定义函数	4	2		2	
6	第 6 章　Python 常用库	2	2			
7	第 7 章　Python 字符串	4	2		2	
8	第 8 章　Python 文件操作	2	2			
9	第 9 章　面向对象程序设计（＊）	2	2			
10	第 10 章　NumPy 库	4	4			
11	第 11 章　Matplotlib 库与数据可视化	6	4		2	
	合　　计	40	30		10	

后 3 章为数据分析方面的应用知识，建议学时分配如下：

序号	教学内容	学时分配	其中			
			讲授	实验	上机	实践
12	第 12 章　Python 与 MySQL 数据库	6	4		2	
13	第 13 章　Pandas 统计分析基础	6	4		2	
14	第 14 章　sklearn 数据建模	12	8		4	
	合　　计	24	16		8	

本教材中的案例要使用以下软件：Python 3.9，Anaconda 3，MySQL 8.0.22。读者可从官网下载安装文件，也可用手机微信扫描下面的百度网盘二维码，下载安装文件（内容均来自官网）。

前9章上机环境是Python IDEL，后5章上机环境是Spyder（或Jupyter Notebook）。

数 据 清 单

章　节	文件名及说明
第 3 章	杜甫的家国情怀.txt
第 4 章	三国演义.txt
第 6 章	face_68_point.jpg、shape_predictor_68_face_landmarks.dat
第 7 章	红楼梦.txt
第 8 章	smstock.ibd、格利高里·派克.jpg
	年度新生人口和死亡人口.xls（1949—2016 年数据）
	高数线代考试成绩.xls（收录高校某年级考试数据）
第 10 章	testSet.txt（机器学习经典数据集，对二维变量（x,y）的 100 次观察数据，含标签）
	人均国民收入.xls（收录了 1991—2010 年我国人均国民收入数据）
	深指日交易数据.csv（收录了 2014 年某 10 天的交易数据）
	历年新生人口和死亡人口.xls（收录 1949—2019 年，我国出生、死亡人口数）
	历年总人口.xls（收录 1949—2016 年，我国历年总人口、男性人口、女性人口、城市人口、农村人口）
第 11 章	sh000001.xls（收录了 A 股沪指 1990.12.19 至 2014.09.02 共 5784 个交易日数据）
	人均消费金额与人均国民收入.xls（收录了 1991—2010 年的数据）
	国民经济核算季度数据.npz（收录了 2000—2017 年 4 个季度的国内生产总值、第一、二、三产业增加值等其他 9 个行业的增加值）
	6.png（为手写数字 6 的图片）
	粮食产量与化肥施用量.xls（收录了 20 笔数据）
	沪深综指日交易数据.xls（收录了沪指综合指数、深指综合指数、格力电器 1990.12 至 2014.09 期间的日交易数据）
	格力电器（SZ000651）股票交易数据.xls（收录了格力电器 2021.01.01 至 2021.02.24 期间的日交易数据）
	普通高校毕业生人数、考研报考人数、考研录取人数.xls
	美国、中国、日本历年 GDP.xls（1980—2019 年）
第 12 章	股票日交易数据 20120425.xls（收录了 2012.04.25 日我国 A 股部分股票的日交易数据，共 3173 条记录）
	我国部分城市汇总表.xls
	教学数据库（MySQL），含数据库表 Create Table 语句、Insert into 语句

（续）

章　节	文件名及说明
第13章	各国GDP（2001—2011）.xls
	股票数据库（MySQL），含数据库表 Create Table 语句、Insert into 语句
第14章	农村居民家庭平均每人消费支出.xls
	A股沪市综合指数（20200101至20201224）.csv、贵州茅台（sh600519）.csv
	788points.txt（收录788个点的二维坐标）、粮食产量与化肥施用量.xls

本书配套资源下载

目 录

IX

第 1 章

Python 概述

Python 是一种结合了解释性、编译性、互动性和面向对象的跨平台的计算机程序设计语言。

Python 语言诞生于 1989 年，其创始人为荷兰人吉多·范罗苏姆（Guido van Rossum）。它最初被设计用于编写自动化脚本（shell），但由于开源、免费，特别是随着人工智能、机器学习、深度学习、数据挖掘及大数据的深入应用，逐渐被业界重视，并成为教育界、研究机构、工业界等追捧的热门语言。

本章学习要点：

- 程序语言的运行机制
- Python 语言的特点
- Python 语言的应用领域
- Python 语言的开发环境
- Python 语言的编程规范
- Python 第三方库的安装

1.1 Python 语言简介

1.1.1 编程语言概述

程序就是计算机对现实世界的数字化模拟。对计算机而言，程序就是若干条指令，用来告诉计算机做什么、怎么做，而编写程序就是需要用计算机可以"理解"的语言来提供这些指令。

借助语音识别技术开发出来的产品，如天猫精灵、小度在家等，可以使用汉语直接告诉计算机做什么。然而，要设计一个完全理解人类语言的计算机程序，仍然是一个遥远的梦想。

为了实现这个梦想，计算机专家从早期的汇编语言出发，不停地研发，已经开发出了很多种编程语言，称为高级语言，如 Cobol、Fortran、C、C++、C#、Java、Python 等。随着时代发展和技术进步，编程语言会不停地升级，并出现多个不同的版本，其目的都是为了方便程序员理解和使用。但严格来说，计算机无法直接"理解"它们。计算机硬件只能理解一种非常低级的编程语言，称为机器语言。

高级语言可以使用自然语言来编程，但高级语言的程序最终必须被翻译成机器指令来执行。高级语言按照程序的执行方式，可以分为编译型语言和解释型语言。

1. 编译型语言

使用专门的编译器，针对特定平台（操作系统）将高级语言源程序，一次性转换成可被该平台硬件执行的机器语言（包括机器指令和操作数），称为编译型语言。将程序包装成该平台能识别的可执行程序的格式，这个转换过程称为编译（Compile）。

编译生成的可执行程序（exe 文件）可以不依赖开发环境，在特定的平台上独立运行，其运行效率较高。但是，这个被编译生成的机器码，与对应的平台有关，无法跨平台运行。若要在别的平台上运行，则必须在指定平台上对源代码重新修改，并重新编译。现有的 C、C++、Objective-C 等高级语言都属于编译型语言。

2. 解释型语言

使用专门的解释器，将源程序逐行解释成特定平台的机器代码，并立即执行的语言，称为解释型语言。它把编译型语言中的编译和解释过程混合起来，一同完成。

解释型语言的程序运行效率通常较低，且不能脱离解释器单独运行，因为它每次执行都要进行一次编译。但是，它跨平台比较容易，其源程序不需要修改，只需提供指定平台的解释器即可。现有的 Java、Python 等高级语言都属于解释型语言。

此外，还有一种编程语言，比如 Visual Basic，它不属于解释型语言，也不是真正的编译型语言，而属于伪编译型语言，一般称为半编译型语言。它首先被编译成 P-code 代码（中间代码），并将解释引擎封装在可执行程序内，当运行程序时，P-code 代码才会被解析成真正的二进制代码。

Visual Basic 通过各种应用程序接口（API），能极大提高程序的开发效率。表面上看，这个被编译的可执行程序文件，可以脱离开发环境，在特定平台上运行，但是它含有链接解释程序的接口代码，容易受到第三方软件（比如杀毒软件）的攻击，使程序的功能无法正常执行。

编译型语言、半编译型语言和解释型语言的对比如图 1-1 所示。

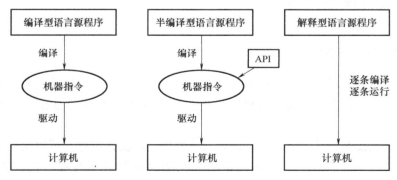

图 1-1 编译型语言、半编译型语言和解释型语言

1.1.2 Python 语言的特点

与其他编程语言（如 C、Java）相比，Python 语言有以下特点：

（1）简单易学、上手容易。好的 Python 程序就像读英语段落一样。

（2）Python 是一种跨平台、开源、免费的解释型高级动态编程语言。Python 生态已经形成，很多成熟、稳定的 Python 源程序可以从网络获得，无须从零开发。

（3）可移植性。由于 Python 是开源的，它已经被移植到许多平台上。只要为平台提供了相应的 Python 解释器，Python 程序无须修改，就可以在该平台上运行。

（4）面向对象。Python 既支持面向过程编程，也支持面向对象编程。在 Python 中，一切皆是对象。

（5）可扩展性。Python 的可扩展性体现为它的模块，Python 具有脚本语言中最丰富和强大的类库，这些类库覆盖了文件输入输出（I/O）、图形用户界面（GUI）、网络编程、数据库访问、文本操作等绝大部分应用场景。Python 可扩展性一个最好的体现是，当我们需要一段关键代码运行得更快时，可以将其用 C 或 C++ 语言编写，然后在 Python 程序中引用即可。

作为一种解释型语言，Python 的不足主要表现为：

（1）与 Java、C、C++ 等程序相比，Python 程序的运行效率较低；

（2）由于 Python 直接运行源程序，因此 Python 的源代码加密比较困难。

需要说明的是，由于 Python 语言的运行机制，使其在处理海量数据分析时，具有别的语言无法比拟的优势。至于源代码加密问题，在如今开源时代，已经不是人们优先考虑的主要问题了。

1.1.3　Python 语言的应用领域

Python 作为一种功能强大的编程语言，因其简单易学、开源、免费，而受到越来越多开发者的追捧。Python 语言的应用领域主要有下面 5 个方面。

1. Web 应用开发

通过 Django 框架，可以用 Python 编写 Web 程序。例如，Google 公司，在其产品中大量使用 Python 语言，如网络搜索、TensorFlow 深度学习框架等；集电影、读书、音乐于一体的豆瓣网，也是用 Python 开发的。

2. 操作系统管理、自动化运行维护开发

很多操作系统中（比如 Linux），Python 是标准的系统组件，可以在终端直接运行 Python。

3. 游戏开发

由于 Python 支持更多的特性和数据类型，很多游戏使用 C++ 编写图形显示等高性能模块，再通过 Python 引入，可以开发出高性能、高要求的游戏软件。

4. 编写服务器软件、数据爬取

Python 对各种网络协议的支持很完善，如利用标准库 urllib、正则表达式库 re 等，可用于编写服务器软件以及网络爬虫。再如，Python 的第三方库 Twisted，它支持异步网络编程和多数标准的网络协议（包含客户端和服务器端），也被广泛用于编写高性能的服务器软件。

5. 科学计算、数据分析、算法实现

NumPy（数组）、Matplotlib（数据可视化）、Pandas（数据处理）、sklearn（机器学习）、SciPy（科学计算），可以让 Python 程序员编写科学计算程序、机器学习的算法实现，以及大数据分析应用。

1.2　Python 学习路径

1.2.1　Python 的 3 个版本

1994 年发布的 Python 1.0 版本已过时。

2000 年发布的 Python 2.0 版本已停止更新和维护。

2008 年发布的 Python 3.0 版本，截止到 2020 年 12 月份，已经更新到 3.9.0。

Python 的版本由官网（https://www.python.org/）进行维护，建议初学者到这个官网下载最新的稳定版。

1.2.2　Python 知识表格

对于 Python 初学者，下面是一些建议。

不同的编程语言，在语法形式方面可能会不同，但在语法内容上是一样的。这些内容包括：命名规范、变量及数据类型、运算符及表达式、程序流程控制、内部函数、自定义函数、对外交互等。学习任何一种编程语言，只要掌握了这些，就进入门槛了。初学 Python，最好的环境就是用 Python 安装时自带的 IDEL，它集成了 Python 所有内部函数、标准库，不需要别的任何安装。

另外，Python 语言的优势是擅长数据分析、算法分析，它已被广泛应用于人工智能，包括数据挖掘、机器学习、深度学习等领域，并受大数据、5G 技术的驱动，Python 在图像识别、语音识别、自然语言处理、计算机视觉、自动驾驶、区块链等方面，已经开发出了很多令人耳目一新的商用产品。这些技术已经走进了人们的日常生活，并必将引领新一代信息技术的向前发展。

学习 Python 需要大量的第三方库，并且需要另外安装。有些安装费时费力，初学者对此往往力不从心。幸好 Anaconda 出现了，其发行版预装了 Python 150 个以上的常用库，包括数据分析常用的库：NumPy、Matplotlib、Pandas、sklearn、SciPy 等。

初学者在学习别人的代码时，千万不要原样复制，而应对着源代码，自己一行一行输入，然后边运行、边测试、边体会。这样既能理解语句的功能，遇到问题时，学会自己解决，又能提高自己解决问题的能力，积累编程经验。

本书提供了很多案例，包括设置一些小项目，可以帮初学者掌握必要的开发知识。最后，准备了一个 Python 学习的知识表格，涵盖了 Python 的核心知识，如表 1-1 所示。

Python 的知识面比较广，大家可以根据自己的需要，进行选择性学习。

第一部分，Python 基础知识是必须学的。第二部分，Python 进阶知识，可以选择性学习。第三部分，Python 开发工具，IDEL 是入门阶梯，然后是 Jupyter Notebook，一用就会。如果想从事大项目开发，建议使用 PyCharm。接下来，如果想从事大数据分析，生成器、迭代器、对象的复制、数据库编程、网络爬取等进阶知识，还有数据分析和处理模块等知识，是不可少的。如果想从事人工智能、算法分析，则 Spyder、数据分析与处理、机器学习（深度学习）等知识是不可缺失的。

5

表 1-1　Python 知识表格

Python 基础知识	（1）基本数据结构	数、字符串
		列表、元组、字典、集合
		栈、队列、堆
		树、图
	（2）程序控制语句	条件语句
		循环语句
	（3）文件输出输入	Print、input
	（4）自定义函数	参数、返回值
	（5）错误与异常处理	Try … except
	（6）面向对象编程	类、对象、构造器
		方法、属性
	（7）模块和包	模块、库、命名空间包
Python 进阶知识	（1）参数的传递	引用、地址传递
	（2）对象的深拷贝、浅拷贝	copy
	（3）迭代器	各种迭代循环
	（4）生成器	生成器推导式
	（5）上下文管理器	with
	（6）并发编程	
	（7）元编程	装饰器、元类
	（8）垃圾回收机制	
	（9）正则表达式	
	（10）网络编程	客户端与服务端交互
		网络数据爬取
		数据库编程
Python 开发工具	（1）IDEL	Python 自带开发环境，初学时用
	（2）PyCharm	大型项目开发
	（3）Spyder	数据分析、机器学习
	（4）Jupyter Notebook	教育界、工程领域，培训适用
	（5）Visual Studio	微软可视化开发工作室
Python 核心应用	（1）数据分析与处理	NumPy、SciPy 科学计算
		Matplotlib 数据可视化
		Pandas 数据处理
	（2）服务器端开发	Django 框架
	（3）机器学习（sklearn）、深度学习（TensorFlow）	图像识别
		计算机视觉
		自然语言处理
		量化交易策略

6

1.2.3　Jupyter Notebook：学习别人的源代码的利器

　　Python 发布至今有 20 多年，之所以现在变得热门，得益于机器学习和大数据分析应用的兴起。而 Python 适合于数据统计和机器学习的原因，Jupyter Notebook 功不可没。

　　刚开始学习 Python，一般可通过 IDEL。但是，如果要学习别人的源代码，则 Jupyter Notebook 是一个非常好的工具。它界面友好，一学就会，其最大特点是交互性强。Jupyter Notebook 引进了 Cell 的概念。每次测试可以只运行一小段的代码，并且在代码下方立刻就能看到运行结果。

　　在开源背景下，网上源代码非常多，而学习别人的源代码，Jupyter Notebook 是利器。

　　运行 Jupyter Notebook，需要先安装 Anaconda，具体见 1.5.2 节。Jupyter Notebook 的进入界面和工作界面，如图 1-2、图 1-3 所示。

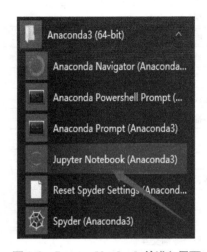

图1-2　Jupyter Notebook 的进入界面　　　　　图1-3　Jupyter Notebook 的工作界面

1.3　Python 安装

1.3.1　Windows 系统安装 Python

　　登录 Python 官网 https://www.python.org/downloads/，下载最新稳定版（Latest version），如图 1-4 所示。下面以操作系统 Windows 10（64 位）为例，给出安装步骤。

图1-4　在 Python 官网下载 Python

　　双击下载文件：Python-3.9.0-amd64.exe，开始安装，如图 1-5 ~ 图 1-8 所示。

　　别忘了在 Add Python 3.9 to PATH 前打钩，否则，一些第三方库无法进行网络安装。

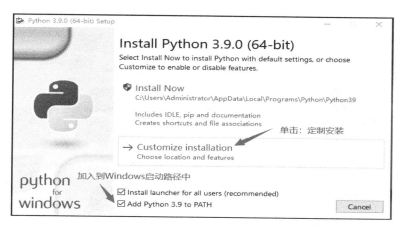

图 1-5　Python 安装界面（一）

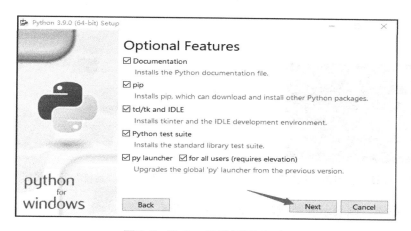

图 1-6　Python 安装界面（二）

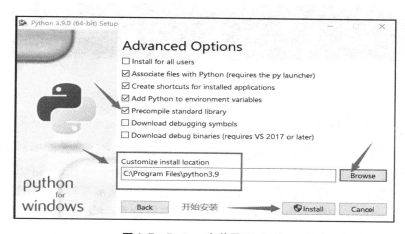

图 1-7　Python 安装界面（三）

　　为了检查安装是否成功，单击计算机左下角，找到"运行"（图 1-9），输入：python，单击"确定"按钮，如图 1-10 所示。

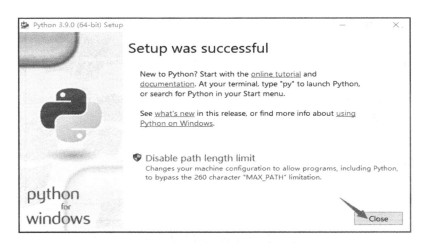

图 1-8　Python 安装界面（四）

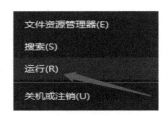

图 1-9　计算机左下角"运行"

图 1-10　"运行"打开界面

如果没有报错，则表示安装成功，如图 1-11 所示。

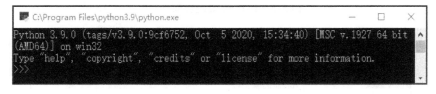

图 1-11　"运行" DOS 命令界面

1.3.2　Python 开发环境 IDEL

通过前面章节的学习我们知道，运行 C 语言程序必须有编译器，而运行 Python 语言程序必须有解释器。在实际开发中，除了运行程序必需的工具外，往往还需要很多其他辅助软件，例如语言编辑器、自动建立工具、除错器等。这些工具通常被打包在一起，统一发布和安装，例如 PythonWin、MacPython、PyCharm 等，它们统称为集成开发环境（Intergreated Development Environment，IDE）。

Python 是一种脚本语言，它没有提供一个官方的开发环境，需要用户自主来选择编辑工具。目前，Python 的开发环境很多，主要有 IDEL（不用另外安装）和 PyCharm（需要单独安装）。

　　IDEL 是 Python 内置的集成开发环境，它由 Python 安装包来提供，也就是 Python 自带的文本编辑器。一般简单的 Python 程序或单个 Python 模块，可以由这个 IDEL 来完成。单击计算机左下角，找到 IDEL，如图 1-12 所示，单击 IDEL，进入开发环境，如图 1-13 所示。

图 1-12　计算机左下角"菜单"

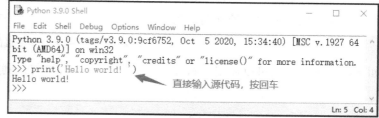

图 1-13　Python IDEL 交互式开发界面

　　在图 1-13 中，可直接输入 Python 语句，按 Enter 键即可运行；或选择 File→New File，如图 1-14 所示，新建一个 Python 源代码文件（可反复运行），输入 Python 语句。

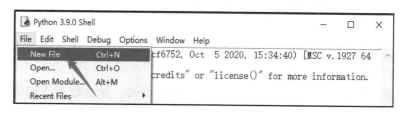

图 1-14　新建 Python 源代码文件

　　然后，单击运行（Run Module），即可，如图 1-15 所示。在运行前，会提示要保存源代码文件。Python 源代码文件的扩展名为 ∗.py，可以用记事本打开，方法是：用鼠标右击文件→打开方式：选择"记事本"。

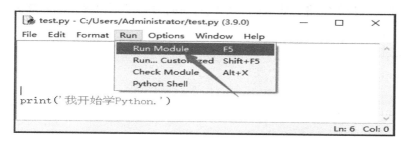

图 1-15　运行 Python 源代码文件

1.4　Python 编程规范

1.4.1　Python 文件类型

　　（1）源代码文件：∗.py，由 Python 程序解释，不需要编译，可用记事本打开。
　　（2）字节码文件：∗.pyc，是由 py 源代码文件编译成的二进制字节码文件，由 Python 加载执行，速度快，可以隐藏源代码。

1.4.2　程序书写规范

1. 语句

通常一行书写一条语句，并且语句结束时不写分号。如果一行内写多条语句，则要求使用英文输入状态下的分号分隔，例如：

```
>>>x = 8;y = 'abcd'          # 注释:单引号是字符串变量的界定符
```

如果语句很长，则可以使用反斜杠（\）来实现多行语句，例如：

```
>>>total = item_one + \
            item_two + \
            item_three
```

在 [ ]，{ }，或（）中的多行语句，不需要使用反斜杠（\），例如：

```
>>>total = ['item_one','item_two','item_three',
            'item_four','item_five']
```

2. 代码块与缩进

与其他程序设计语言（如 Java、C 语言）采用大括号"{ }"分隔代码块不同，Python 采用代码缩进和冒号（:）来区分代码块之间的层次。

在 Python 中，对于类定义、函数定义、流程控制语句、异常处理语句等，行尾的冒号和下一行的缩进表示下一个代码块的开始，而缩进的结束表示此代码块的结束。

注意，Python 中实现对代码的缩进，可以使用空格键或者 Tab 键实现。但无论是手动敲空格，还是使用 Tab 键，通常情况下都是采用 4 个空格长度作为一个缩进量（默认情况下，一个 Tab 键就表示 4 个空格）。

代码块也可称为复合语句，由多行代码组成。Python 中的代码块使用缩进来表示。缩进是指代码行前部预留若干空格，要求同一个代码块的语句必须包含相同的缩进空格数。

```
实例(Python 3.0 +)
if True:
    print("True")
else:
    print("False")
```

3. 注释

编写程序时，一定要养成为程序添加注释的习惯，因为程序不仅仅是自己看，别人也会看。程序员在编写程序时，思路很重要。这个思路是解决问题的方法和步骤，也是培养逻辑思维能力的一个重要途径。对同一个问题，每个人的思路都可能会不一样。一旦思路理清了，看"源代码"就会感觉很流畅。如果没有注释，过了一段时间，即使是自己看，也可能会感到困惑。

给程序添加注释，主要从以下三方面来考虑：

1）编程的思路一定要在注释中讲清楚。

2）一些关键的变量一定要用注释说明：某个变量是干什么用的。

3）任何一个自定义函数一定要用注释说明：函数的功能是什么、要带什么样的参数、返回值是什么。

Python 的注释分为单行注释和多行注释。单行注释以"#"开头，可以是独立的一行，也可以附在语句的后部。如：

```
>>> PI = 3.1415926        # 一般用大写英文字母表示常量
```

多行注释可以使用三个引号（英文的单引号或双引号）作为开始和三个引号作为结束符号。如：

```
'''
    作者：           时间：
'''


"""
    作者：           时间：
    程序功能说明、运行要求等
"""
```

1.5　Python 第三方库的安装

Python 数据工具箱涵盖从数据源到数据可视化的完整流程中涉及的常用库、函数和外部工具。其中，既有 Python 内置函数和标准库，又有第三方库和工具。这些库可用于文件读写、网络抓取和解析、数据连接、数据清洗转换、数据计算和统计分析、图像和视频处理、音频处理、数据挖掘、机器学习、深度学习、数据可视化、交互学习和集成开发，以及其他 Python 协同数据工作工具。

（1）Python 标准库：Python 自带的标准库。Python 标准库无须安装，只需要先通过 import 方法导入便可使用其中的方法。

（2）第三方库：Python 的第三方库。这些库需要先进行安装（部分可能需要配置），然后通过 import 方法导入便可使用其中的方法。随着 Python 生态的发展，目前 Python 的第三方库有 13 万多个，且还在增加。

1.5.1　第三方库的安装方法

1. 网络安装

例如 pip install numpy，由于资源服务器在国外，故速度较慢，可能会失败。可以将计算机中的 pip 源更换成国内的 pip 源，常用的镜像有：

1）清华大学源：https://pypi. tuna. tsinghua. edu. cn/simple。

2）豆瓣源：https://pypi. douban. com/simple。

3）中国科技大学源：https://pypi. mirrors. ustc. edu. cn/simple。

使用镜像方法安装，如安装 MySQL 数据库驱动库（推荐豆瓣源，速度非常快）：pip install - i https://pypi. douban. com/simple pymysql。

2. 下载到本地安装（whl 文件安装）

先到网上下载第三方库的 whl 文件，然后找到下载后的文件，运行安装。这种方法非常麻烦，不建议采用。推荐一个非官方的 Python 第三方库大全网址：https://www.lfd.uci.edu/~gohlke/pythonlibs/。

例如，安装 jieba 库（中文分词库），方法如下：

（1）用鼠标右键单击计算机左下角，单击"运行"命令，如图 1-16 所示。在随后出现的界面上，输入：cmd，单击"确定"按钮，如图 1-17 所示。

图 1-16　计算机左下角"运行"命令　　　　图 1-17　"运行"的打开界面

（2）输入：pip install -i https://pypi.douban.com/simple jieba，按 Enter 键，如图 1-18 所示。

图 1-18　DOS 状态下，运行程序命令

运行结束后，出现如图 1-19 所示的情况，表示安装成功。

图 1-19　通过豆瓣镜像，在线安装 jieba 库

（3）检查第三方库 jieba 库的安装是否成功。如图 1-20 所示，输入 Python 语句：import jieba，按 Enter 键，如果没有报错，表示安装成功。

可以使用 pip list 命令查看当前已安装的 Python 扩展库，如图 1-21 所示。

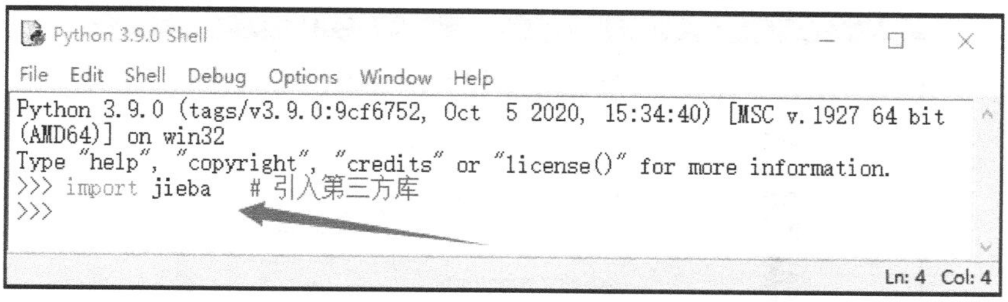

图 1-20　Python IDEL 交互式开发界面

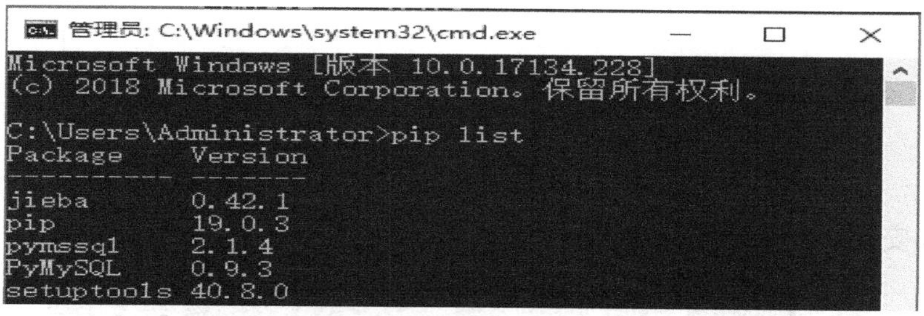

图 1-21　DOS 状态下，运行程序命令

1.5.2　Anaconda 发行版及安装

Python 拥有数据分析常用的 NumPy、SciPy、Pandas、Matplotlib 和 sklearn 等功能齐全、接口统一的库，但都要另外安装，很不方便。这时 Anaconda 发行版产生了。

Anaconda 发行版预装了 Python 150 个以上的常用库，包含数据分析的常用库。

进入 Anaconda 官网：https://www.anaconda.com/distribution/，下载 Windows 系统中的 Anaconda 安装包，注意选择与 Python 对应的版本，如图 1-22 所示。

图 1-22　Anaconda 官网下载 Anaconda 界面

这个官网下载一般会很慢，推荐使用清华大学的镜像下载 https://mirrors.tuna.tsinghua.edu.cn/anaconda/archive/，找到自己需要下载的版本，如图 1-23 所示。

图 1-23　清华大学镜像下载 Anaconda 3

双击下载后的安装文件：Anaconda3-2020.02-Windows-x86_64.exe，如图 1-24 所示。

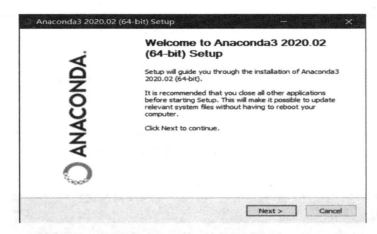

图 1-24 Anaconda 安装界面（Windows 10 环境下）（一）

Anaconda 安装过程如图 1-25 ~ 图 1-29 所示。

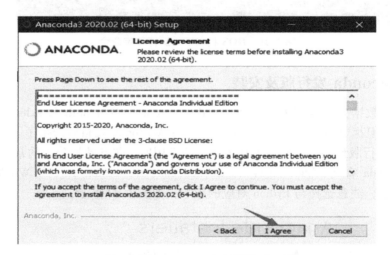

图 1-25 Anaconda 安装界面（二）

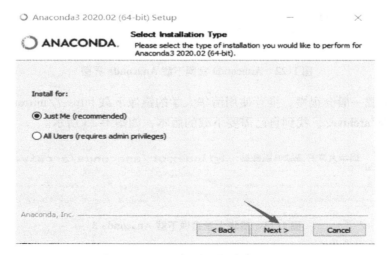

图 1-26 Anaconda 安装界面（三）

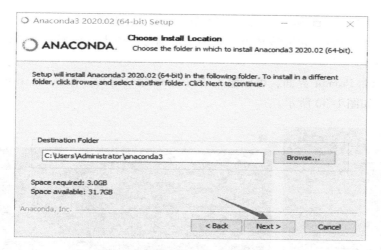

图 1-27　Anaconda 安装界面（四）

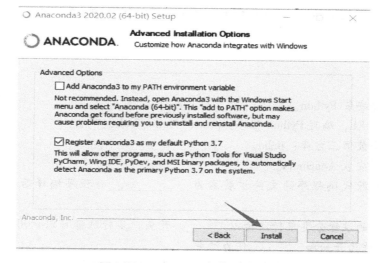

图 1-28　Anaconda 安装界面（五）

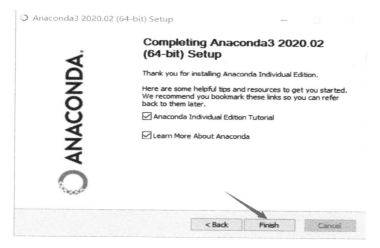

图 1-29　Anaconda 安装界面（六）

安装完成后可以单击电脑左下角，找到 Anaconda 3，查看所包含的内容，其中，自带了 Jupyter Notebook、Spyder。如果学 Python 是为了数据分析或人工智能，强烈建议使用 Jupyter Notebook 或 Spyder。

进入 Anaconda Prompt 界面，可以输入 Anaconda 命令语句，如输入：conda list，可以看到所包含的库，如图 1-30 所示。

图 1-30　Anaconda Prompt 及 Anaconda 命令语句运行结果

习题

1-1　下载并安装 Python。

1-2　进入 IDEL，编写 Python 程序：print("Hello,Wolrd!")。

1-3　网络安装第三方库：jieba。

1-4　下载并安装 Anaconda。

1-5　Python 源代码程序的文件扩展名为＿＿＿＿＿＿＿＿，程序编译后的文件扩展名为＿＿＿＿＿＿＿＿。

1-6　Python 的注释分类单行注释以＿＿＿＿＿＿开头，多行注释可以使用＿＿＿＿＿＿＿＿＿＿＿＿＿＿＿＿＿＿作为开始和＿＿＿＿＿＿作为结束。

1-7　使用 pip 工具查看当前已安装 Python 扩展库列表的完整命令是＿＿＿＿＿＿＿＿＿。

第 2 章

Python 基础语法

目前，软件领域的开发方法主流有两种：结构化开发方法，如 C 语言；面向对象开发方法，如 Java、C++。前者以函数为中心，后者以对象为中心。Python 属于结构化程序设计语言，但又具有面向对象程序设计语言的功能，其语言简洁易懂、门槛低、上手快。本章介绍 Python 语言编程的基础语法。

本章学习要点：

- 变量及命名规范
- 数据类型，转义字符
- 运算符和表达式
- 常用内置函数
- 常用关键字（保留字）说明

2.1 变量及数据类型

2.1.1 变量及命名规范

Python 中的变量不需要声明类型。但是，每个变量在使用前都必须赋值，变量赋值以后，该变量才会被创建。这点，与 C、C++、Java 等完全不同。正因如此，使得它在处理大数据分析时，比别的语言更快。相关细节，在第 3 章讲到序列结构时，会展开分析。

在 Python 中，变量就是变量，赋什么值给它，它就是什么类型。这里所说的"类型"是变量所指的内存中对象的类型。

用等号" = "来给变量赋值。如：

```
>>> x =168          # 创建了整型变量 x,并赋值为 168
>>> x ='中国梦!'      # 创建了字符串变量 x,并赋值为'中国梦!'
```

赋值语句的执行过程是：首先把等号右侧表达式的值计算出来，然后在内存中寻找一个位置（也叫地址）将值存放进去，最后创建变量并指向这个内存地址，如图 2-1 所示。

Python 中的变量并不直接存储值，而是存储了值的内存地址或者引用，这也是变量类型随时可以改变的原因。

Python 解释器会根据赋值或运算来自动推断变量类型。Python 是一种动态类型语言，变量的类型也是可以随时变化的，它的值及类型以最后赋值指定的为准。

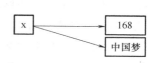

图 2-1　内存地址

```
>>> x = 3
>>> print(type(x))            # 内置函数 type() 用来查看变量所指的对象类型
<class 'int'>
>>> x = 'Hello world.'
>>> print(isinstance(x,str))  # 内置函数 isinstance() 用来测试变量是否为指定的
                                类型
```

这里 str 是字符串类型的保留字，本语句输出：True。

用户定义的、由程序使用的符号，称为标识符，即变量的命名规范。任何一种语言，其变量的命名都有相应的命名规范。Python 的命名规范有下面 5 点：

1）标识符由字母、数字和下画线 "_" 组成，且不能以数字开头。

2）变量名中不能有空格以及标点符号（括号、引号、逗号、斜线、反斜线、冒号、句号、问号等）。

3）标识符区分大小写，如 A、a 是 2 个不同的变量。

4）不能使用 Python 保留字来命名标识符。

Python 保留某些单词用于特殊用途，这些单词被称为关键字（key word），也叫保留字。用户定义的标识符（变量名、函数名、方法名等）不能与关键字相同。Python 标准库提供了一个 keyword 模块，可以输出当前版本的所有关键字：

```
>>> import keyword          # 引入模块 keyword
>>> keyword.kwlist
['False','None','True','and','as','assert','break','class','continue','def','
del','elif','else','except','finally','for','from','global','if','import','in','
is','lambda','nonlocal','not','or','pass','raise','return','try','while','
with','yield']
```

这些保留字（注意大小写）如表 2-1 所示，其含义在 2.4 节有详细说明。

表 2-1 Python 保留字一览表

and	as	assert	break	class	continue
def	del	elif	else	except	finally
for	from	False	global	if	import
in	is	lambda	nonlocal	not	None
or	pass	raise	return	try	True
while	with	yield			

5）Python 语言中，以下画线 "_" 开头的标识符有特殊含义。例如：

① 以单下画线开头的标识符（如 _width），表示不能直接访问的类属性，其无法通过 from...import * 的方式导入；

② 以双下画线开头的标识符（如 __add）表示类的私有成员；

③ 以双下画线作为开头和结尾的标识符（如 __init__），是专用标识符。

因此，除非特定场景需要，应避免使用以下画线开头的标识符。

2.1.2　数值型数据

Python 数据类型分两大类：基本数据类型，包括数值型（整型 int、浮点型 float、复数 complex、布尔型 bool）和字符串型 str；组合数据类型，包括列表 list、元组 tuple、字典 dict 和集合 set。

1. int：整型

在 Python 中，整数包括正整数、0 和负整数，没有 short、long 之分。除此之外，Python 的整型还支持 None 值（空值），例如：

```
>>> a = None
>>> print(a)              # 什么都不输出
>>> abs(-12)              # 内置函数 abs():取绝对值
```

Python 的整型数值有 4 种表示形式：

（1）十进制形式。最普通的整数就是十进制形式，在使用十进制表示整数值时，不能以 0 作为十进制数的开头（数值是 0 除外）。

（2）二进制形式。由 0 和 1 组成，以 0b 或 0B 开头（第一个是数字零），如：

```
>>> x = 0b101            # 对应十进制数 x = 5
```

（3）八进制形式。八进制整数由 0~7 组成，以 0o 或 0O 开头（第一个是数字零，第二个英文字母是大写或小写的 O），如：

```
>>> x = 0o12             # 对应十进制数 x = 10
```

（4）十六进制形式。由 0~9 以及 A~F（或 a~f）组成，以 0x 或 0X 开头，如：

```
>>> y = 0x13             # 对应十进制数 y = 19
```

2. float：浮点型

浮点型数值用于保存带小数点的数值。Python 的浮点数有两种表示形式：

（1）十进制形式。这种形式就是平常简单的浮点数，例如 5.12、512.0、0.512；浮点数必须包含一个小数点，否则会被当成整数类型处理。

（2）科学计数形式。例如 5.12e2（即 5.12×10^2）、5.12E2（也是 5.12×10^2）。

必须指出的是，只有浮点型数值才可以使用科学计数形式表示。例如 51200 是一个整型值，但 512E2 是浮点型值。

```
>>> a = 5.2369
>>> type(a)              # <class 'float'>
>>> round(a,2)           # 内置函数 round():四舍五入,保留 2 位小数,输出:5.24
```

注意，Python 支持任意大的数字，具体可以大到什么程度仅受内存大小的限制。由于精度的问题，对于实数运算可能会有一定的误差，应尽量避免在实数之间直接进行相等性测试，而应该以二者之差的绝对值是否足够小作为两个实数是否相等的依据。

3. complex：复数

复数的虚部用 j 或 J 来表示，如：

```
>>>x = 3 + 0.2j
>>>type(x)             #<class 'complex'>
>>>x.imag              # 虚部:0.2
>>>x.real              # 实部:3
```

4. bool：布尔型

表示 True（真）或 False（假），True 和 False 是 Python 中的关键字，当作为 Python 代码输入时，一定要注意字母的大小写，否则解释器会报错。

值得一提的是，布尔类型可以当作整数来对待，即 True 相当于整数值 1，False 相当于整数值 0，如：

```
>>>x = 5 > 3           #>为比较运算符,将比较的结果赋给变量 x
>>>type(x)             #<class 'bool'>
>>>x = 5
>>>bool(x)             # 内置函数 bool():把整数 x 转为布尔型:输出 True
```

Python 认为，整数 0 就是 False，非 0 就是 True。

2.1.3 字符串型数据

在 Python 中，字符串是单个字符的有序表示，使用一对单引号（'）或双引号（"）作为定界符来表示字符串，两者作用相同，并且不同的定界符之间可以互相嵌套。一对三引号（"""）也可以用来表示字符串，但它主要是用于注释，一般不用于变量赋值。Python 3.x 支持中文，单个中文、英文字母、数字都作为一个字符，其长度均为 1，如：

```
>>>x = '中国 168'
>>>y = "中国 168"       # 双引号作为字符串的界定符,与单引号等价
>>>print(x == y)       # True
>>>len(y)              # 内置函数 len():输出字符串变量 y 的长度:5
>>>z = "I'm a Chinese."  # 单引号作为字符嵌套在一对双引号内
```

字符串运算符：+表示两个字符串连接，*表示字符串重复，如：

```
>>>x = 'abc'
>>>y = " 123"          #前面有一个空字符,注意:空字符也是字符,其长度为1
>>>x + y               # 两个字符串连接,输出:'abc 123'
>>>print(x * 2)        # x 重复 2 次,输出:'abcabc'
>>>len(y)              # 输出字符串 y 的长度:4
```

Python 字符串还提供了大量的方法支持格式化、查找、替换等操作，字符串还存在一个编码问题。这些详细用法，第 7 章会有专门的介绍。

2.1.4 转义字符

如果字符串里面包含了某些特殊字符，改变了字符本来的含义，这就是转义字符。所谓转义，是指在字符串中某些特定的符号前加一个斜线（\）后，该字符将被解释为另外一种特定的含义，不再表示本来的字符。

例如：在 Python 中单引号（或双引号）是有特殊作用的，它们常作为字符（或字符串）的标识（只要数据用引号括起来，就认定这是字符或字符串），而如果字符串中包含引号（如 'I'm a coder'），为了避免解释器将字符串中的引号误认为是包围字符串的"结束"引号，就需要对字符串中的单引号进行转义，使其在此处取消它本身具有的含义，告诉解释器这就是一个普通字符。因此这里需要使用单引号（'）的转义字符（\'），尽管它由 2 个字符组成，但通常将它看作一个整体，是一个转义字符，如：

```
>>>print('I\'m a coder')              # 输出:I'm a coder
```

常用的转义字符如表 2-2 所示。

表 2-2　常用的转义字符

转 义 字 符	含　　义	转 义 字 符	含　　义
\b	退格,把光标移动到前一列位置	\\	一个斜线\
\f	换页符	\'	单引号'
\n	换行符	\"	双引号"
\r	回车	\ooo	3 位八进制数对应的字符
\t	水平制表符	\xhh	2 位十六进制数对应的字符
\v	垂直制表符	\uhhhh	4 位十六进制数表示的 Unicode 字符

```
>>>print('Hello\nWorld')      # 包含转义字符的字符串,其中 \n 表示换行
Hello
World
>>>ord('A')                   # 内置函数 ord():返回 A 的 Unicode 值(十进制):65
>>>oct(65)                    # 内置函数 oct():将十进制整数 65 转为八进制:'0o101'
>>>print('\101')              # 三位八进制数对应的字符:A
>>>print('\x41')              # 两位十六进制数对应的字符,输出:A
```

为了避免对字符串中的转义字符进行转义，可在字符串前面加上字母 r 或 R 表示原始字符串，其中的所有字符都表示原始的含义而不会进行任何转义，如：

```
>>>path = 'C:\Windows\notepad.exe'
>>>print(path)                        # 字符 \n 被转义为换行符,这与变量的含义不符
C:\Windows
otepad.exe
>>>path = r'C:\Windows\notepad.exe'   # 原始字符串,任何字符都不转义
>>>print(path)
C:\Windows\notepad.exe
```

2.1.5　组合数据类型

组合数据类型也称为复杂数据类型，包括列表 list、元组 tuple、字典 dict、集合 set，如表 2-3 所示。

表 2-3　复杂数据类型对比表

序号	项　目	列　表	元　组	字　典	集　合
1	类型名称	list	tuple	dict	set
2	定界符	方括号［］	圆括号（）	大括号｛｝	大括号｛｝
3	是否可变	是	否	是	是
4	是否有序	是	是	否	否
5	是否支持下标	是（使用序号作为下标）	是（使用序号作为下标）	是（使用"键"作为下标）	否
6	元素分隔符	逗号	逗号	逗号	逗号
7	对元素形式的要求	无	无	键：值	必须可哈希
8	对元素值的要求	无	无	"键"必须可哈希	必须可哈希
9	元素是否可重复	是	是	"键"不允许重复，"值"可以重复	否
10	元素查找速度	非常慢	很慢	非常快	非常快
11	新增和删除元素速度	尾部操作快其他位置慢	不允许	快	快

```
>>>x_list =[1,2.09,'南昌',"江西"]          # 创建列表对象
>>>x_tuple = (1,2.09,'南昌',"江西")         # 创建元组对象
>>>x_dict ={'姓名':'张三','数学':99}        # 创建字典对象
>>>x_set ={1,2,"江西"}                      # 创建集合对象
>>>print(x_list[0])                         # 使用下标访问指定位置的元素:1
>>>print(x_tuple[1])                        # 元组也支持使用序号作为下标:2.09
>>>print(x_dict['姓名'])                    # 字典对象的下标是"键":'张三'
>>>3 in x_set                               # 成员测试:False
```

组合数据类型详细使用说明参见第 3 章。

2.2　Python 运算符

　　运算符是一种特殊的符号，属于保留字的范畴。Python 提供了 7 种运算符，用于实现各种特定的功能。

　　在一个表达式中，若出现多个运算符，则需遵循优先级规则：算术运算符优先级最高，其次是位运算符、成员测试运算符、关系运算符、逻辑运算符等，而算术运算符又遵循"先乘除，后加减"的基本运算原则。

　　Python 常用运算符如表 2-4 所示。

表 2-4　Python 常用运算符

运算符	功能说明	举例
(1) 算术运算符		
+	算术加法，列表、元组、字符串合并与连接号	2 + 8, 'ad' + '12'
-	算术减法，集合差集，相反数	{a,b,c,d} - {1,2,b,c}
*	算术乘法，序列重复	[1,2] * 2 = [1,2,1,2]
/	两个数相除	1/3 = 0.333333...
//	求整商，但如果操作数中有实数，结果为实数形式的整数	8//6 = 1 8//6.0 = 1.0
%	求余数，或用于字符串格式化	8 % 6 = 2
**	幂运算	2 ** 4 = 16
(2) 关系运算符		
<、<=、>、>=、==、!=	(值) 大小比较，集合的包含关系比较	5 != 3
(3) 逻辑运算符		
and	逻辑与 (两边同时为真时，结果为真)	x > 3 and y <= 5
or	逻辑或 (两边同时为假时，结果为假)	x > 3 or y <= 5
not	逻辑非 (单目运算符，逻辑上取反)	not x > 3
(4) 成员测试运算符		
in、not in	成员测试	'56' in [12,'56',True]：True
(5) 身份认同运算符		
is、not is	对象同一性测试，即测试是否为同一个对象或内存地址是否相同	x = 5；y = x y is x
(6) 集合运算符		
&、|、^、-	集合的交集、并集、对称差集和差集	{1,2} & {2,5}
(7) 位运算符		
|、^、&、<<、>>、~	按位或、按位异或、按位与、按位左移、按位右移、按位取反	4 | 5、4^5、4&5

2.2.1　算术运算符 (+、-、*、/、//、%、**)

1. + 运算符

既可用于两个数相加，也可用于两个同数据类型对象的相加，如两个列表、元组、字符串的连接。注意：不同类型的对象之间相加或连接不支持，会报错。

```
>>>[1,2,3]+['a','b']                 # 连接两个列表:[1,2,3,'a','b']
>>>(1,2,3)+('中国',)                 # 连接两个元组:(1,2,3,'中国')
>>>'中国'+'北京'                      # 连接两个字符串:'中国北京'
>>>'P'+8                             # 字符串与数值类型不同,不能相加
TypeError:Can't convert 'int' object to str implicitly
>>>True+3                            # Python 内部把 True 当作 1 处理,结果为 4
>>>False+3                           # 把 False 当作 0 处理,结果为 3
```

2. * 运算符

既可用于两个数相乘，也可用于列表、元组、字符串这几个序列类型与整数的相乘，表示序列元素的重复，生成新的序列对象。字典和集合不支持与整数的相乘，因为其中的元素是不允许重复的。

```
>>>True*3                    # 相当于:1*3
>>>False*3                   # 相当于:0*3
>>>[6,8]*3                   # 列表变量重复 3 遍
[6,8,6,8,6,8]
>>>(1,2,3,'ab')*2            # 元组变量重复 2 遍
(1,2,3,'ab',1,2,3,'ab')
>>>'Python!'*3              # 字符串变量重复 3 遍
'Python! Python! Python!'
>>>{'x','y',1,2}*3           # 集合属于无序对象,不支持重复操作
TypeError:unsupported operand type(s) for *:'set' and 'int'
```

3. /运算符和//运算符

/运算符是对两个数进行除法运算，//运算符是对两个数求整商（Floor division）。

```
>>>10/3              # 数学意义上的除法
3.3333333333333335
>>>7//3              # 整商:如果两个操作数都是整数,结果为整数
2
>>>7.0//3            # 如果操作数中有实数,结果为实数形式的整数值
2.0
>>>-7//3             # 向下取整
-3
```

4. % 运算符

两个数的求余数运算，也可用于字符串格式化。

```
>>>12 % 8            # 返回余数
4
>>>100.12 % 2.6      # 可以对实数进行余数运算,注意精度问题
1.3200000000000012
>>>'%c,%d' % (68,68) # 把 68 分别格式化为字符和整数
'D,68'
>>>print('%.2f' % 12)    # 把 12 格式化为实数,输出:12.00 (2 位小数)
>>>print('%s' % 12)      # 把 12 格式化为字符串,输出:12
```

5. ＊＊运算符

＊＊运算符表示幂乘。

```
>>>2 ** 3                    #2 的 3 次方,等价于 pow(2,3)
8
>>>pow(3,2,8)                # 等价于(3 ** 2) % 8
1
>>>16 ** 0.5                 #16 的 0.5 次方,二次方根
4.0
>>> (-9) ** 0.5              # 可以计算负数的二次方根
(1.8369701987210297e-16 +3j)
```

2.2.2　关系运算符（ <、<=、>、>=、==、!= ）

Python 关系运算符最大的特点是可以连用。使用关系运算符的一个最重要的前提是,操作数之间必须可比较大小,返回 True 或 False。

```
>>>2 <6 <8                   # 等价于 2 <6 and 6 <8
True
>>>5 <8 >3
True
>>>1 >6 <8
False
>>>1 >6 <math. sqrt(9)       # 具有惰性求值或者逻辑短路的特点
False
>>>1 <6 <math. sqrt(9)       # 还没有导入 math 模块,抛出异常
NameError:name 'math' is not defined
>>> import math
>>>1 <6 <math. sqrt(9)
False
>>> 'People' >'Python'       # 比较字符串大小
False
>>>[1,2,'3'] <[1,2,'8']      # 比较列表大小
True
>>> 'Python' >6              # 字符串和数值不能比较,抛出异常
TypeError:unorderable types:str() >int()
>>> {'a',1,'3'} <{1,3,'a',4} # 测试是否子集
False
>>> {'a',1,'3'} >{1,3,'a',4} # 集合之间的包含测试
False
>>> {'a',1,'3'} == {1,3,'a' } # 测试两个集合是否相等
False
>>> {'a',1,'3'}!= {1,3,'a' } # 测试两个集合是否不相等
True
```

2.2.3 逻辑运算符（and、or、not）

x、y 为两个逻辑变量，它们的 and、or 逻辑运算结果：1 为 True，0 为 False，如表 2-5 所示。

表 2-5　and、or 逻辑运算真值表

序号	x 取值	y 取值	x and y	x or y
1	1	1	1	1
2	1	0	0	1
3	0	1	0	1
4	0	0	0	0

and 和 or 具有惰性求值或逻辑短路的特点。当 x 为 False 时，x and y 运算会忽视 y 的值；当 x 为 True 时，x or y 运算会忽视 y 的值。

要注意的是，运算符 and 和 or 并不一定会返回 True 或 False，而是得到最后一个被计算的表达式的值，但是运算符 not 一定会返回 True 或 False。

```
>>>2 >1 and 'a' >'b'          # 返回:False
>>>2 >3 and x >6              # 惰性求值:2 >3 为 False,忽视后面的 x >6
False
>>>2 <3 and x >6             # 2 <3 为 True,不能忽视后面的 x >6,需要给 x 赋值
NameError:name 'x' is not defined
>>>3 >2 or x >6              # 惰性求值:3 >2 为 True,忽视后面的 x >6
True
>>>2 >3 or x >6             # 2 >3 为 False,不能忽视后面的 x >6,需要给 x 赋值
NameError:name 'x' is not defined
>>>8 and 6                   # 最后一个计算的表达式的值作为整个表达式的值
6
>>>6 and 3 >9
False
>>>6 not in[1,2,'6']         # 逻辑非运算 not
True
>>>3 is not 5                # not 的计算结果只能是 True 或 False 之一
True
>>>not 3
False
>>>not 0                     # 输出:True
```

2.2.4 成员测试运算符（in、not in）

测试一个对象是否为另一个对象中的元素。

```
>>>8 in[1,2,'8']             # 测试 8 是否存在于列表[1,2,'8']中
False
```

```
>>>5 in range(1,8,2)              # range()生成迭代对象:[1,3,5,7]
True
>>>'ok' in 'open a link'          # 子字符串测试
False
>>>for i in('3',5,'ab'):          # 对元组成员遍历,进行循环迭代
   print(i,end=' ')               # 输入完左边的代码,按两次回车键后,才会运行

3 5 a b
```

2.2.5　集合运算符（&、|、^、-）

符号 &、|、^、- 分别返回两个集合的交集、并集、对称差集和差集。

```
>>>{5,6,7}|{7,8,9}                # 并集,自动去除重复元素:{5,6,7,8,9}
>>>{5,6,7}&{7,8,9}                # 交集:{7}
>>>{5,6,7}^{7,8,9}                # 对称差集:{5,6,8,9}
>>>{5,6,7}-{7,8,9}                # 差集:{5,6}
>>>{5,6,7}+{7,8,9}                # 注意:集合不支持加法运算
TypeError:unsupported operand type(s) for +:'set' and 'set'
```

2.2.6　各种各样的赋值运算符

变量在创建时必需赋值；Python 不允许声明一个变量时，不赋值。变量在引用时，也必需赋值。

（1）直接赋值。

```
>>>x=12
>>>b=x                            # 引用:将变量 x 的内存地址指向变量 b
```

（2）多目标赋值。

```
>>>a=b=c=2                        # a,b,c 三个变量的值均为2
```

（3）序列赋值。

```
>>>a,b,c=12,'中国',[5,'a']        # 元组赋值(基于位置)
>>>c                              # [5,'a']
>>>[a,b,c]=[12,'中国',(5,'a')]    # 列表赋值(基于位置)
>>>b                              # '中国'
>>>[a,b,c]=(1,2,3)                # 元组赋值(基于位置)
>>>a,b,c='ago'                    # 推广的序列赋值
>>>b                              # 'g'
>>>a,b,c='go'                     # 报错:右边对象的长度与左边变量的个数要一致
ValueError:not enough values to unpack(expected 3,got 2)
>>>a,b='sapn'                     # 报错:右边对象的长度与左边变量的个数要一致
ValueError:too many values to unpack(expected 2)
```

（4）扩展序列解包赋值。

```
>>>a,*b='sapn'    # 剩余内容赋予"*"号后的变量:a='s',b=['a','p','n']
>>>*a,b='sapn'    # 剩余内容赋予"*"号后的变量:a=['s','a','p'],b='n'
```

（5）增量赋值运算符如表2-6所示。

表2-6　增量赋值运算符

序号	运 算 符	说　　明	用　　法	展 开 形 式	备　　注
1	+=	加赋值	x += y	x = x + y	x 与 y 数据类型不同时，两者有区别
2	-=	减赋值	x -= y	x = x - y	
3	*=	乘赋值	x *= y	x = x * y	
4	/=	除赋值	x/= y	x = x/y	
5	%=	取余数赋值	x %= y	x = x % y	
6	**=	幂赋值	x **= y	x = x ** y	
7	//=	取整数赋值	x//= y	x = x//y	
8	| =	按位或赋值	x |= y	x = x | y	
9	^=	按位与赋值	x ^= y	x = x ^ y	
10	<<=	左移赋值	x <<= y	x = x << y	这里的 y 指左移的位数
11	>>=	右移赋值	x >>= y	x = x >> y	这里的 y 指右移的位数

```
>>>x = 6
>>>x += 2                       # x = x + 2,结果为 8
>>>x += '2'                     # 整数与字符串不能进行"加赋值"
TypeError:unsupported operand type(s) for +=:'int' and 'str'
>>>L = [1,2]                    # L 为列表
>>>L += 'Ab'                    # 这个加号是"加赋值",将字符串转为列表,添加到列表中
[1,2,'A','b']
>>>L = L + 'Ab'                 # 报错:这个加号是"连接",数据类型不同,不能连接
TypeError:can only concatenate list(not "str") to list
```

*2.2.7　位运算符⊖

位运算符在图形、图像处理和创建设备驱动等底层开发中使用。使用位运算符可以直接操作数值的原始位（bit），尤其是在使用自定义的协议进行通信时，使用位运算符对原始数据进行编码和解码也非常有效。位运算符的操作对象是整数类型，它会把数字看作对应的二进制数来进行计算。

位运算符如表2-7所示。

1. &：按位与

其运算法则是，按位将2个操作数对应的二进制数一一对应，只有对应数位都是1时，所得结果才是1；反之，就是0，如图2-2所示。

```
>>>12 & 8                # 输出:8
```

⊖　本书中带 * 为选学内容。

表 2-7　位运算符

序号	位运算符	含　义	使用形式	举　例
1	&	按位与	a & b	4 & 5
2	|	按位或	a | b	4 | 5
3	^	按位异或	a ^ b	4 ^ 5
4	~	按位取反	~ a	~ 5
5	<<	按位左移	a << b	4 << 2，表示数字 4 按位左移 2 位
6	>>	按位右移	a >> b	4 >> 2，表示数字 4 按位右移 2 位

```
  0000 0000 0000 1100
& 0000 0000 0000 1000
  ───────────────────
  0000 0000 0000 1000
```

12 & 8 的计算过程

位运算符 & 的运算法则

序号	第一个操作数	第二个操作数	结果
1	0	0	0
2	0	1	0
3	1	0	0
4	1	1	1

图 2-2　位运算符 & 计算过程

2.　| ：按位或

运算法则是，按位将 2 个操作数对应的二进制数一一对应，只有对应数位都是 0，所得结果才是 0；反之，就是 1，如图 2-3 所示。

```
>>> 4 | 8          # 输出:12
```

```
  0000 0000 0000 0100
| 0000 0000 0000 1000
  ───────────────────
  0000 0000 0000 1100
```

4 | 8 的计算过程

位运算符 | 的运算法则

序号	第一个操作数	第二个操作数	结果
1	0	0	0
2	0	1	1
3	1	0	1
4	1	1	1

图 2-3　位运算符 | 计算过程

3.　^：按位异或

运算法则是，按位将 2 个操作数对应的二进制数一一对应，当对应位的二进制值相同（同为 0 或同为 1）时，所得结果为 0；反之，则为 1。如图 2-4 所示。

```
>>> 31 ^ 22          # 输出:9
```

```
  0000 0000 0001 1111
^ 0000 0000 0001 0110
  ───────────────────
  0000 0000 0000 1001
```

31^22 的计算过程

位运算符 ^ 的运算法则

序号	第一个操作数	第二个操作数	结果
1	0	0	0
2	0	1	1
3	1	0	1
4	1	1	1

图 2-4　位运算符 ^ 计算过程

4. ~：按位取反

运算法则是，将操作数的所有二进制位，1 改为 0，0 改为 1。

```
>>> ~-5          # 输出:4
```

注意，此运算过程涉及计算机存储相关的内容，首先需要了解什么是原码、反码以及补码。

原码是直接将一个整数换算成二进制数。有符号整数的最高位是符号位，符号位为 0 代表正数，符号位为 1 代表负数。无符号整数则没有符号位，因此无符号整数只能表示 0 和正数。

反码的计算规则是：对原码按位取反，只是最高位（符号位）保持不变。

补码的计算规则是：正数的补码和原码完全相同，负数的补码是其反码加 1。

其实，所有数值在计算机底层都是以二进制形式存在的，为了方便计算，计算机底层以补码的形式保存所有的整数，如图 2-5 所示。

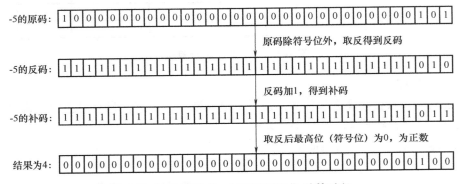

图 2-5 位运算符"~（按位取反）"计算过程

通过图 2-5 可以得出，按位取反运算，实际上就是对存储在计算机底层中，以补码形式存储的整数进行按位取反所得的最终值。

注意，本节涉及的所有按位运算符，操作的二进制数都是操作数的补码形式。

5. <<：左移运算符

左移运算符是将操作数补码形式的二进制数，整体左移指定位数，左移后，左边溢出的位直接丢弃，右边空出来的位以 0 来填充。如图 2-6 所示。

```
>>> 5 << 2          # 输出:20
>>> -5 << 2         # 输出:-20
```

图 2-6 -5<<2 的运算过程

在图 2-6 中，上面的 32 位数是 -5 的补码，左移两位后得到一个二进制补码，这个二进制补码的最高位是 1，表明是一个负数，换算成十进制数就是 -20。

6. >> ：右移运算符

其运行法则是，把操作数补码形式的二进制右移指定位数后，左边空出来的位以符号位来填充，右边溢出位直接丢弃。如图 2-7 所示。

```
>>>5 >>2          # 结果为:1
>>>-5 >>2         # 结果为:-2
```

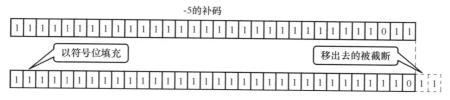

图 2-7　-5 >> 2 的运算过程

从图 2-7 来看，-5 右移两位后左边空出两位，空出来的两位以符号位来填充，右边溢出的两位被直接丢弃。因此，右移运算后得到的结果的正负与第一个操作数的正负相同。右移后的结果依然是一个负数，这是一个负数的补码（负数的补码和原码不同），换算成十进制数就是 -2。

需要指出的是，无论是左移运算符，还是右移运算符，它们都只适合对整数进行运算。

在进行位移运算时，不难发现，左移 n 位就相当于乘以 2 的 n 次方，右移 n 位则相当于除以 2 的 n 次方（如果不能整除，实际返回的结果是小于除得结果数值的最大整数的）。不仅如此，进行位移运算只是得到了一个新的运算结果，而原来的操作数本身是不会改变的。

2.3　Python 内置函数

内置函数（Built- in Functions，BIF）是 Python 内置对象类型之一，不需要额外导入任何模块即可直接使用。这些内置对象都封装在内置模块 __builtins__ 中，用 C 语言实现并且进行了大量优化，具有非常快的运行速度，推荐优先使用。使用内置函数 dir() 可以查看所有内置函数和内置对象，如：

```
>>>dir(__builtins__)
```

使用 help（函数名）可以查看某个函数的用法，如：

```
>>>help(sum)
Help on built- in function sum in module builtins:
sum(iterable,start =0,/)
Return the sum of a 'start' value(default:0) plus an iterable of numbers
    When the iterable is empty,return the start value.
This function is intended specifically for use with numeric values and may
    reject non-numeric types.
```

另外，进入 Python 帮助，单击某一项，可查看详细说明及例子，如图 2-8、图 2-9 所示。

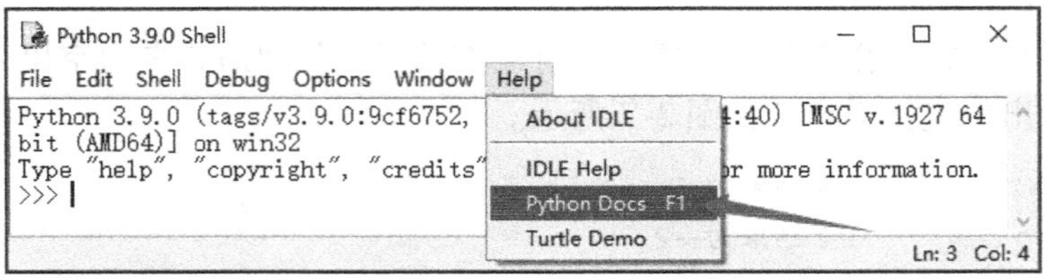

图 2-8　Python IDEL 进入帮助文档

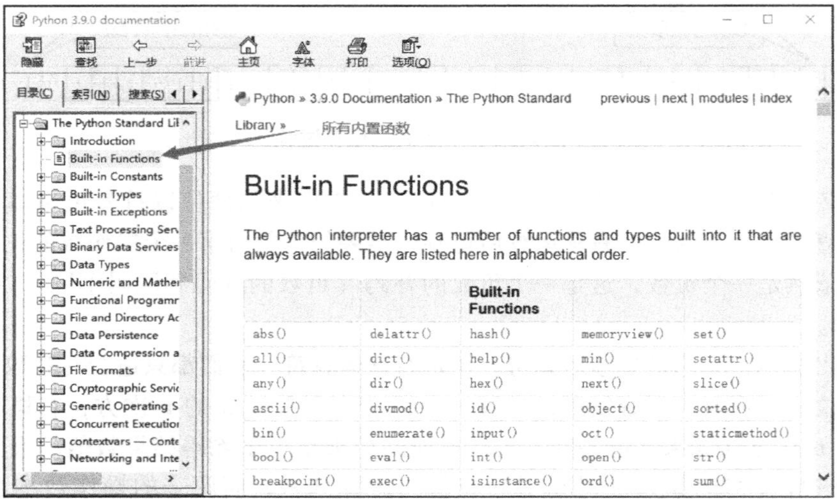

图 2-9　Python 查看帮助文档

Python 常用内置函数及其简要说明如表 2-8 所示，下面归类举例说明。

表 2-8　Python 常用内置函数

序号	函　数	功 能 说 明
1	abs(x)	返回数字 x 的绝对值或复数 x 的模
2	all(iterable)	如果对于可迭代对象中所有元素 x 都等价于 True，也就是对于所有元素 x 都有 bool(x) 等于 True，则返回 True。对于空的可迭代对象也返回 True
3	any(iterable)	只要可迭代对象 iterable 中存在元素 x 使得 bool(x) 为 True，则返回 True。对于空的可迭代对象，返回 False
4	ascii(obj)	把对象转换为 ASCII 码表示形式，必要的时候使用转义字符来表示特定的字符
5	bin(x)	把整数 x 转换为二进制串表示形式
6	bool(x)	返回与 x 等价的布尔值 True 或 False
7	bytes(x)	生成字节串，或把指定对象 x 转换为字节串表示形式
8	callable(obj)	测试对象 obj 是否可调用。类和函数是可调用的，包含__call__() 方法的类的对象也是可调用的
9	compile()	用于把 Python 代码编译成可被 exec() 或 eval() 函数执行的代码对象
10	complex(real,[imag])	返回复数
11	chr(x)	返回 Unicode 编码为 x 的字符

（续）

序号	函　　数	功能说明
12	dir(obj)	返回指定对象或模块 obj 的成员列表，如果不带参数则返回当前作用域内所有标识符
13	divmod(x,y)	返回包含整商和余数的元组((x-x%y)/y，x%y)
14	enumerate(iterable[,start])	返回包含元素形式为(0,iterable[0])，(1,iterable[1])，(2,iterable[2])，…的迭代器对象
15	eval(s[,globals[,locals]])	计算并返回字符串 s 中表达式的值
16	exec(x)	执行代码或代码对象 x
17	exit()	退出当前解释器环境
18	filter(func,seq)	返回 filter 对象，其中包含序列 seq 中使得单参数函数 func 返回值为 True 的那些元素，如果函数 func 为 None，则返回包含 seq 中等价于 True 的元素的 filter 对象
19	float(x)	把整数或字符串 x 转换为浮点数并返回
20	frozenset([x])	创建不可变的集合对象
21	getattr(obj,name[,default])	获取对象中指定属性的值，等价于 obj.name，如果不存在指定属性则返回 default 的值，如果要访问的属性不存在并且没有指定 default 则抛出异常
22	globals()	返回包含当前作用域内全局变量及其值的字典
23	hash(x)	返回对象 x 的哈希值，如果 x 不可哈希则抛出异常
24	help(obj)	返回对象 obj 的帮助信息
25	hex(x)	把整数 x 转换为十六进制字符串
26	id(obj)	返回对象 obj 的标识(内存地址)
27	input([提示])	显示提示，接收键盘输入的内容，返回字符串
28	int(x[,d])	返回实数(float)、分数(Fraction)或高精度实数(Decimal) x 的整数部分，或把 d 进制的字符串 x 转换为十进制并返回，d 默认为十进制
29	isinstance(obj, class-or-type-or-tuple)	测试对象 obj 是否属于指定类型(如果有多个类型需要放到元组中)的实例
30	iter(...)	返回指定对象的可迭代对象
31	len(obj)	返回对象 obj 包含的元素个数，适用于列表、元组、集合、字典、字符串等
32	list([x])、set([x])、tuple([x])、dict([x])	把对象 x 转换为列表、集合、元组或字典并返回，或生成空列表、空集合、空元组、空字典
33	locals()	返回包含当前作用域内局部变量及其值的字典
34	map(func, * iterables)	返回包含若干函数值的 map 对象，函数 func 的参数分别来自于 iterables 指定的每个迭代对象，
35	max(x)、min(x)	返回可迭代对象 x 中的最大值、最小值，要求 x 中的所有元素之间可比较大小，允许指定排序规则和 x 为空时返回的默认值
36	next(iterator[,default])	返回可迭代对象 x 中的下一个元素，允许指定迭代结束之后继续迭代时返回的默认值
37	oct(x)	把整数 x 转换为八进制字符串
38	open(name[,mode])	以指定模式 mode 打开文件 name 并返回文件对象
39	ord(x)	返回 1 个字符 x 的 Unicode 编码

（续）

序号	函　　数	功　能　说　明
40	pow(x,y,z = None)	返回 x 的 y 次方，等价于 x**y 或 (x**y) % z
41	print(value,...,sep = ' ',end = '\ n',···,flush = False)	基本输出函数，可以输出多个值，参数 sep 为多个值之间的分隔符，参数 end 表示 print() 完成后，以什么结束
42	range([start,]end[,step])	返回 range 对象，其中包含左闭右开区间[start,end) 内以 step 为步长的整数
43	reduce(func,sequence[,initial])	将双参数的函数 func 以迭代的方式从左到右依次应用至序列 seq 中每个元素，最终返回单个值作为结果。在 Python 2. x 中该函数为内置函数，在 Python 3. x 中需要从 functools 中导入 reduce 函数再使用
44	reversed(seq)	返回 seq(可以是列表、元组、字符串、range 以及其他可迭代对象) 中所有元素逆序后的迭代器对象
45	round(x[,小数位数])	对 x 进行四舍五入，若不指定小数位数，则返回整数
46	sorted (iterable, key = None, reverse = False)	返回排序后的列表，其中 iterable 表示要排序的序列或迭代对象，key 用来指定排序规则或依据，reverse 用来指定是否按降序排。该函数不改变 iterable 内任何元素的顺序，默认 reverse = False 排升序
47	str(obj)	把对象 obj 直接转换为字符串
48	sum(x,start =0)	返回序列 x 中所有元素之和，返回 start + sum(x)
49	type(obj)	返回对象 obj 的类型
50	zip(seq1[,seq2[...]])	返回 zip 对象，其中元素为(seq1[i],seq2[i],···) 形式的元组，最终结果中包含的元素个数取决于所有参数序列或可迭代对象中最短的那个

2.3.1　数据类型强制转换与类型判断

1. bin(x)、oct(x)、hex(x)

bin(x)、oct(x)、hex(x) 将十进制整数 x 分别转换为 x 的二进制、八进制、十六进制字符串表示。

```
>>>bin(7)              #7 转为二进制,输出:'0b111'
>>>oct(10)             #10 转为八进制,输出:'0o12'
>>>hex(20013)          #20013 转为十六进制,输出:'0x4e2d'
```

2. int(x,d)

int(x,d) 中整数 d 为进制，可取 2、8、10、16，默认为 10，将 d 进制的字符串表示 x 转为对应的十进制整数。

```
>>>int('0x4e2d',16)    # 十六进制'0x4e2d'转为十进制:20013
>>>int('0o12',8)       # 八进制'0o12'转为十进制:10
>>>int('0b111',2)      # 二进制'0b111'转为十进制:7
>>>int('123')          # 十进制'123'转为十进制:123
```

3. float( )

float( ) 把其他类型数据转换为实数，complex( ) 可以用来生成复数。

```
>>>float(6)            # 把整数转换为实数,输出:6.0
>>>float('6.5')        # 把数字字符串转换为实数,输出:6.5
```

```
>>>float('inf')              # 无穷大,其中 inf 不区分大小写,输出:inf
>>>complex(8)                # 指定实部,输出:(8 +0j)
>>>complex(3,5)              # 指定实部和虚部,输出:(3 +5j)
>>>complex('inf')            # 无穷大,输出:(inf +0j)
```

4. ord( ) 和 chr( )

ord( ) 和 chr( ) 是一对功能相反的函数，ord( ) 返回单个字符的 Unicode 码（十进制），而 chr( ) 返回 Unicode 编码对应的单个字符，str( ) 则直接将其任意类型参数转换为字符串。Unicode 码是国际通用码，任何一个字符都有唯一的 Unicode 码。Unicode 码具体内容参看 7.2 节。

```
>>>ord('C')                  # 查看指定字符的 Unicode 编码:67
>>>chr(67)                   # 返回数字 67 对应的字符:'C'
>>>chr(ord('B') +1)          # 'B'的 Unicode 码数加1,再转为字符:'C'
>>>ord('中')                 # 返回汉字'中'的 Unicode 码(十进制):20013
>>>chr(20013)                # 返回 Unicode 码(十进制)对应的字符:'中'
>>>print(20013 ==0x4e2d)     # True
>>>bool('中' =='\u4e2d')     # True,其中'\uhhhh'表示转义字符,\u 后面为 4 位十
                               六进制整数
>>>str(5678)                 # 直接变成字符串:'5678'
>>>str([6,7,8])              # 将列表转为字符串:'[6,7,8]'
>>>str((6,7,8))              # 将元组转为字符串:'(6,7,8)'
>>>str({6,7,8})              # 将集合转为字符串:'{6,7,8}'
```

5. list( )、tuple( )、dict( )、set( )

list( )、tuple( )、dict( )、set( ) 把其他类型的数据转换为列表、元组、字典、集合，或者创建空列表、空元组、空字典和空集合。

```
>>>list("中国人 ok")         # 把字符串转换为列表:['中','国','人','o','k']
>>>tuple('1236')             # 把字符串转换为元组:('1','2','3','6')
>>>dict(zip('12','abc'))     # 创建字典:{'1':'a','2':'b'}
>>>set('aaabbc')             # 创建可变集合,自动去除重复:{'a','c','b'}
```

6. type( ) 和 isinstance( )

type( ) 和 isinstance( ) 用来判断数据类型，常用来对函数参数进行检查，可以避免错误的参数类型导致函数崩溃或返回意料之外的结果。

```
>>>type(8)                   # 查看8 的类型,输出:<class 'int'>
>>>type([8])                 # 查看[8]的类型,输出:<class 'list'>
>>>type({6}) in(list,tuple,dict)
                             # 判断{6}是否为 list,tuple 或 dict 类型的实例:False
>>>type({2}) in(list,tuple,dict,set)
                             # 判断{2}是否为 list,tuple,dict 或 set 的实例:True
>>>isinstance(9.0,int)       # 判断 9.0 是否为 int 类型的实例:False
>>>isinstance(2j,int)        # 判断复数是否为 int 类型的实例:False
>>>isinstance(6j,(int,float,complex))
                             # 判断 6j 是否为 int,float 或 complex 类型:True
```

7. eval( )

eval( ) 返回计算字符串的值，也可用来实现类型转换。

```
>>>eval('1+2')              # 返回整数 3
>>>eval('6')               # 把数字字符串转换为数字:6
>>>eval('06')              # 抛出异常,不允许以 0 开头的数字
SyntaxError:invalid token
>>>list(str([6,7,8]))       # 字符串中每个字符都变为列表中的元素
['[','6',',',' ','7',',',' ','8',']']
>>>eval(str([6,7,8]))       # 字符串求值:[6,7,8]
```

2.3.2 最大值、最小值与求和函数

max( )、min( )、sum( ) 分别为最大值、最小值与求和函数。

max( )、min( )、sum( ) 函数分别用于计算列表、元组或其他含有限个元素的可迭代对象中所有元素的最大值、最小值以及所有元素之和。

sum( ) 默认（可以通过 start 参数来改变）支持包含数值型元素的序列或可迭代对象，max( ) 和 min( ) 则要求序列或可迭代对象中的元素之间可比较大小。

```
>>>x=[1,-2,6,3]
>>>print(max(x),min(x),sum(x))    # 最大值、最小值、所有元素之和:6,-2,8
>>>a=(1,-2,6,3)
>>>sum(a)/len(a)                # 平均值:8/4
```

max( ) 和 min( ) 函数还支持 default 参数和 key 参数，其中 default 参数用来指定可迭代对象为空时默认返回的最大值或最小值，而 key 参数用来指定比较大小的依据或规则，可以是函数或 lambda 表达式。

```
>>>max(['2','100'])            # 不指定排序规则,输出:'2'
>>>max(['2','100'],key=len)    # 返回最长的字符串,输出:'100'
>>>print(max([],default=None)) # 对空列表求最大值,返回空值 None
```

2.3.3 区间迭代对象生成函数

range( ) 是一个区间迭代对象生成函数，其语法格式为：range([start,]end[,step])，有 range(stop)、range(start，stop)和 range(start，stop，step) 三种用法。该函数返回 range 对象，其中包含左闭右开区间 [start,end) 内以 step 为步长的整数。参数 start 默认为 0，step 默认为 1。

```
>>>x=range(3)          # start 默认为 0,step 默认为 1
>>>x                  # x 为迭代对象,里面的内容不能直接显示,输出:range
                      #  (0,3)
>>>type(x)            # <class 'range'>
>>>list(x)            # 通过 list()函数读取 x 的内容:[0,1,2]
>>>list(range(1,10,2)) # 指定起始值和步长:[1,3,5,7,9]
>>>list(range(9,4,-2)) # 步长为负数时,start 应比 end 大:[9,7,5]
```

2.3.4 基本输入、输出函数

input( )、print( ) 分别为基本输入、输出函数。

input( ) 是 Python 的输入函数,用于接收用户的键盘输入,返回字符串对待,必要时可使用内置函数 int( )、float( ) 或 eval( ) 对用户输入的内容进行类型转换。

```
>>>x = input('Please input:')
Please input:123
>>>x                          # 输出:'123'
>>>type(x)                    # 把用户的输入作为字符串对待
<class 'str'>
>>>int(x)                     # 转换为整数:123
>>>eval(x) +3                 # 对字符串求值,再相加:126
>>>x = input('Please input:')
Please input:中国
>>>x                          # '中国'
>>>type(x)                    # 输出:<class 'str'>
```

内置函数 print( ) 用于输出信息到标准控制台或指定文件,语法格式为:

```
print(value1,value2,...,sep = '',end = '\n',file = sys. stdout,flush = False)
```

参数说明:

1) value 参数之前为需要输出的内容(可以有多个,用逗号隔开);
2) sep 参数用于输出时,指定数据之间的分隔符,默认为空格,sep = '';
3) end 参数用于指定输出完数据之后再输出什么字符,默认为换行,end = '\ n'。

```
>>>print(1,2,3,4,sep = ';')   # 修改默认分隔符:按分号分隔
1;2;3;4
>>>for i in range(10):        # 修改 end 参数,每个输出之后不换行
print(i,end = ' ')           # 输入完这行代码后,按两次 Enter 键,语句才会运行

0 1 2 3 4 5 6 7 8 9
```

2.3.5 排序函数

sorted( )、reversed( ) 为排序函数。

sorted(iterable,key = None,reverse = False):对列表、元组、字典、集合或其他可迭代对象进行排序并返回新列表,参数:iterable 为迭代对象,key 为排序规则,reverse 表示是否按降序排,reverse = False 不按降序排(即按升序排,是默认),reverse = True 按降序排。

```
>>>x = ['d','cde','acde','ab']
>>>y = sorted(x)              # 按 x 中的元素的 Unicode 码值,默认按升序排,x 不动
>>>y                          # ['ab','acde','cde','d']
>>>y = sorted(x,reverse = True)  # 是否按降序排:是 True
>>>y                          # ['d','cde','acde','ab']
```

```
>>> z = sorted(x, key = lambda item:(len(item),item))   # 按元素的长度升序排
>>> z                                    # ['d','ab','cde','acde']
```

reversed（seq）对可迭代对象（如列表、元组、字符串、range 以及其他可迭代对象）进行翻转，并返回可迭代的 reversed 对象。

```
>>> x = ['d','cde','acde','ab']
>>> y = reversed(x)            # 将 x 的元素倒置,返回一个可迭代对象,x 不动
>>> y                          # <list_reverseiterator object at
                                 0x000001B2FFBA6940 >
>>> list (y)                   # ['ab', 'acde', 'cde', 'd']
>>> x = list (range (11))      # [0, 1, 2, 3, 4, 5, 6, 7, 8, 9, 10]
>>> y = sorted (x, key = str)  # 按转换成字符串后的 Unicode 码升序排列
>>> y                          # [0, 1, 10, 2, 3, 4, 5, 6, 7, 8, 9]
```

2.3.6　枚举与迭代

1. 枚举函数 enumerate( )

用来枚举可迭代对象中的元素，返回可迭代的 enumerate 对象，其中每个元素都是包含索引和值的元组。

```
>>> x = enumerate('USA')         # 生成一个枚举迭代对象
>>> x                            # x 为枚举迭代对象,本身内容不可直接查看
< enumerate object at 0x000001AC28C062D0 >
>>> list(x)                      # 通过列表,查看枚举对象里的内容
[(0,'U'),(1,'S'),(2,'A')]

>>> y = enumerate(['中国','北京'])   # 生成一个枚举迭代对象
>>> for i,item in y:             # 通过循环迭代,访问枚举对象内容
    print(i,item)                # 输入完代码,按两次 Enter 键
0 中国
1 北京
>>> list(enumerate({'X':97,'Y':98,'C':66}.items()))    # 枚举字典中的元素
[(0,('X',97)),(1,('Y',98)),(2,('C',66))]
```

2. 遍历函数 map（function，iterable）

把一个函数 function 依次映射到序列或迭代器对象的每个元素上，并返回一个可迭代的 map 对象，map 对象中每个元素是原序列中元素经过函数 function 处理后的结果。

```
>>> x = map(str,range(3))        # 把迭代整数转换为字符串,返回 map 对象
>>> x                            # map 对象为迭代器,本身不可直接读
< map object at 0x0000023CAA9E3780 >
>>> list(x)                      # 将 map 对象转为列表,x 只能遍历一次
['0','1','2']
>>> def add(x,y):                # 自定义函数:返回两个参数的和
    return x + y                 # 输入完代码,按两次 Enter 键
```

```
>>>y = map(add,[2,2,2],range(1,4))        # 两个迭代对象的元素对应相加
>>>for i in y:                            # 对 y 进行迭代循环
    print(i,end = ' ')                    # 输入完代码,按两次 Enter 键
3 4 5
```

3. 过滤函数 filter（function, iterable）

把传入的函数 function（必须为单个参数）依次作用于迭代对象 iterable 每个元素上,然后根据返回值是 True 还是 False 决定保留还是丢弃该元素,返回为 True 的那些元素组成的 filter 迭代器对象,如果指定函数为 None,则返回序列中等价于 True 的元素。可以使用内置函数 list() 或 tuple() 来查看返回对象的内容。

和 map() 类似,filter() 也接收一个函数和一个序列。但 filter() 主要用来筛选数据,过滤不符合条件的元素。

```
>>>seq = [1,2,3,4,5,6]
>>>def check(i):                          # 定义一个函数
    return True if i%2 ==0 else False     # 如果偶数返回 True 否则返回 False
>>>list(filter(check,seq))
>>>list(filter(lambda x:x%2 ==0,seq))     # 通过匿名函数 lambda 实现过滤
[2,4,6]
>>>def myFunc(x):                         # 定义一个函数
    return x.isalpha()                    # 是否全为英文字母
>>>seq = ['Python3','Abc','a','3']        # 列表中的元素,必须全为字符串
>>>tuple(filter(myFunc,seq))              # 返回 filter 对象,并转为元组
('Abc','a')
```

4. 累计函数 reduce()

标准库 functools 中的函数 reduce() 可以将一个接收两个参数的函数,以迭代累积的方式从左到右依次作用到一个序列或迭代器对象的所有元素上,也称为**累计函数**。

```
>>>from functools import reduce           # 已从内置函数中剔除,使用前,必须先引入
>>>reduce(lambda x,y:x + y,[5,6,7])       # 相当于:5 + 6 + 7
```

2.3.7　压缩函数

压缩函数 zip() 是把多个可迭代对象中的元素压缩到一起,返回一个可迭代的 zip 对象,以长度短的为准,其中每个元素都是包含原来的多个可迭代对象对应位置上元素的元组,如图 2-10 所示,如拉链一样。

图 2-10　压缩函数 zip() 的工作原理

```
>>>list(zip('USAm',[6,7,8]))              # 压缩字符串和列表,以长度短的为准
[('U',6),('S',7),('A',8)]
>>>x = zip('USAm ',[6,7],'abc')           # 压缩 3 个序列,以长度短的为准
>>>x                                      # x 为 zip 迭代对象,不能直接读
>>>tuple(x)                               # 将 zip 迭代对象中的元素,转为元组
(('U',6,'a'),('S',7,'b'))
```

```
>>>tuple(x)                                # zip 迭代对象只能遍历一次
()                                         # 输出空元组
>>>for x in zip('USA',range(1,8,2)):       # 可对 zip 对象进行迭代
        print(x,end = ' ')                 # 输入完这行代码,按两次 Enter 键

('U',1)('S',3)('A',5)
```

2.3.8　打开磁盘上的文件

打开磁盘上的文件语法格式为 open(file,mode = 'r',encoding = 'utf-8')。

参数：file 文件名,含绝对路径;mode 打开方式,默认为只读'r';encoding 指定字符的编码方式,默认采用 utf-8,编码方式主要是指文件中的字符编码。我们经常会碰到这样的情况,当打开一个文件时,内容全部是乱码,这是因为创建文件时采用的编码方式与打开文件时的编码方式不一样,就会造成字符显示错误,看上去就是乱码。中文情况下,若报错,可取 gb18030,如：open('d:\\test. txt',encoding = ' gb18030')。字符的编码方式详见 7.2 节。

```
>>>f = open('d:\\test.txt')                # 打开文本文件,返回文件对象
>>>str_data = f.read()                     # 一次性读取文件所有内容,返回 str
>>>f.close()                               # 使用完后,千万记住:关闭对象
>>>print('文件包含所有字符个数:',len(str_data))
>>>print('文件内容:',str_data)
>>>print("字符:'中国'是否在文件中:",'中国' in str_data)
```

2.4　Python 保留字说明

Python 所有关键字（也称为保留字）都有特定的语义,其含义不允许改变,也不能用来当变量名、函数名或类名等标识符,如表 2-9 所示。

表 2-9　Python 常用关键字含义

序号	关 键 字	含 义
1	False，True	常量,逻辑假、逻辑真（注意：大小写敏感）
2	None	常量,空值
3	And、or、not	逻辑与运算、逻辑或运算、逻辑非运算
4	as	在 import 或 except 语句中给对象起别名
5	assert	断言,用来确认某个条件必须满足,可用来帮助调试程序
6	break	用在循环中,提前结束 break 所在层次的循环
7	class	用来定义类
8	continue	用在循环中,提前结束本次循环
9	def	用来定义函数
10	del	用来删除对象或对象成员
11	elif	用在选择结构中,表示 else if 的意思
12	else	可以用在选择结构、循环结构和异常处理结构中

（续）

序号	关 键 字	含 义
13	except	用在异常处理结构中，用来捕获特定类型的异常
14	finally	用在异常处理结构中，用来表示不论是否发生异常都会执行的代码
15	for	构造 for 循环，用来迭代序列或可迭代对象中的所有元素
16	from	明确指定从哪个模块中导入什么对象，例如 from math import sin；还可以与 yield 一起构成 yield 表达式
17	global	定义或声明全局变量
18	if	用在选择结构中
19	import	用来导入模块或模块中的对象
20	in	成员测试
21	is	同一性测试
22	lambda	用来定义 lambda 表达式，类似于函数
23	nonlocal	用来声明 nonlocal 变量
24	pass	空语句，执行该语句时什么都不做，常用作占位符
25	raise	用来显式抛出异常
26	return	在函数中用来返回值，如果没有指定返回值，表示返回空值（None）
27	try	在异常处理结构中用来限定可能会引发异常的代码块
28	while	用来构造 while 循环结构，只要条件表达式等价于 True 就重复执行限定的代码块
29	with	上下文管理，具有自动管理资源的功能
30	yield	在生成器函数中用来返回值

习题

2-1　查看变量类型的 Python 内置函数是＿＿＿＿＿＿＿＿＿。

2-2　查看变量内存地址的 Python 内置函数是＿＿＿＿＿＿＿＿＿。

2-3　在 Python 中＿＿＿＿＿＿＿＿＿表示空类型。

2-4　表达式 10/6 =＿＿＿＿＿＿，10//6 =＿＿＿＿＿＿，10//6.0 =＿＿＿＿＿＿。

2-5　表达式 [1,2,3] * 2 的执行结果为＿＿＿＿＿＿＿＿＿＿＿＿＿。

2-6　已知 x = 3，那么执行语句 x += 6 之后，x 的值为＿＿＿＿＿＿＿。

2-7　已知 x = 3，那么执行语句 x *= 6 之后，x 的值为＿＿＿＿＿＿＿。

2-8　x = '中国'，y = "123"，则 x + y =＿＿＿＿＿＿＿＿＿＿，len(x + y) =＿＿＿＿＿＿＿。

2-9　表达式 '3' not in [1,2,3] =＿＿＿＿＿＿＿。

2-10　转义字符 '\ n' 的含义是＿＿＿＿＿＿＿。

2-11　Python 语句 list(range(1,10,3)) 执行结果为＿＿＿＿＿＿＿。

2-12　表达式 list(range(5)) 的值为＿＿＿＿＿＿＿。

2-13　表达式 int('123') =＿＿＿＿＿＿，str(123) =＿＿＿＿＿＿。

2-14　表达式 list(str(123)) =＿＿＿＿＿＿＿。

2-15　表达式 tuple(str(123)) =＿＿＿＿＿＿＿。

2-16 表达式 set(str(20013)) = _____。

2-17 已知 a,b,c = 1,2,3，则 b = _____。

2-18 Python 3. x 语句 print(1,2,3,sep = ':') 的输出结果为_____。

2-19 print(1,end = '!');print(2,end = '!');print(3,end = '!') 的输出结果_____。

2-20 list(map(str,[1,2,3])) 的执行结果为_____。

2-21 isinstance(3,str) = _____。

2-22 round(3. 068,2) = _____。

2-23 [1,2,3] + [2,3] = _____。

2-24 {1,2,3} - {2,3} = _____。

2-25 x = ['ab','1','中国'],则 len(x) = _____。

2-26 x = {'学号':'0711','姓名':'张三','年龄':19},则 len(x) = _____。

2-27 x = [1,6,3,2,5],则 sorted(x) = _____,reversed(x) = _____。

第3章

Python 序列结构

本章介绍 Python 内置的 4 种常用序列结构：列表（list）、元组（tuple）、字典（dict）以及集合（set）。这 4 种数据结构都可用于保存多个数据项，相当于其他语言中的数组，但功能比数组更加强大，尤其是在大数据分析方面。

列表（list）和元组（tuple）比较相似，它们都按顺序保存元素，每个元素都有自己的索引，因此列表和元组都可通过索引访问元素。二者的区别在于，列表中的元素是可修改的，元组的元素是不可修改的。

字典（dict）和集合（set）类似，都属于无序的可变序列，即它们里面的数据都是无序的，不可以通过索引访问，其中字典是用键值（key-value）对的形式保存数据。

本章还介绍对应的各种推导式和生成器表达式的用法。

本章学习要点：

- 4 种序列结构的特点和方法
- 序列切片的用法
- 运算符和内置函数对列表、元组、字典、集合的操作
- 列表推导式、元组生成器表达式、字典推导式、集合推导式的用法

3.1 序列概要

组合数据类型如图 3-1 所示，它们有很多相同的地方，如序列。所谓序列，指一块可存放多个值的连续内存空间，这些值按一定顺序排列，可通过每个值所在位置的编号（称为索引）访问它们。

在 Python 中，序列类型包括字符串、列表、元组、字典和集合，这些序列支持通用操作。但需要注意的是，集合和字典不支持索引、切片、相加和相乘操作。

根据序列里的元素是否有序，序列结构分为有序序列（如列表、元组、字符串）和无序序列（如字典、集合）。根据序列里的元素是否可以修改，序列结构分为可变序列（如列表、字典、集合）和不可变序列（如元组、字符串），如图 3-2 所示。

不可变序列（字符串、元组）为静态变量，可变序列（列表、字典、集合）为动态变量。

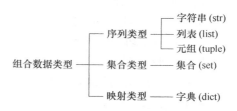

图 3-1　组合数据类型

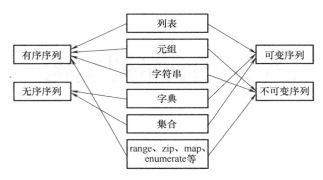

图 3-2 可变序列与不可变序列

Python 在给变量之间赋值时，对静态变量的传递为拷贝，对动态变量的传递为引用。关于静态变量和动态变量的赋值区别，详见 6.2.6 copy 库。

无序序列中的元素不可以通过索引号访问，一般通过循环迭代访问。

3.1.1 序列索引

在序列中，每个元素都有属于自己的编号（索引）。从左起，索引值从 0 开始递增，如：A = " Python 语言"，如图 3-3 所示。

除此之外，Python 还支持索引值是负数，此类索引是从右向左计数，即从最后一个元素开始计数，从索引值 −1 开始，如图 3-3 所示。

图 3-3 双向索引

无论是采用正索引值，还是负索引值，都可以访问序列中的任何元素。以字符串为例，访问 " Python 语言" 的首元素和尾元素，可以使用如下的代码：

```
1    A = " Python 语言"
2    print(A[0]," == ",A[-8])          # "P" == "P",返回:True
3    print(A[7]," == ",A[-1])          # "言" == "言",返回:True
```

3.1.2 序列切片

切片操作是访问序列中元素的另一种方法，它可以访问一定范围内的元素，通过切片操作，可以生成一个新的序列。序列实现切片操作的语法格式如下：

$$sname[\,start:end:step\,]$$

其中，各参数的含义如下：

1）sname：表示序列的名称。

2）start：表示切片的开始索引位置（含该位置），此参数若不指定，默认为 0，也就是从序列的开头进行切片。

3）end：表示切片的结束索引位置（不含该位置），若不指定，则默认为序列的长度。

4）step：步长，默认为 1，表示在切片过程中，隔几个存储位置（含当前位置）取一次元素。也就是说，若 step 的值大于 1，则在进行切片去序列元素时，会 "跳跃式" 取元素。若省略 step 的值，则最后一个冒号就可以省略。

```
1    x = "C 语言中文网"
2    y = x[0:2]               # 索引号从 0 开始, 到 1 为止的字符, 返回:C 语
3    print(x[:2])            # 返回:C 语
4    print(x[::2])           # 隔 1 个字符(即步长为 2)取一个字符, 返回:C 言文
5    print(x[:])             # 取整个字符串, 此时[]中只需一个冒号即可:C 语言中文网
```

3.1.3　序列相加、相乘

在 Python 中, 两种类型相同的序列可以使用 "+" 运算符做相加操作, 它会将两个序列进行连接。这里所说的 "类型相同", 指 "+" 运算符的两侧序列要么都是列表类型, 要么都是元组类型, 要么都是字符串。

```
1    (1,2,3) + ('abcd',5)     # (1,2,3,'abcd',5)
2    [1,3,5] + ['a',6]        # [1,3,5,'a',6]
3    [1,3,5] + 6              # 报错:一个列表和一个整数不能相加
```

第 3 行, 报错:TypeError:can only concatenate list(not "int") to list

在 Python 中, 使用数字 n 乘以一个有序序列会生成新的序列, 其内容为原来序列被重复 n 次的结果。

```
1    ['a','b',3] * 2          # ['a','b',3,'a','b',3]
2    {'a','b',3} * 3          # 报错:集合不属于有序序列,不能进行相乘运算
```

第 2 行, 报错:TypeError:unsupported operand type(s) for * :'set' and 'int'

3.1.4　检查元素是否包含在序列中 (含集合、字典)

在 Python 中, 可以使用关键字 **in** 检查某元素是否为序列的成员, 其语法格式如下:

value **in** sequence, 或 value **not in** sequence

其中, value 表示要检查的元素, sequence 表示指定的序列, 返回: True 或 False。

```
1    3 in{'a','b',3}              # True
2    'ab' not in{'a','b',3}       # True
3    A = {'a':2,'b':'中国','c':[1,2]}
4    'a' in A                     # True
5    2 in A                       # False
```

3.1.5　和序列相关的内置函数

Python 提供了 9 个内置函数, 可用于实现与序列相关的一些常用操作, 如表 3-1 所示。

表 3-1　Python 与序列相关的 9 个内置函数

序号	函　　数	功能说明	举　　例
1	len( )	计算序列的长度, 即返回序列中包含多少个元素	len([1,23,'Ab']) = 3
2	max( )	找出序列中的最大元素	max(['1','23','A']) = 'A'

（续）

序号	函　　数	功 能 说 明	举　　例
3	min( )	找出序列中的最小元素	min(['1','23','A']) = '1'
4	list( )	将序列转换为列表	list({1,2,3}) = [1,2,3]
5	str( )	将序列转换为字符串	str({1,2,3}) = '{1,2,3}'
6	sum( )	计算元素和，序列中的元素必须为数值	sum({1,2,3}) = 6
7	sorted( )	对元素进行排序，返回列表	sorted({5,2,3}) = [2,3,5]
8	reversed( )	反向序列中的元素，返回 reversed 对象	reversed([5,2,3])
9	enumerate( )	将序列组合为一个索引序列，多用在 for 循环中	enumerate([5,2,3])

例如：

```
1    A = {'a':2,'b':'中国','c':[1,2]}
2    len(A)                          # 3
3    len(A['c'])                     # A['c'] = [1,2],故长度为2
4    max("Pyhon 程序设计")            # '设'
5    list(reversed([5,2,3]))         # [3,2,5]
6    sum({2,4,'6'})                  # 报错:数值与字符串不允许求和
```

第 6 行,报错:TypeError:unsupported operand type(s) for + :'int' and 'str'

3.2　列表与列表推导式

在实际开发中，经常需要将多个数据暂存起来，以便将来使用。这就是其他编程语言中的数组，它可以把多个数据存储到一起，并通过数组下标可以访问数组中的元素。但数组有一个弊端，就是在同一个数组内，存储的数据类型必须一致。

Python 中没有数组，但是加入了功能更加强大的列表。列表（list）是最重要的 Python 内置对象之一，是包含若干元素的有序连续内存空间。在形式上，列表的所有元素放在一对方括号 [ ] 中，相邻元素之间使用逗号分隔。在 Python 中，同一个列表中元素的数据类型可以各不相同，可以同时包含整数、实数、字符串等基本类型的元素，也可以包含列表、元组、字典、集合、函数以及其他任意对象，如：[10,20,30]、['spam',2.0,5,[10,20]]。如果只有一对方括号而没有任何元素，则表示空列表，如：[ ]。

3.2.1　创建、删除列表

在 Python 中，创建列表的方法有 2 种。

（1）使用等号 “ = ” 直接将一个列表赋值给变量，即可创建列表对象。

```
1    x_list = ['a','grim',2,[1,2],(1,2)]
2    x_list = []                              # 创建空列表
```

（2）用 list( ) 函数把元组、range 对象、字符串、字典、集合或其他可迭代对象转换为列表。

```
1    list((1,2,3))              # 将元组转换为列表:[1,2,3]
2    list(range(3))             # 将 range 对象转换为列表:[0,1,2]
3    list('hello')              # 将字符串转换为列表:['h','e','l','l','o']
4    list({1,6,2})              # 将集合转换为列表:[1,2,6]
5    list({'x':8,'y':6})        # 将字典的"键"转换为列表:['x','y']
6    list({'x':8,'y':6}.items()) # 将字典的"键值对"转换为列表:[('x',8),('y',6)]
7    x = list()                 # 创建空列表,返回:[]
```

（3）创建重复的列表。如：

```
Y = [0] * 2 + [1] * 3          # Y = [0,0,1,1,1]
```

当一个列表不再使用时，可以使用 del 命令将其删除。

```
1    x = ['x','y']
2    del x                      # 删除列表对象
3    x                          # 对象删除后无法再访问,抛出异常
```

第 3 行,报错:NameError:name 'x' is not defined

3.2.2　访问列表元素

创建列表之后，可以使用整数作为下标来访问其中的元素，其中 0 表示第 1 个元素，1 表示第 2 个元素，以此类推；列表还支持使用负整数作为下标，其中 -1 表示最后 1 个元素，-2 表示倒数第 2 个元素，以此类推。也支持切片访问。如图 3-4 所示。

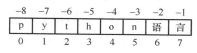

图 3-4　双向索引

```
1    x = list('Python 语言')    # 创建列表:['P','y','t','h','o','n','语','言']
2    x[0]                       # 下标为 0 的元素,第一个元素:'P'
3    x[-1]                      # 下标为-1 的元素,最后一个元素:'言'
```

3.2.3　列表对象常用方法

列表对象常用方法如表 3-2 所示。作为对象的方法，使用方式为：列表名 . 方法名( )。

表 3-2　列表对象常用方法（s 为列表）

序号	方　　法	说　　明
1	s. append(x)	将 x 追加至列表尾部，长度加 1：len(s) = len(s) + 1
2	s. extend(L)	将列表 L 中所有元素追加至列表尾部：len(s) = len(s) + len(L)
3	s. insert(index,x)	在列表 index 位置处插入 x，该位置后面的所有元素后移并且在列表中的索引加 1，若 index 为正数且大于列表长度，则在列表尾部追加 x；若 index 为负数且小于列表长度的相反数，则在列表头部插入元素 x：len(s) = len(s) + 1
4	s. remove(x)	在列表中删除第一个值为 x 的元素，该元素之后所有元素前移并且索引减 1，如果列表中不存在 x，则抛出异常
5	s. pop([index])	删除并返回列表中下标为 index 的元素，如果不指定 index，则默认为 -1，弹出最后一个元素；如果弹出中间位置的元素，则后面的元素索引减 1；如果 index 不是 [-L,L] 区间上的整数，则抛出异常

（续）

序号	方　　法	说　　明
6	s. clear( )	清空列表，删除列表中所有元素，保留列表对象
7	s. index(x)	返回列表中第一个值为 x 的元素的索引，若不存在则抛出异常
8	s. count(x)	返回 x 在列表中的出现次数
9	s. reverse( )	对列表所有元素进行原地逆序，首尾交换
10	s. sort (key = None, reverse = False)	对列表中的元素进行原地排序，key 用来指定排序规则，reverse 为 False 表示升序（默认），True 表示降序

1. append( )、insert( )、extend( )

append( ) 向列表末尾增加一个元素；insert( ) 向列表指定位置插入一个元素；extend( ) 将另一个列表中的所有元素追加至当前列表的末尾。

```
1   x =[1,2,3];y =[1,2];z =[1,2]    # x,y,z 分别为 3 个列表变量
2   x. append(4)                      # 在 x 尾部追加元素,长度加 1:x =[1,2,3,4]
3   x. insert(1,'a')                  # 在索引号 1 前插入元素,长度加 1:x =[1,'a',2,3,4]
4   y. append([5,6,7])               # 在 y 尾部追加 1 个元素:y =[1,2,[5,6,7]],len(y) =3
5   z. extend([5,6,7])               # 在 z 尾部追加多个元素:z =[1,2,5,6,7],len(z) =5
```

2. pop( )、remove( )、clear( )

pop( ) 删除并返回指定位置（默认为最后一个）的元素；remove( ) 删除列表中第一个值与指定值相等的元素；clear( ) 清空列表中所有元素。另外，还可以使用 del 命令删除列表中指定位置的元素。

```
1   x =[1,2,3,4]
2   a =x. pop()        # 弹出并返回尾部元素:a =4,x =[1,2,3]
3   b =x. pop(0)       # 弹出并返回指定位置的元素:b =1,x =[2,3]
4   x =[1,2,1,2,3]
5   x. remove(2)       # 删除首个值为 2 的元素:x =[1,1,2,3]
6   del x[2]           # 删除序号 2 上的元素:x =[1,1,3]
7   x. clear()         # 清空 x 的所有元素:x =[]
```

说明：在列表中间位置插入或删除元素时，该位置之后的元素全部后移或前移，这样效率低，且后面的元素在列表中的索引也会全部发生变化，故数据量大时，慎用。

3. count( )、index( )、in

count( ) 返回列表中指定元素出现的次数；index( ) 返回指定元素在列表中首次出现的索引号，若指定元素不存在，则抛出异常。in 返回列表中是否存在某个元素，若存在，则返回真。

```
1   x =[1,2,3,2,3,6,6,6]
2   a =x. count(2)     # 元素 2 在列表 x 中的出现次数:a =2
3   b =x. count(8)     # 元素 8 在列表 x 中的出现次数:b =0
4   a =x. index(2)     # 元素 2 在列表 x 中首次出现的索引:a =1
5   3 in[1,2,3]        # True
6   3 in[1,2,'3']      # False
7   b =x. index(8)     # 列表 x 中没有 8,抛出异常
```

第 7 行,报错:ValueError:8 is not in list

4. sort( )、reverse( )

sort(key,reverse = False) 按照指定的规则对所有元素进行排序；reverse( ) 方法将列表所有元素原地翻转。此时，列表发生改变。

注意区分两个类似的内置函数：sorted( )、reversed( ) 不改变原来列表顺序，返回新列表。此时，原列表没有发生变化。

```
1    x = [2,10,4,5]
2    x.sort()                        # 对 x 中的元素,默认按升序排:x = [2,4,5,10]
3    x.sort(reverse = True)          # 对 x 中的元素,按降序排:x = [10,5,4,2]
4    x.sort(key = str,reverse = False)
                                     # 按转换为字符串后的大小,按升序排:x = [10,2,4,5]
5    y = [2,10,4,5]
6    y.reverse()                     # 把 y 所有元素翻转:y = [5,4,10,2]
7    z = sorted(y)                   # 对 y 中的元素按升序排,y 不变,z = [2,4,5,10]
8    z = reversed(y)                 # 对 y 中的元素翻转,y 不变,z = [2,10,4,5]
```

从上面可以看出，列表的方法 x.sort( )、x.reverse( ) 会改变列表 x 中的元素顺序，而内置函数：sorted(x)、reversed(x) 不会改变 x 中的元素顺序，只是返回 x 的元素排序结果。

3.2.4 列表支持的运算符

1. 加法运算符

加法运算符"+"也可以实现列表增加元素的目的，但不属于原地操作，而是返回新列表，涉及大量元素的复制，效率非常低。使用复合赋值运算符"+="实现列表追加元素，属于原地操作，与 append( ) 一样高效。

```
1    x = [1,2,3]
2    id(x)                           # 返回列表变量对象的内存地址:53868168
3    x = x + [4]                     # 连接两个列表
4    x                               # [1,2,3,4]
5    id(x)                           # 内存地址发生改变:53875720
6    x += [5]                        # 为列表追加元素
7    x                               # [1,2,3,4,5]
8    id(x)                           # 内存地址不变:53875720
```

2. 乘法运算符

乘法运算符"*"可以用于列表和整数相乘，计算重复次数，返回新列表，原列表不存在。运算符"*="也可以用于列表元素重复，属于原地操作，原列表被覆盖。

```
1    x = [1,2,3]
2    id(x)                           # 返回列表变量对象的内存地址:54497224
3    x = x * 2                       # 元素重复,返回新列表
4    x                               # [1,2,3,1,2,3]
5    id(x)                           # 地址发生改变:54603912
6    x *= 2                          # 元素重复,原地进行
7    x                               # [1,2,3,1,2,3,1,2,3,1,2,3]
8    id(x)                           # 地址不变:54603912
```

3. 关系运算符

关系运算符可以用来比较两个列表的大小。

```
1    [1,2,4]>[1,2,3,5]              #逐个比较对应位置的元素,直到能够比较出大小为止
2                                   #结果:True
3    [1,2,4]==[1,2,4,5]            #False
```

3.2.5　与列表相关的内置函数

与列表相关的内置函数主要有下面 10 个。

（1）max()、min() 函数用于返回列表中所有元素的最大值和最小值。

（2）sum() 函数用于返回列表中所有元素之和，此时列表中的元素必须全为数值。

（3）len() 函数用于返回列表中元素个数；zip() 函数用于将多个列表中元素重新组合为元组，并返回包含这些元组的 zip 对象。

（4）enumerate() 函数返回包含若干下标和值的迭代对象。

（5）map() 函数把函数映射到列表上的每个元素；filter() 函数根据指定函数的返回值对列表元素进行过滤。

（6）all() 函数用来测试列表中是否所有元素都等价于 True；any() 用来测试列表中是否有等价于 True 的元素。

```
1    x=list(range(1,20,2))    #生成列表:[1,3,5,7,9,11,13,15,17,19]
2    import random             #引入随机库
3    random.shuffle(x)         #随机打乱 x 中元素顺序,每次打乱,返回都可能不一样
4    x                         #[5,1,7,15,19,17,3,11,13,9]
5    max(x)                    #返回最大值:19
6    max(x,key=str)            #按指定规则(将 x 中的元素转为字符串)返回最大值:9
7    min(x)                    #1
8    sum(x)                    #所有元素之和:100
9    len(x)                    #列表元素个数:10
10   enumerate(x)              #枚举列表元素,返回 enumerate 对象<enumerate object
                                 at 0x00000000030A9120>
11   list(enumerate(x))        #enumerate 对象可以转换为列表、元组、集合
12                             #[(0,1),(1,3),(2,5),(3,7),(4,9),(5,11),(6,13),(7,
                                 15),(8,17),(9,19)]
```

3.2.6　列表推导式

推导式（又称解析式）是 Python 的一种独有功能。它可将一种序列快速构建另一个新的序列。推导式包括 3 种：列表（list）推导式、字典（dict）推导式和集合（set）推导式。

使用列表推导式可快速生成满足特定需求的列表，代码可读性强。其语法格式如下：

[表达式 for 变量 in 序列或迭代对象] 或:

[表达式 for 变量 in 序列或迭代对象 if 条件表达式]

列表推导式在逻辑上等价于一个循环语句，只是形式上更加简洁，如：

```
>>>a=[x*x for x in range(6)]        #[0,1,4,9,16,25]
```

相当于：

```
1       a =[]
2       for x in range(6):
3           a. append(x * x)
```

如果序列中的元素比较多，可以查找满足要求的元素，返回一个子列表。

```
1       x =[2,-4,5,6,0,-2]
2       y =[i for a in x if i % 2 ==0 and i >=0]        # 返回列表中,大于等于 0 的偶数
3       y                                               #[2,6,0]
```

3.2.7　列表多元素访问：切片

切片使用 2 个冒号分隔的 3 个数字来完成对列表元素的访问，语法为：［start：end：step］，参数说明：

1）start 表示切片开始位置，默认为 0；

2）end 表示切片截止（但不包含）位置，默认为列表长度；

3）step 表示切片的步长，默认为 1。

当 start 为 0 时可以省略，当 end 为列表长度时可以省略，当 step 为 1 时可以省略，省略步长时还可以同时省略最后一个冒号。当 step 为负整数时，表示反向切片，这时 star 在 end 的右侧，如：［6，2，−1］。

使用切片可以访问列表中部分元素，返回新列表。与使用索引号访问不同，切片操作不会因为下标越界而抛出异常，而是简单地在列表尾部截断或返回一个空列表，代码健壮性好。

```
1       L =[1,2,3,4,5,6]
2       L[::]       # 相当于 y =L:[1,2,3,4,5,6]
3       L[2:5:1]    # 从索引号 2(含 2)开始,到索引号 5(不含 5)结束:[3,4,5]
4       L[5:2:-1]   # 从索引号 5(含 5)开始,到索引号 2(不含 2)结束:[6,5,4]
5       L[1::2]     # 从索引号 1(含 1)开始,到结束,步长为 2:[2,4,6]
6       L[::2]      # 从索引号 0 开始,到结束,步长为 2:[1,3,5]
7       L[0:10:3]   # 切片结束位置大于列表长度时,从列表尾部截断:[1,4]
8       L[10]       # 索引号为 10,越界访问,抛出异常:IndexError:list index out of range
9       L[10:]      # 切片开始位置大于列表长度时,返回空列表:[]
```

3.3　元组与生成器

元组（tuple）是 Python 中另一个重要的序列结构，和列表类似，也是由一系列按特定顺序排序的元素组成。不同的是，列表可以任意操作元素，是可变序列；而元组是不可变序列，即元组中的元素一经确定，就不可以修改。从这点讲，元组的访问速度比列表快。

元组的所有元素都放在一对小括号"（ ）"中，相邻元素之间用逗号","分隔，如果元组中只有一个元素，则必须在最后增加一个逗号。

元组中的元素可以为整数、实数、字符串、列表、元组等任何类型的数据。

```
1    A = (1,2)                              # 元组长度:len(A) =2
2    B = (1,[2,'a'],("abc",3.0))           # 元组长度:len(B) =3
3    type(B)                               # 元组的数据类型是:<class 'tuple'>
4    C = ('a',)                            # 元组长度:len(C) =1
```

3.3.1   创建元组及访问元素

Python 提供了多种创建元组的方法。创建元组时，可以使用赋值运算符" ="直接将一个元组赋值给变量，如：

```
>>>num = (7,14,21,28,35)
```

在 Python 中，元组通常都是使用一对小括号将所有元素括起来的，但小括号不是必需的，只要将各元素用逗号隔开，Python 就会将其视为元组，如：

```
>>>a_tuple ="C语言",6,[1,3]        # a_tuple =  ('C语言',6,[1,3])
```

注意，当创建的元组中只有一个元素时，此元组后面必须加一个逗号"，"，否则 Python 解释器会将其误认为字符串。

```
1    A = ("C语言中文网",)            #一个元素,加了逗号,为元组,type(A):tuple
2    B = ("C语言中文网")             #一个元素,没有加逗号,为字符串,type(B):str
```

1. 使用 tuple( ) 函数创建元组

Python 提供了 tuple( ) 函数来创建元组，它可以直接将列表、区间（range）等对象转换为元组。

tuple(data)：其中，data 表示可以转换为元组的数据，其类型可以是字符串、元组、range 对象等。

```
1    A_tuple = tuple([4,20,3])
2    c_tuple = tuple(range(4,20,3))
3    x = ()                                #空元组
4    x = tuple()                          #空元组
5    tuple(range(5))                      #将其他迭代对象转换为元组:(0,1,2,3,4)
```

很多内置函数的返回值也包含了若干元组的可迭代对象，如 enumerate( )、zip( ) 等。

```
1    list(enumerate(range(3)))           #[(0,0),(1,1),(2,2)]
2    list(zip(range(3),'abcdefg'))       #[(0,'a'),(1,'b'),(2,'c')]
```

2. 访问元组元素

和列表完全一样，如果想访问元组中的指定元素，可以使用元组中各元素的索引值获取。

```
1    x = (1,2,3)          # 直接把元组赋值给一个变量
2    x[0]                 #元组支持使用下标访问特定位置的元素:1
3    x[-1]                #最后一个元素,元组也支持双向索引:3
4    x = (3)              # 这和 x =3 是一样的
5    x                    #3
6    x = (3,)             # 如果元组中只有一个元素,必须在后面多写一个逗号
7    x[1] =4              #元组的元素是不可变的,会报错
```

第 7 行,报错:TypeError:'tuple' object does not support item assignment

3. Python 修改元组元素

元组是不可变序列，元组中的元素不可单独进行修改，但是可以对元组进行重新赋值。

```
1    x = (1,2,3)
2    x = (1,2,3,3)                    # 重新赋值后,x 原来的值被覆盖了
```

另外，还可以通过连接多个元组的方式向元组中添加新元素。

```
3    a_tuple = ('abc',20,-1.2)
4    a_tuple = a_tuple + (1,2,3)             # 添加新元素,a_tuple 原来的值被覆盖了
```

4. Python 删除元组

当已经创建的元组确定不再使用时，可以使用 del 语句将其删除。

```
5    x = (1,2,3)
6    del(x)                    # x 被删除后,作为一个对象,已经被销毁了,不能再访问
```

在实际开发中，del( ) 语句并不常用，因为 Python 自带的垃圾回收机制会自动销毁不用的元组。

3.3.2　元组与列表的异同

（1）元组和列表都属于有序序列，都支持使用双向索引访问其中的元素，以及使用 count( ) 方法统计指定元素的出现次数和 index( ) 方法获取指定元素的索引，len( )、map( )、filter( ) 等大量内置函数和 + 、in 等运算符也都可以作用于元组和列表。

（2）元组属于不可变（immutable）序列，不可以直接修改元组中元素的值，也无法为元组增加或删除元素。

（3）元组没有提供 append( )、extend( ) 和 insert( ) 等方法，无法向元组中添加元素；同样，元组也没有 remove( ) 和 pop( ) 方法，也不支持对元组元素进行 del 操作，不能从元组中删除元素，而只能使用 del 命令删除整个元组。

（4）元组和列表都可以通过切片来访问里面的元素。

（5）Python 内部对元组做了大量优化，访问速度比列表更快。如果定义了一系列常量值，仅是对它们进行遍历，而不需要对其元素进行修改，那么建议使用元组而不用列表。

（6）元组在内部不允许修改其元素值，从而使得代码更加安全，例如调用函数时使用元组传递参数可以防止在函数中修改元组，而使用列表很难保证这一点。

（7）元组可作为字典的键，也可以作为集合的元素。而列表不能作为字典键使用，也不能作为集合中的元素。

3.3.3　Python 的生成器

生成器是 Python 的一种非常重要的结构对象，其实质就是迭代器，语法格式如下：
　　　　（表达式 for 变量 in 序列或迭代对象）　或：
　　　　（表达式 for 变量 in 序列或迭代对象 if 条件表达式）
表示：从序列或迭代对象中，生成满足条件的、表达式的值，返回一个生成器迭代对象。其中，if 条件表达式是可选的。

从语法上看，它与列表推导式非常相似：除了定界符不同（列表推导式用方括号 [ ]），

里面的格式完全一样。但是，两者的本质及效率方面完全不同，主要表现在：

生成器返回的是一个生成器迭代对象，它具有惰性机制，即里面的元素只有在访问时才生成值，且一经访问，立即释放，占用内存少，效率高，适合处理大数据。而列表推导式返回的是一个列表，一次性加载，比较耗内存。

与其他迭代器一样，生成器对象的元素不能直接访问，可以根据需要将其转换为列表或元组，也可使用生成器对象的__next__()方法或者内置函数next()进行遍历，或者直接使用for循环来遍历其中的元素。

（1）使用生成器对象__next__()方法或内置函数next()进行遍历，其特点是：访问一次，才在内存生成一次值，已访问过的元素立即释放内存，同时指向下一个元素。

```
1   L = [(i +1) ** 2 for i in range(6)]    # 创建列表推导式,L 为列表,一次性全部在内存生成
2                                          # L = [1,4,9,16,25,36],当数据量大时,耗费内存
3   G = ((i +1) ** 2 for i in range(6))    # 创建生成器对象,创建时,不占内存,访问时,才占内存
4   G                                      # G 为生成器对象,不可直接访问
                                           # <generator object <genexpr> at
5                                          0x0000000003095200 >
6   type(G)                                #<class 'generator'>
7   tuple(G)                               # 将 G 转换为元组:(1,4,9,16,25,36),也可转换为列表
8   list(G)                                # 生成器对象一旦访问结束,便全部释放,没有元素了
9                                          # 输出:空列表对象[]
10  G = ((i +1) ** 2 for i in range(6))    # 重新创建生成器对象
11  G. __next__()                          # 使用生成器对象的__next__()方法获取元素:1
12  G. __next__()                          # 获取下一个元素:4
13  next(G)                                # 使用内置函数 next()获取生成器对象中的元素:9
```

（2）使用for循环直接迭代生成器对象中的元素。

```
1   g = ((i +1) ** 2 for i in range(6))    # 创建生成器对象
2   for item in g:                         # 循环遍历生成器对象中的元素
3       print(item,end = ' ')
```

第3行,输出:1 4 9 16 25 36

（3）访问过的元素不再存在。

```
1   x = filter(None,range(10))    # filter 对象也具有生成器迭代的特点
2   type(x)                       # <class 'filter'>,元素[1,2,3,4,5,6,7,8,9]
3   2 in x                        # 返回 True
4   list(x)                       # 前面 2 个元素已访问而被释放:[3,4,5,6,7,8,9]
5   x = map(str,range(8))         # map 对象也具有生成器迭代的特点
6   '0' in x                      # 返回 True,遍历一次后,'0' 在 x 中已经被释放
7   '0' in x                      # 第二次再访问,就没了:False
8   tuple(x)                      # 剩下的元素:('1','2','3','4','5','6','7')
```

3.4 字典与字典推导式

和列表相同，字典（dict）也是许多数据的集合，属于可变序列类型。不同之处在于，

它是无序的可变序列，其保存的内容是以键值对（key：value）的形式存放的。

字典类型是 Python 中唯一的映射类型。"映射"是数学中的术语，它指的是元素之间相互对应的关系，即通过一个元素，可以唯一找到另一个元素，如图 3-5 所示。

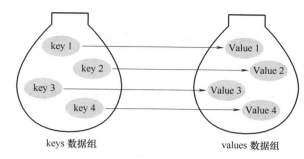

keys 数据组　　　　values 数据组

图 3-5　键值对映射关系

在字典中，习惯将各元素对应的索引称为键（key），各个键对应的元素称为值（value），键及其关联的值称为"键值对"。

（1）字典是包含若干"键:值"元素的无序可变序列，字典中的每个元素包含用冒号分隔开的"键"和"值"两部分，表示一种映射或对应关系，也称关联数组。在定义字典时，每个元素的"键"和"值"之间用冒号分隔，不同元素之间用逗号分隔，所有的元素放在一对大括号"{}"中。

（2）字典中元素的"键"可以是 Python 中任意不可变数据，如整数、实数、复数、字符串、元组等类型的可哈希数据，但不能使用列表、集合、字典或其他可变类型作为字典的"键"。字典中元素的"值"可以是 Python 中任意数据。

（3）字典中的"键"不允许重复，但"值"是可以重复的。

（4）Python 中字典的数据类型为 dict，通过 type() 函数即可查看。

3.4.1　创建字典

（1）花括号语法创建字典。语法格式如下，字典中冒号的个数即为字典的长度：

```
dictname = {'key1':'value1','key2':'value2',...,'keyn':valuen}
```

```
1    score = {'语文':89,'数学':92,'英语':93}          # len(score) = 3
2    dict1 = {(20,30):'good',30:[1,2,3]}             # len(dict1) = 2
3    dict2 = {[20,30]:'good',30:[1,2,3]}             # 报错:列表不能作"键"名
```

第 3 行,报错:TypeError:unhashable type:'list'

（2）使用内置函数 dict 以不同形式创建字典。

```
1    x = dict()                        # 空字典
2    type(x)                           # 查看对象类型:<class 'dict'>
3    x = {}                            # 空字典
4    keys = ['a','b','c']
5    value = [1,2,3]
6    dict6 = dict(zip(keys,value))     # 根据已有数据创建字典
```

```
7      D=dict(姓名='张三',年龄=18)          # 以关键参数的形式创建字典
8      D                                    #{'姓名':'张三','年龄':18}
9      D=dict.fromkeys(['x','y','z'])       # 给定"键",创建"值"为空的字典
10     D                                    #{'x':None,'y':None,'z':None}
```

注意，无论采用以上哪种方式创建字典，字典中各元素的"键"不能是列表、字典或集合。

3.4.2　访问字典元素

（1）字典中的"键"不允许重复，根据字典的"键"名可以访问对应的"值"，如果字典中不存在这个"键"，则会抛出异常。

```
1      D={'name':'张三','sex':'男','score':(80,89),'age':19}
2      D['name']                # 指定的"键"存在,返回对应的"值":'张三'
3      D['地址']                 # 指定的"键"不存在,抛出异常
```

第 3 行,报错:KeyError:'地址'

（2）get() 方法获得指定"键"对应的"值"，若指定的键不存在，则返回给定的"值"。

```
4      D.get('sex')              # 指定的"键"存在,返回对应的"值":'男'
5      D.get('地址','没有这个键')  # 指定的"键"不存在时,返回指定的默认值:'没有这个键'
```

（3）items() 方法返回一个 dict_items 对象，里面的元素为字典的所有键值对。

```
6      x=D.items()    # type(x):x 为 <class 'dict_items'>,不能直接访问
7      list(x)        #[('age',19),('score',[98,97]),('name','张三'),
                        ('sex','男')]
```

（4）keys() 方法返回一个 'dict_keys' 对象，里面的元素为字典的所有键。

```
8      x=D.keys()        # type(x):x 为 <class 'dict_keys'>,不能直接访问
9      list(x)           #['name','sex','score','age']
```

（5）values() 方法返回 'dict_values' 对象，里面的元素为字典的所有值。

```
10     x=D.values()      # type(x):x 为 <class 'dict_values'>,不能直接访问
11     list(x)           #['张三','男',(80,89),19]
```

3.4.3　字典元素的添加、修改与删除

（1）当对给定的"键"赋值时，有两种情况：
1）若"键"存在，则修改该"键"对应的值；
2）若"键"不存在，则添加一个新的"键:值"对，即在字典中添加一个新元素。

```
1      D={'name':'张三','sex':'男','score':[80,89],'age':19}
2      D['age']=20           # 'age'存在,修改键值
3      D                     # {'name':'张三','sex':'男','score':[80,89],'age':20}
4      D['address']='南昌'    # 'address',增加键值对
5      D                     # {'name':'张三','sex':'男','score':[80,89],
                               'age':20,'address':'南昌'}
```

（2）字典的 update（）方法可将另一个字典的"键:值"一次性全部添加到当前字典，若两个字典中存在相同的"键"，则以另一个字典中的"值"为准对当前字典进行更新。

```
1    D = {'name':'张三','sex':'男','age':19}
2    D. update({'a':97,'age':21})    #修改'age'键的值,同时添加元素'a':97
3    D                               # {'name':'张三','sex':'男','age':21,'a':97}
```

（3）使用 del 命令，可以删除字典中指定的元素。若指定的元素不存在，则报错。

```
4    del D['score']                  # 删除字典元素:'score'
```

删除的元素不存在,报错:KeyError:'score'

（4）使用字典的 pop（）和 popitem（）方法弹出并删除指定的元素。

```
1    D = {'name':'张三','sex':'男','score':[80,89],'age':19}
2    D. popitem()        # 弹出一个元素(对空字典操作会抛出异常):('age',19)
3    D                   #{'name':'张三','sex':'男','score':[80,89]}
4    D. pop('score')     # 弹出指定键对应的元素,输出:[80,89]
5    D                   #{'name':'张三','sex':'男'}
```

3.4.4　字典推导式

字典推导和列表推导的使用方法类似，只不过中括号改成了大括号。它能够从一个序列或迭代对象中，查找满足要求的元素，返回一个子字典。其语法格式如下：

　　{ key_exp:value_exp for key,value in dict. items（）if condition }　　或：

　　{ key_exp:value_exp1 if condition else value_exp2 for key,value in dict. items（）}

```
1    prices = {'格力电器':6.8,'贵州茅台':580,'中石油':5.8,'深高速':4.08,'四川长虹':2.6}
2    y = {key:value for key,value in prices. items() if value >6}
                                    # 键值大于 6 的元素
3    print(y)                        #{'格力电器':6.8,'贵州茅台':580}
4
5    x = ['中石油','格力电器','招商银行']
6    z = { key:value for key,value in prices. items() if key in x }   # 按键名查找
7    print(z)                        #{'格力电器':6.8,'中石油':5.8}
```

3.4.5　字典应用案例

例 3-1　下面的数据是某日 5 只股票的收盘价，将它们定义在一个字典变量中，然后输出其中的最低价、最高价，最后按价格升序输出。

格力电器：6.8，贵州茅台：580，中石油：5.8，深高速：4.08，四川长虹：2.6。

基本思路：由于字典的元素是无序的，不能直接排序。可以先利用 zip（）函数将字典的"键值对"元素转换为列表，再利用 min（）、max（）、sorted（）函数，进行求解、输出。

```
1    prices = {'格力电器':6.8,'贵州茅台':580,'中石油':5.8,'深高速':4.08,'四川长虹':2.6}
2    z   = zip(prices. values(),prices. keys())    # z 为 zip 迭代对象,不能直接读取
3    x = list(z)                                    # 将 zip 迭代对象转换为列表
4    print('价格最低的:',min(x),'。价格最高的:',max(x))
```

57

```
5    print('价格排升序:',sorted(x,reverse = False))
```

价格最低的:(2.6,'四川长虹')。价格最高的:(580,'贵州茅台')

价格排升序:[(2.6,'四川长虹'),(4.08,'深高速'),(5.8,'中石油'),...,(580,'贵州茅台')]

例 3-2 给定一个字符串，统计每个字符出现的次数，按字符的降序输出。

基本思路：对字符串进行迭代，每一个不同的字符作为字典的键名，利用字典的 get( ) 方法指定"键"对应的"值"。

```
1    x = '你学 Pyhon! 他学 Pyhon! 我学 Pyhon!'
2    d = dict()                          # 创建空字典,用于保存每个不同字符出现的次数
3    for ch in x:
4        d[ch] = d.get(ch,0) +1         # 不同的字符作为字典的键,出现的次数为值,第 1 次出现,默认 0
5    print('按字符,排降序:')
6    for k,v in sorted(d.items(),reverse = True):
                                         # 按字典的键名排序(reverse = True 表示排降序)
7        print(k,":",v)                  # k 为字典的键名,v 为对应的键值
```

例 3-3 统计给定的字符在文件"杜甫的家国情怀.txt"中出现的次数，文件见本书配套电子资源。

基本思路：将要统计的字符放在列表中，利用字符串的 count( ) 方法，进行统计。

```
1    fp = open('d:\\杜甫的家国情怀.txt')          # 按默认只读方式打开文件
2    s = fp.read()                              # 一次性读取文件所有内容
3    fp.close()                                 # 关闭文件对象
4    key = ['国','家','国家','杜甫']              # 统计这些词,在文件中出现的次数
5    d = dict()                                 # 新建一个空字典
6    for ch in key:                             # 对列表中的每一个元素,进行迭代
7        d[ch] = d.get(ch,0) + s.count(ch)      # 将 ch 在 s 中出现的次数,赋给字典变量
8    for k,v in d.items():
9        print(k,'出现次数:',v)                   # 输出统计结果
10   print(s)                                   # 输出文件所有内容
```

3.5 集合与集合推导式

Python 中的集合（set）和数学中的集合概念一样，用来保存不重复的元素，即集合中的元素互不相同，没有顺序。集合属于 Python 无序可变序列，使用一对大括号作为定界符，元素之间使用逗号分隔。由于集合中的元素是无序的，因此集合中只能包含数字、字符串、元组等不可变类型（或者说可哈希）的数据，而不能包含列表、字典、集合等可变类型的数据，否则 Python 解释器会抛出 TypeError 错误。

3.5.1 集合的创建与访问

Python 提供了两种创建集合的方法，分别是使用 {} 创建和使用函数 set( ) 将列表、元组等类型数据转换为集合。

（1）使用 {} 创建。

```
>>>A = {1,'c',1,(1,2,3),'c'}        # 创建集合对象,自动移去重复的元素
>>>A                                #{1,'c',(1,2,3)}
>>>{5,'6',{'No':1}}
TypeError:unhashable type:'dict'    # 集合中的元素不能为字典
>>>{5,'6',[2,5]}
TypeError:unhashable type:'list'    # 集合中的元素不能为列表
>>>{5,'6',{2,5}}
TypeError:unhashable type:'set'     # 集合中的元素不能为集合
```

（2）使用函数 set( ) 将列表、元组、字符串、range 对象等其他可迭代对象转换为集合，如果原来的数据中存在重复元素，则在转换为集合的时候只保留一个；如果原序列或迭代对象中有不可哈希的值，则无法转换为集合，抛出异常。

```
>>>S1 = set(range(1,6))    # 把 range 对象转换为集合
>>>S1                      #{1,2,3,4,5}
>>>S2 = set([0,1,2,3,3,1]) # 将列表转为集合,自动去掉重复元素
>>>S2                      #{0,1,2,3}
>>>S3 = set('Python')      # 将字符串转为集合
>>>S3                      #{'o','P','n','h','t','y'}
>>>x = set()               # 空集合
```

注意，如果要创建空集合，只能使用函数 set（ ）实现。因为直接使用一对 ｛｝，Python 解释器会将其视为一个空字典。

（3）访问集合元素。由于集合中的元素是无序的，因此无法像列表那样使用索引访问元素。在 Python 中，访问集合元素最常用的方法是使用循环结构，将集合中的数据逐一读取出来。

```
1    a = {1,'c',(1,2,3),'c'}    # 集合中的元素类型只能为数值、字符串、元组
2    for e in a:
3        print(e,end=' ')       # 每输出一次,按空格结束,不换行
```

第 3 行输出:1 c(1,2,3)

3.5.2　集合元素的增加与删除

set 类型提供的方法。通过 dir(set) 命令可以查看有哪些方法，含义如表 3-3 所示。

```
>>>dir(set)
['add','clear','copy','difference','difference_update','discard',
'intersection','intersection_update','isdisjoint','issubset','issuperset','pop',
'remove','symmetric_difference','symmetric_difference_update','union','up-
date']
```

表 3-3　集合对象的主要方法

序号	方　法	含　义
1	add( )	增加新元素，如果该元素已存在则忽略该操作，不会抛出异常
2	update( )	合并另外一个集合中的元素到当前集合中，并自动去除重复元素
3	pop( )	随机删除并返回集合中的一个元素，如果集合为空则抛出异常

（续）

序号	方　　法	含　　义
4	remove( )	删除集合中的元素，如果指定元素不存在则抛出异常
5	discard( )	从集合中删除一个特定元素，如果元素不在集合中则忽略该操作
6	clear( )	清空集合删除所有元素

例如：

```
>>> s = {1,2}
>>> s.add(6)                    # 添加元素,重复元素自动忽略
>>> s                           #{1,2,6}
>>> s.update({2,4})             # 更新当前字典,自动忽略重复的元素
>>> s                           #{1,2,4,6}
>>> s.discard(5)                # 删除元素,不存在则忽略该操作
>>> s                           #{1,2,4,6}
>>> s.remove(5)                 # 删除元素,不存在就抛出异常
KeyError:5
>>> s.pop()                     # 删除并返回一个元素:1
>>> s.clear()                   # 清空集合删除所有元素
>>> s                           # set()
```

3.5.3　两个集合的运算

两个集合的运算包括交集、并集、差集和对称差集。

设有两个集合，set1 = {1,2,3}、set2 = {3,4,5}，分别做不同运算，其结果如表3-4 所示。

表3-4　集合运算操作

序号	运算操作	运算符	含　　义	举　　例	结　　果
1	交集	&	取两个集合公共的元素	set1 & set2	{3}
2	并集	|	取两个集合全部的元素	set1 | set2	{1,2,3,4,5}
3	差集	-	取一个集合中另一集合没有的元素	set1 - set2	{1,2}
4	对称差集	^	取集合 A 和 B 中不属于 A&B 的元素	set1 ^ set2	{1,2,4,5}

集合的运算还包括如下：

```
>>> set1 = {1,2,3}
>>> set2 = {3,4,5}
>>> set1.intersection(set2)            # 两个集合的交集:{3}
>>> set1.union(set2)                   # 两个集合的并集:{1,2,3,4,5}
>>> set1.difference(set2)              # 两个集合的差集:{1,2}
>>> set1.symmetric_difference(set2)    # 两个集合的对称差集:{1,2,4,5}
>>> x = {1,2,3}
>>> y = {1,2,5}
>>> z = {1,2,3,4}
>>> x < y                              # 比较集合大小/包含关系,判断 x 是否为 y 的真子集
False
```

```
>>>x < z                          # x 是否为 z 的真子集:True
>>>y < z                          # False
>>>{1,2,3} <= {1,2,3}             # 前面为后面的子集:输出 True
```

3.5.4　集合推导式

集合推导式和列表推导式的用法非常类似，区别在于用一对大括号代替一对中括号[]，其语法格式为：

　　　　{expr for value in collection} 或：

　　　　{expr for value in collection if condition}

例如：

```
>>>s = {x**2 for x in[1,1,2,-2,3]}    # 返回列表中,每个元素的二次方
>>>print(s)                          # 集合可以达到去重的效果,输出:{1,4,9}
>>>prices = {'格力电器':6.8,'中石油':5.8,'建设银行':4.08,'农业银行':5.6}
>>>s = {x for x in prices.keys()}    # 将字典的键名,返回给一个集合
>>>print(s)                          #{'建设银行','格力电器','中石油','农业银行'}
>>>y = {x for x in prices.keys() if x.count('银行')>0 }  # 键名中含有'银行'的
>>>print(y)                          #{'建设银行','农业银行'}
```

3.5.5　集合应用案例

例 3-4　给定一个字符串，每次从中随机取一个字符，共取 20 次，利用集合返回抽取的 20 个元素中没有重复的字符。

基本思路：随机库下面的函数 random.choice(s) 表示一次从序列 s 中随机取一个元素。利用列表生成器，先随机取若干个字符，组成列表，然后把列表转为集合，可以自动消除重复的元素。

```
1    import random                   # 引入随机库
2    s = '我学 Python,你学 Python.'
3    # -------------用列表生成器,每次从 s 中随机取一个字符,共取 20 次 --------------------
4    x = [random.choice(s) for i in range(20)]
5    print('随机获取的字符:',x)
6    y = set(x)                       # 将列表变量 x 转为集合,自动消除重复元素
7    print('没有重复的字符:',y)
```

没有重复的字符:{'n','y','h','o','t',',','我','你','学'}

例 3-5　返回指定范围内，10 个没有重复的整数。

基本思路：每次随机取 10 与 30 之间的一个整数，利用集合的 add() 方法，加入到集合中。由于每次增加元素时，集合会自动消除重复的元素，故可以利用集合的长度 len() 作为循环的终止条件，不停地进行迭代。在代码中，设置一个计数器 n，可以查看迭代次数。

```
1    import random                   # 引入随机库
2    data = set()                     # 创建一个空集合
3    n = 0                            # n 为计数器,初始化为 0,可查看迭代次数
4    while len(data) < 10:            # 当集合中元素个数小于 10 时,循环(保证取满 10 个数)
```

```
5          e = random. randint(10,30)          # 随机生成 10 与 30 之间的一个整数
6          data. add(e)              # 添加到集合中(自动忽略重复元素),循环一次,len(data)加1
7          n += 1                # 每迭代次 1 次,计数器加 1(由于会消除重复元素,n 可能大于 10)
8     print('迭代次数:' + str(n),',',迭代结果:',data)
```

迭代次数:15,迭代结果:{10,11,14,16,19,24,25,26,27,30}

如果把第 5 行的取数范围改为 random. randint(10,19)，则会进入死循环，因为集合中永远取不到 10 个不同的整数，从而 len(data) 永远不可能大于 10。

习题

3-1   已知 x = list(range(0,10,2))，则 x[1:4] = _____。

3-2   x = [1,2,3]，y = [4,5]，x. append(y)，则 x = _____，len(x) = _____。

3-3   x = [1,2,3]，y = [4,5]，x. extend(y)，则 x = _____，len(x) = _____。

3-4   x = [1,2,3]，y = [4,5]，则 x + y = _____，len(x + y) = _____。

3-5   已知 y = [str(x * x) for x in range(3)]，则 y = _____。

3-6   x = [6,9,11,200]，x. sort(key = lambda t:str(t),reverse = True)，则 x = _____。

3-7   x = [1,2,3]，则 x + [4] = _____，x * 2 = _____。

3-8   已知 a = "Python"，x = tuple(a)，则 x[:3] = _____。

3-9   已知 a = "Python"，x = tuple(a)，则 x[-4: -1] = _____。

3-10   已知 y = [str(x * x) for x in range(3)]，z = (str(x * x) for x in range(3))，则 y 与 z 最主要的区别是：_____。

3-11   将输出写在右边。

y = {"No":1,"Name":"张三","Addre":"不知"} x = y. items() for i in x: 　print(i)	

3-12   y = {"No":1,"Name":"张三","Addre":"不知"}，则 y['Name'] = _____，y. get("no",' Not Exist') = _____。

3-13   x = set("11225")，则 x = _____。

3-14   表达式 list(zip([1,2],[3,4])) 的值为_____。

3-15   表达式 list(map(lambda x:x ** 2,[1,2,3])) 的值为_____。

3-16   表达式 tuple(enumerate('abc')) = _____。

3-17   定义一个字典变量，输出该字典变量的所有键名、键值。

3-18   将在区间 [200,800] 内随机获得的 100 个整数，存入一个列表变量中，然后从中删除一个最大的，删除一个最小的，求剩余 98 个数的和、平均值。

3-19   D = {'中国':'北京','美国':'华盛顿','日本':'东京'}，则

list(D. items( )) = _____；

tuple(D. keys( )) = _____；set(D. values( )) = _____。

第4章

Python 程序控制结构

Python 提供了现代编程语言都支持的两种基本流程控制结构——if 分支结构和 while、for-in 循环结构，也提供了 break 和 continue 控制程序的"中断"和"继续"语句。另外，Python 没有 for-to 循环结构。

本章学习要点：

- 条件表达式与 True/False 的关系
- 三种 if 分支语句
- 两种循环结构：while、for-in
- break 与 continue 语句

4.1 条件表达式

在逻辑上取值为 True 或 False 的表达式，称为条件表达式。编程语言的程序控制都是通过条件表达式的 True 或 False 来进行控制的。Python 条件表达式主要考虑下面 4 点。

（1）在进行算术运算时：True==1，False==0。

（2）在选择、循环结构中，条件表达式的值只要是 False、0（或 0.0、0j 等）、None、空列表、空元组、空集合、空字典、空字符串、空 range 对象或其他空迭代对象，Python 解释器均认为与 False 等价；相反，全部与 True 等价。

```
>>>if 8:           # 使用整数作为逻辑判断,只要不是 0,就是 True
    print(8)       # 8
>>>L=[8,2,3]
>>>if L:           # 使用列表作为逻辑判断,只要不是空列表,就是 True
    print(L)       # [8,2,3]
```

（3）逻辑运算符：and（与）、or（或）、not（非）。逻辑运算符 and 和 or 具有短路求值或惰性求值的特点，不会对所有表达式进行求值。

```
>>>3 and 5          # 整个表达式的值是最后一个计算的子表达式的值,输出:5
>>>0 and x==6       # 惰性求值,不管 x 取什么变量,都输出:0
>>>2 and x==9       # 报错:变量 x 必须事先赋值
NameError:name 'x' is not defined
>>>0 or 8           # 整个表达式的值是最后一个计算的子表达式的值,输出:8
>>>3 or y==8        # 惰性求值,不管 y 取什么变量,都输出:3
>>>0 or y==6        # 报错:变量 y 必须事先赋值
NameError:name 'y' is not defined
```

逻辑运算符 not 表示否定。

```
>>>not[1,2,3]              #单目运算符:非空列表等价于 True
False
>>>not{}                   #空字典等价于 False,输出:True
```

（4）关系运算符：＝＝、＞、＞＝、＜、＜＝、!＝（不等于）。Python 中的关系运算符可以连续使用，这样不仅可以减少代码量，也比较符合人类的思维方式。

```
>>>print(1<2<3)                      #等价于 1<2 and 2<3,输出:False
```

在 Python 条件表达式中，注意区分赋值运算符" ＝ "（一个等号）与关系运算符" ＝＝ "（两个等号），不允许使用赋值运算符" ＝ "来作为条件判断。

```
>>>if a=3:                           #条件表达式中不允许使用赋值运算符
SyntaxError:invalid syntax
>>>if(a=3) and(b=4):                 #条件表达式中不允许使用赋值运算符
SyntaxError:invalid syntax
```

例 4-1 编写程序，输出：1＋2＋3＋4＋5＋6＋7＋8 的和。

基本思路： 定义一个从 0 开始的计数器，先累加，再转为字符串，依次叠加。

```
1    i = sum = 0                      # i 为计数器,sum 为累计求和的结果
2    r = ''                          #字符串 r 为叠加的求和式子
3    while i <=8:                     #使用关系表达式作为逻辑判断,i =8 时结束循环
4        sum += i                     #等价于 sum = sum + i
5        if i >0:
6            r += str(i) + '+'        #将计数器转为字符串,依次叠加
7        i += 1                       #计数器 i 自动加1:i = i +1
8    r = r[0:len(r)-2] + '=' + str(sum)  #先截除 r 右边的 2 个字符,再连接求和的结果
9    print(r)
```

输出:1＋2＋3＋4＋5＋6＋7＋8＝36

下列代码，通过 for-in 循环结构，输出：前 8 个正整数的二次方和。

```
1    sum =0;r = ''
2    for i in range(9):                #for 循环遍历(从 0 开始,到 8 结束)
3        sum += i * i
4        if i >0:
5            r += str(i*i) + '+'        #将计数器转为字符串,依次叠加
6    r = r[0:len(r)-2] + '=' + str(sum)
7    print(r)
```

输出：1＋4＋9＋16＋25＋36＋49＋64＝204

4.2　if 分支结构

常见的选择结构有单分支、双分支、多分支选择结构以及嵌套的分支结构，也可以构造

跳转来实现类似的逻辑。

在每个分支中，冒号"："是不可少的，表示语句块的开始，并且语句块必须做相应的缩进，一般以 4 个空格为一个缩进单位，语法格式如表 4-1 所示。

表 4-1　if 语句分支选择结构

（1）单分支选择结构	（3）多分支选择结构
if 条件表达式： 　　语句块	if 条件表达式 1： 　　语句块 1 elif 条件表达式 2： 　　语句块 2 elif 条件表达式 3： 　　语句块 3 …… else： 　　语句块 4
（2）双分支选择结构	
if 条件表达式： 　　语句块 1 else： 　　语句块 2	其中，关键字 elif 是 else if 的缩写

例 4-2　编写程序，输入一个数，如果 60 以下，输出"不及格"，否则输出"及格"。
基本思路：接收键盘输入函数 input 的值，将其转为浮点数，然后进行判断。

```
1    x = input('输入一个成绩,按 Enter 键结束:')        # 接收键盘的输入,返回的 x 为字符串
2    y = float(x)                                    # 把字符串转为浮点数
3    if y >= 60:
4        print('考试及格')
5    else:
6        print('考试不及格')
```

为了简洁，Python 提供了一个三元运算符，其功能与选择结构相似。语法格式如下：

```
value1 if 条件表达式 else value2
```

当条件表达式的值为 True 时，取值 value1，否则取值 value2。

```
>>> x = 80
>>> y = '考试及格' if x >= 60 else '考试不及格'
>>> y
'考试及格'
```

例 4-3　人的年龄段如下：60 岁（含）以上为老年人，[40,60) 为中年人，[18,40) 为青年人，18 岁以下为未成年人。编写程序，输入一个人的年龄，输出对应的年龄段。

```
1    x = input('请输入一个人的年龄,按 Enter 键结束:')    # 接收键盘的输入,返回的 x 为字符串
2    y = int(x)                                      # 把字符串转为整数
3    if y >= 60:
4        print('老年人')
5    elif y >= 40:
6        print('中年人')
7    elif y >= 18:
8        print('青年人')
```

```
9        else:                        # 多分支情况下,这个分支不可少
10           print('未成年人')
```

请输入一个人的年龄,按 Enter 键结束:20
青年人

4.3   while 循环和 for-in 循环

在满足循环结束前，循环语句可以反复执行某一段程序，这段程序被称为循环体。如果循环结束的条件逻辑上永远为 True，则会出现死循环。

一个循环结构包括 4 个组成部分，缺一不可。

（1）初始化语句。循环开始之前运行，完成初始化工作，如给循环体中的变量赋初值。

（2）循环条件。这是一个逻辑表达式，决定是否执行循环体。

（3）循环体。这是循环结构的主体，如果条件允许，可以无限运行下去。

（4）迭代语句。一般在循环体运行之后、开始新的循环判断之前运行，它修改循环条件中的变量取值，使得循环体在适当的时候结束。

4.3.1   循环结构语法格式

while 循环一般用于循环次数难以提前确定的情况（当然也可以用于循环次数确定的情况），for 循环一般用于循环次数可以提前确定的情况，尤其适用于枚举或遍历序列或迭代对象中元素的场合。它们的语法形式如表 4-2 所示，其中 else 及子语句块是可选的。

表 4-2   while 循环和 for-in 循环结构语法格式

while 条件表达式	for 逻辑表达式 in 迭代对象
循环体 [else: 　　子语句块]	循环体 [else: 　　子语句块]

例 4-4   斐波那契数列：0、1、1、2、3、5、……，其特点是：从第三项开始，每项的值等于前面 2 项的和。利用 while 语句，输出斐波那契数列前 20 项。

```
1        a,b=0,1                      # 相当于 a=0;b=1
2        i=1                          # 迭代变量初始化赋值
3        print(a,end=' ')            # 输出一项,用空格分开,不换行
4        while(i<20):                 # 循环条件判断
5           print(b,end=' ')         # 循环体
6           a,b=b,a+b                 # 序列解包:按顺序对多变量进行赋值
7           i+=1                      # 迭代语句:等价于 i=i+1(不可缺少,否则死循环)
```

输出:0 1 1 2 3 5 8 13 21 34 55 89 144 233 377 610 987 1597 2584 4181

while 语句可以用于在任何条件为真的情况下，重复执行一个代码块。但是，在对字符串、列表、元组、集合等可迭代对象进行遍历操作时，while 语句无能为力，这时可以使用 for 循环语句来实现。

for 循环执行过程：每次从迭代对象中取出一个值，并把该值赋给迭代变量，接着执行语句块，直到整个迭代对象中的元素全部取完。

例 4-5　编写程序，输出 20~100 之间能被 6 整除但不能同时被 8 整除的所有整数。

基本思路：利用迭代函数 range() 进行循环，循环步长默认为 1。

```
1    for i in range(20,101):              # 迭代从 20 开始,到 100 结束
2        if i%6==0 and i%8!=0:            # 判断被 6 除的余数为 0,且被 8 除的余数不为 0
3            print(i,end=',')             # 输出满足条件的数,不换行,只用逗号","分开
```

输出:30,36,42,54,60,66,78,84,90

4.3.2　else 子语句在循环体中的妙用

正常的循环体只能执行满足逻辑条件的语句，如果不满足逻辑条件，也希望执行，这就要加上 else 语句块部分，它使得 Python 语言显得非常人性化。

例 4-6　在一个字符串中，查找某个字符，若成功，则显示所在索引号，否则显示没有。

```
1    S="人生苦短,我用 Python!"
2    C='用'                              # 要查找的字符,换一个 S 中没有的字符试试
3    for i in range(len(S)):
4        if C==S[i]:
5            print("找到了,在第 "+str(i+1)+" 个位置。")
6            break                        # 一经查找成功,就立即结束循环体
7    else:                                # 如果循环迭代全部完成,也没有成功,则执行这个
8        print("没有找到哟。")
```

输出:找到了,在第 2 个位置。

4.3.3　break 和 continue 语句

一般，程序会在执行到条件为"假"时自动退出，但是在实际的编程过程中，有时需要中途跳出循环操作，这就要用到 break 和 continue 语句。

程序一旦遇到 break 语句，将使得 break 语句所在的循环提前结束。而一旦遇到 continue 语句，将提前结束本次循环，忽略 continue 之后的循环体语句，提前进入下一次循环。这两条语句，在 while 循环和 for 循环中，都可以使用。

例 4-7　编写程序，对输入的用户名及密码进行核对。如果输入正确，则结束循环；如果输入错误超过 3 次，则提示"密码已经被锁了!"

```
1    name="abcd";password    ="1234"
2    i=0
3    while i<3:
4        user=input("请输入用户名,按 Enter 键结束:")
5        word=input("请输入密码,按 Enter 键结束:")
6        if user==name and word==password:
7            print("欢迎!")
8            break
9        else:
```

```
10              print("用户名或密码输入错误! 还有",2-i,"次机会!")
11              i += 1
12      else:
13      print("密码已经被锁了!")
```

例 4-8　编写程序，输出 10～100 之间的所有素数。

基本思路：只能被 1 和本身整除的正整数，称为素数。为了判断一个数 n 是否为素数，可以将 n 被 2～n 的二次方根间的所有整数去除，若都除不尽，则 n 为素数。

```
1   import math                                   # 引入数学库
2   for i in range(10,101):                       # 迭代从 10 开始,到 100 结束,步长为 1
3       temp = True                               # 临时逻辑变量
4       for j in range(2,int(math.sqrt(i))+1):    # 迭代从 2 开始,到 i 的二次方根取整结束
5           if i % j == 0:
6               temp = False                      # 能被某个数整数,则不是素数
7               break                             # 不是素数,跳出本层次循环
8           else:
9               continue                          # 进行下一次循环
10      if j >= int(math.sqrt(i)) and temp:       # 一直到不能被 i 的二次方根整除,则为素数
11          print(i,end = ' ')                    # 输出素数,每次输出,不换行,按空字符结束
```

输出:11 13 17 19 23 29 31 37 41 43 47 53 59 61 67 71 73 79 83 89 97

例 4-9　任意给定一个成绩，使用选择结构的嵌套将成绩从百分制变换为等级制。

基本思路：D（60～69）、C（70～79）、B（80～89）、A（90～99）、A（100）、F（0～59）将成绩与 60 相减，再与 10 取整商，即为字符串"DCBAAF"的索引。

```
1   score = 92                                    # 随便给出一个成绩
2   degree = "DCBAAF"                             # 区间[90,99]和 100 都对应 A
3   if score > 100 or score < 0:
4       print("成绩只能在 0 和 100 之间!")
5   else:
6       index = (score-60)//10                    # 取整商,返回值对应 degree 的索引下标
7       if index >= 0:
8           print("等级:",degree[index])
9       else:
10          print("要加油呀! 等级为:",degree[-1])      #-1 表示字符串的最后一个元素
```

输出:等级:A

例 4-10　编写程序，统计文件"三国演义 .txt"中不同单个字符出现的次数。将出现次数最多的前 50 个单个字符，按出现次数降序输出。"三国演义 .txt"见本书配套电子资源。

基本思路：利用 open( ) 函数，读取文件的内容为字符串。再新建一个空字典，通过字典的 get( ) 方法，用单个字符作为键名，出现的次数作为键值。最后用 sorted( ) 实现排序。

```
1    A = 'd:\\三国演义.txt'
2    f = open(A,encoding = 'gb18030')         # 打开文本文件,返回一个文件对象
3    str_data = f.read()          # 一次性读取文件全部要内容,返回一个字符串变量(str)
4    f.close()                                 # 关闭对象
5    d = {}                                    # 创建空字典,用于保存:出现的单个字符及其次数
6    for ch in str_data:                       # 对字符串进行迭代,每次取一个字符
7        d[ch] = d.get(ch,0) +1                # 单个字符作为键名,出现的次数作为键值
8    s = sorted(d.items(),key = lambda item:item[1],reverse = True)
                                               # 按出现的次数排降序,返回列表
9    i = 0
10   for k,v in s:                             # 列表 s 中的每个元素,均为一个元组:(键名,键值)
11       if i < 50:
12           print('(',i +1,')',k,':',v)       # k 为键名,v 为对应的键值
13           i   += 1
```

输出:(1),:43570   # 逗号出现次数最多
　　　(2) 。:24452   ……

4.4 Python 在无穷级数求和方面的应用

利用高等数学中函数的泰勒展开式,可以计算无穷级数的和。为体现编程之美,下面的例子通过自定义函数来实现。具体函数方面的知识参见第 5 章。

例 4-11 输入一个正整数 n,求级数的和,结果保留 6 位小数:

$$S = 1 - \frac{1}{2} + \frac{1}{3} - \frac{1}{4} + \cdots + (-1)^{n+1}\frac{1}{n}$$

基本思路:为了体现代码的重用,先定义一个函数,传递一个参数 N,N 为迭代次数的上限,再调用函数,求得返回的结果。

```
1    def getSum(N):   # --------定义一个函数,函数名为 getSum(),参数 N 为迭代次数-----
2        s = 0
3        for n in range(1,N +1):              # 从 1 开始,到 N 为止,进行迭代
4            s = s + (-1) ** (n+1)/n          # 迭代求和
5        return s                             # 返回 s
6
7    S = getSum(100)                          # 调用函数 getSum(),传递的参数值为 100
8    print('所求级数的和为:',round(S,6))
```

所求级数的和为:0.688172

例 4-12 根据下面给出的圆周率的展开式(也称莱布尼茨级数,收敛速度非常慢),编写程序,计算 PI 的值,每迭代 1000 次,输出计算的值,观察精度的变化。

莱布尼茨级数:$\frac{\pi}{4} = 1 - \frac{1}{3} + \frac{1}{5} - \frac{1}{7} + \cdots + (-1)^{n+1}\frac{1}{2n-1} + \cdots$

基本思路:先定义一个函数,传递一个迭代次数的上限 N,由于迭代求和时,收敛的速度非常慢,故在迭代过程中,利用求余运算%,每隔 1000 次,输出计算结果。

```
1    def getPI(N):   # -------定义一个函数 getPI(),根据迭代次数 N,求 PI 的值-------
2        s = 0.0
3        for n in range(1,N+1):                     # 从 1 开始,到 N 为止,进行迭代
4            s = s + (-1) ** (n+1)/(2*n-1)    # 迭代求和
5            if n % 1000 == 0:                      # 若迭代次数 n 为 1000 的倍数
6                print('迭代次数为',n,'时,PI 的计算值为:',4*s)
                                                    # 每隔 1000 次,输出一下计算结果
7        return 4 * s                               # 返回计算的 PI 值
8
9    S = getPI(200000)                              # 调用函数 getPI(),传递的参数值为 200000
10   print('所求的 PI 为:',S)
```

迭代次数为 1000 时,PI 的计算值为:3.140592653839794
迭代次数为 2000 时,PI 的计算值为:3.1410926536210413
迭代次数为 3000 时,PI 的计算值为:3.14125932026657186
……
迭代次数为 200000 时,PI 的计算值为:3.1415876535897618

由于莱布尼茨级数计算圆周率收敛速度太慢，有人根据欧拉公式将其修改为

$$\frac{\pi}{4} = \left(\frac{1}{2} + \frac{1}{3}\right) - \frac{1}{3}\left(\frac{1}{2^3} + \frac{1}{3^3}\right) + \frac{1}{5}\left(\frac{1}{2^5} + \frac{1}{3^5}\right) - \cdots + (-1)^{n+1}\frac{1}{2n-1}\left(\frac{1}{2^{2n-1}} + \frac{1}{3^{2n-1}}\right) + \cdots$$

重新编程，迭代到第 20 次时，已经精确到小数点后面 12 位。

```
1    def getPI(N):   # ---------定义一个函数 getPI(),根据迭代次数 N,求 PI 的值-------
2        s = 0.0
3        for n in range(1,N+1):                     # 从 1 开始,到 N 为止,进行迭代
4            x = 1/(2 ** (2*n-1)) +1/(3 ** (2*n-1))
5            s = s + ((-1) ** (n+1)) * x/(2*n-1)    # 迭代求和
6            print('迭代次数为',n,'时,PI 的计算值为:',4*s)
                                                    # 每迭代 1 次,输出一个计算结果
7        return 4 * s                               # 返回计算的 PI 值
8
9    S = getPI(20)                                  # 调用函数 getPI(),传递的参数值为 20
10   print('所求的 PI 为:',S)
```

迭代次数为 1 时,PI 的计算值为:3.333333333333333
迭代次数为 2 时,PI 的计算值为:3.1172839506172836
迭代次数为 3 时,PI 的计算值为:3.1455761316872426
……
迭代次数为 20 时,PI 的计算值为:3.1415926535897563

习题

4-1 在循环语句中，_____语句的作用是提前结束本层循环。

4-2 在循环语句中，_____语句的作用是提前进入下一次循环。

4-3　编写程序，输入一个自然数 n，然后计算并输出前 n 个自然数的阶乘之和：
1! + 2! + 3! + ⋯ + n! 的值。

4-4　编写程序，输出所有的水仙花数。水仙花数是一个 3 位数，每个位上的数字的 3 次幂之和等于它本身。例如：1^3 + 5^3 + 3^3 = 153。

4-5　编写程序，打印九九乘法表。

1 * 1 = 1

2 * 1 = 2 2 * 2 = 4

3 * 1 = 3 3 * 2 = 6 3 * 3 = 9

4 * 1 = 4 4 * 2 = 8 4 * 3 = 12 4 * 4 = 16

5 * 1 = 5 5 * 2 = 10 5 * 3 = 15 5 * 4 = 20 5 * 5 = 25

6 * 1 = 6 6 * 2 = 12 6 * 3 = 18 6 * 4 = 24 6 * 5 = 30 6 * 6 = 36

7 * 1 = 7 7 * 2 = 14 7 * 3 = 21 7 * 4 = 28 7 * 5 = 35 7 * 6 = 42 7 * 7 = 49

8 * 1 = 8 8 * 2 = 16 8 * 3 = 24 8 * 4 = 32 8 * 5 = 40 8 * 6 = 48 8 * 7 = 56 8 * 8 = 64

9 * 1 = 9 9 * 2 = 18 9 * 3 = 27 9 * 4 = 36 9 * 5 = 45 9 * 6 = 54 9 * 7 = 63 9 * 8 = 72 9 * 9 = 81

4-6　将在区间 [1,9] 内随机获得的 6 个整数，存入一个列表变量中，然后随机打乱元素的顺序，再通过 map 和匿名函数（lambda），输出每个元素的二次方。

4-7　统计文件"三国演义.txt"中逗号（,）、空格（' '）、换行（'\n'）的个数。

4-8　编写程序，打开硬盘上一个文本文件，统计文件中所有不同字符出现的次数。

4-9　根据下面自然底数 e 的展开式，编写程序，计算 e 的值，每迭代 1 次，输出一次计算值，观察精度的变化。

$$e = 1 + \frac{1}{1!} + \frac{1}{2!} + \frac{1}{3!} + \cdots + \frac{1}{n!} + \cdots$$

第 5 章

Python 自定义函数

函数是指执行特定任务的一段代码，程序通过将一段代码定义成函数，并为该函数指定一个函数名，这样可在需要的时候多次调用这段代码。因此，函数是代码复用的重要手段。

同时，函数是模块化设计的基础，它可使复杂问题简单化，即只需要将一个大任务拆分为多个小任务，每个小任务定义一个函数。

通常，函数可以接收零个或多个参数，也可以返回零个或多个值。从函数使用者的角度来看，函数就像一个"黑匣子"，程序将零个或多个参数传入这个"黑匣子"，该"黑匣子"经过一番计算即可返回零个或多个值。

与函数紧密相关的另一个知识点是 lambda 表达式。lambda 表达式可作为表达式、函数参数或函数返回值，因此使用 lambda 表达式可以让程序更加简洁。

本章学习要点：
- 函数定义、函数调用的方法
- 函数各种参数的使用
- 函数变量的作用域
- lambda 函数的使用技巧
- 生成器的机制

5.1 函数的定义与调用

5.1.1 函数定义与调用基本语法

定义函数的语法如下：

```
def 函数名([参数列表]):          # 中括号内的参数列表表示可选,即函数可以没有参数
    '''函数注释'''               # 函数注释一般放在一对三引号之间
    函数体
    [return x]                   # return 语句表示函数的返回值。函数可以没有返回值
```

自定义函数必须遵守下面 5 条规则：
1）函数定义以保留字 def 作为开头，后面是函数的名称及圆括号、冒号。
2）函数的参数放在圆括号内，若有多个参数，参数之间用逗号分开，也可以没有参数。
3）圆括号后面的冒号必不可少，表示函数语句定义的开始。
4）相对于 def 关键字，整个函数体必须保持一定的空格缩进，默认为 4 个空格。

5）函数的返回值用 return 语句表示；一个函数体可以有多条 return 语句；函数体执行时，只要遇到 return 语句，函数立即终止，并给出返回值；如果函数体没有 return 语句，则返回 None。

例如：定义一个没有参数、没有返回值的函数。

```
1   def hello():                    # ----------定义函数:没有参数、没有返回值 ----------
2       print("Hello World!")
3   x = hello()                     # 函数调用,没有返回值,x 为 None
```

输出:Hello World!

例 5-1　编写一个函数，给定圆的半径，求圆的面积和周长。

```
1   import math                            # 导入数学库(标准库)
2   def Area(r):                  # ----------定义函数:形式参数 r 为半径 -------------------
3       s = r * r * math.pi                # 计算圆的面积,其中 math.pi 为数学常数
4       t = round(2 * r * math.pi,2)       # 计算圆的周长,四舍五入保留 2 位小数
5       return s,t                         # 函数的返回值,多个返回值之间用逗号
6   s,t = Area(12.08)     # 调用函数:半径 12.08 为实际参数,s、t 分别为返回的面积、周长
7   print("半径为" + str(r) + "的圆面积为:",s)
8   print("半径为" + str(r) + "的圆周长为:",t)
```

输出:半径为 12.08 的圆面积为:458.4413062048056
　　　半径为 12.08 的圆周长为:75.9

5.1.2　函数的说明文档

在定义函数时，只要把一段字符串放在函数声明之后、函数体之前，这段字符串将被作为函数的部分，这个文档就是函数的说明文档。程序既可通过 help（）函数查看函数的说明文档，也可通过函数的 __doc__ 属性访问函数的说明文档。

例 5-2　为函数编写说明文档。

```
1   def my_max(x,y):            # ----------定义函数:求两个数的最大值 --------------
2       '''
3           定义一个函数 my_max(x,y),
4           输出两个参数 x、y 之间较大的那个。
5       '''
6       z = x if x > y else y          # z 等于 x、y 中较大的值
7       print(str(x) + '与' + str(y) + '中,大的数是:',z)      # 函数没有返回值
8
9   help(my_max)                   # 查看函数帮助,或者这样 print(my_max.__doc__)
10  my_max(8,6)                    # 函数调用,输出:8 与 6 中,大的数是:8
```

输出:Help on function my_max in module __main__:
　　　my_max(x,y)
　　　　　定义一个函数 my_max(x,y),
　　　　　输出两个参数 x、y 之间较大的那个。

5.2 函数参数

在定义函数时，放在圆括弧内的参数（parameters）称为形式参数，简称形参。在调用函数时，向其传递值的参数称为实际参数（arguments），简称实参。

定义函数时不需要声明参数类型，解释器会根据实参的类型自动推断形参类型。

Python 函数的参数传递是通过使用地址调用的方式（即指针）。所谓地址调用，就是将该参数的内存地址传过去。用户不必在参数内设置参数的数据类型。

定义函数时已经确定了参数的名字及位置，调用时只需要知道如何正确地给参数传值、获得返回值即可，至于函数内部是怎么实现的，函数调用者不必了解。

但是，实参的传值方式及顺序，与定义形参的顺序有很大关系。同样一个参数，由于传值方式不同，会有不同的叫法，主要有位置参数、关键字参数、默认参数、可变长参数。一个参数到底属于什么类型，定义时不能确定，由于与调用的形式有关，调用时才能确定。

5.2.1 位置参数

位置参数（也称必需参数、必选参数），以正确的顺序传入函数，调用时的顺序必须和声明时的顺序一致。

例 5-3 位置参数及参数的数据类型，同一个参数传值时，可为整数，也可为集合。

```
1    def goValue(x,y):      # -------定义函数:求两个变量的差,x、y 为形式参数 -----------
2        return x - y           # 定义时,不需要指定参数的数据类型,传值时才能确定
3    A = goValue(8,6)           # 函数调用,给参数传整数值:8,6 为形式参数,此时 x、y 为整数
4    B = goValue({1,2,3},{3,4})      # 函数调用,给参数传集合,此时,x、y 为集合
5    print(B)                   # 返回两个集合的差:输出{1,2}
```

这样传值对应的形参 x、y，均为必选参数，传值的顺序与定义的顺序要一致。

5.2.2 关键字参数

函数调用时，以参数名 = value 的形式来确定传入的参数值，这种形式调用的参数称为关键字参数。

使用关键字参数调用函数时，参数的顺序与声明时可以不一致，因为 Python 解释器能够用参数名匹配参数值。

用户可以将位置参数与关键字参数混合使用，但必须将位置参数放在关键字参数之前。混合调用时，必需按照：位置参数、关键字参数顺序赋值，且与定义时的顺序一致。

```
>>> goValue(5,2)        # 返回 3,均为位置参数调用
>>> goValue(y=2,x=5)    # 返回 3,均为关键字参数调用,x、y 的顺序无关
>>> goValue(2,y=5)      # 返回-3,x 为位置参数调用,y 为关键字参数调用
>>> goValue(2,x=5)      # 报错:x 不能在后面,这时 x 为关键字参数,y 为位置参数
>>> goValue(x=5,2)      # 报错,混合调用时,关键字参数 x 不能在位置参数 y 之前
SyntaxError:positional argument follows keyword argument
```

5.2.3　默认参数

函数定义时，有默认值的参数称为默认参数。默认参数的位置必须在必选参数的后面。调用函数时，如果默认参数没有传递值，则会使用默认值。

例 5-4　默认参数例子。

```
1    def goValue(x,y,z =1):       # ----- z 为默认参数,参数 x,y 的类型与调用有关 ----------
2        return(x- y) * z
3
4    goValue(5,2,-1)              # 返回-3,x、y、z 均为必需参数调用
5    goValue(5,2)                 # 返回 3,x、y 为必需参数,参数 z 没有传值,属于默认值调用
6    goValue(5,z =2,y =3)         # 返回 4,x 为位置参数,y、z 为关键字参数调用
7    goValue(z =2,y =3,x =5)      # 返回 4,x、y、z 均为关键字参数调用,此时与定义参数的顺序无关
```

5.2.4　可变长参数

可变长参数，又称不定长参数，即传入函数中的参数个数是不确定的。这种结构在处理不确定性方面非常灵活，尤其在大数据领域。

比如：求一组数的和，定义函数时，需要确定输入的参数，但是参数的个数又不确定，这时可以考虑把所有变量放在元组中，以元组的形式传进来。

Python 定义可变长参数，主要有 2 种形式：在参数名前加 1 个星号 "*" 或 2 个星号 "**"。

（1）* parameter 用来接收多个位置参数，并将其放在一个元组中；

（2）** parameter 接收多个关键字参数，并存放到字典中。

例 5-5　作为元组的可变长参数（参数前一个星号 "*"）。

```
1    def getSum(* num):      # 参数前面一个星号"*",表示这个参数为可变长的,属于元组类型
2        s =0
3        for x in num:       # 对元组变量里的元素进行迭代
4            s =s +x
5        return s
6    x =getSum(1,2,3)        # 调用时,传值的参数个数不定,Python 解释器自动将所有参数转为元组
7    y =getSum(1,2,3,5)
8    print(y)               # 输出:11
```

例 5-6　作为字典的可变长参数（参数前两个星号 "**"）。

```
1    def printSome(** thing):# 参数前面两个星号"**",表示这个参数为可变的,属于字典类型
2        print(thing)
3    printSome(name ='张三',sex ='男')    # 两个"**"的参数,传值时,必须以关键字参数形式
```

输出:{'name':'张三','sex':'男'}

如果在一个函数中，1 个 * 和 2 个 ** 的参数都出现，则 1 个 * 的参数在前，2 个 ** 的参数在后。如果还出现了别的参数（如位置参数、默认参数），则情况比较复杂。下面通过例子讲解。

例 5-7 出现元组可变长参数 *parameter 和其他参数，其中 parameter 为元组。

```
1    def test(a,*books):           #--------可变长参数 books 为元组------------------
2        print(a)
3        print(books)
4        for b in books:                   # 对元组 books 里的元素进行迭代
5            print(b,end=' ')
6    test(5,"C 语言","Python 教程",8)    # 第一个参数 5 为位置参数,其他参数全部转为元组
```

输出:5
```
('C 语言','Python 教程',8)
C 语言   Python 教程   8
```

例 5-8 Python 允许个数可变的形参处于形参列表的任意位置（不要求是形参列表的最后一个参数），程序如下。

```
1    def test(*books,num):# 可变长参数 books 放在前面,则参数 num 必须以关键值参数赋值
2        print(num)
3        print(books)
4        for b in books:                   # 对元组 books 里的元素进行迭代
5            print(b,end=' ')
6    test("C 语言","Python 教程",num=20)  # 最后一个传值 num=20 为关键参数,其他均为可变参数
7    test("C 语言","Python 教程",20)       # 最后一个参数,作为位置参数传值,会报错
```

输出:20
```
('C 语言','Python 教程')
C 语言   Python 教程
TypeError:test() missing 1 required keyword-only argument:'num'
```

函数 test() 的第一个参数就是个数可变的形参，如果需要给后面的参数传入参数值，则必须使用关键字参数，否则程序会把所传入的多个值都传给 books 参数。

例 5-9 出现字典可变长参数 **parameter 和其他参数，其中 parameter 为字典。

```
1    def test(x,y,z=3,*books,**scores):# z 为默认值参数,books 为元组,scores 为字典
2        print(x,y,z)
3        print(books)
4        print(scores)
5    test(1,2,3,"C 语言中文网","Python 教程",语文=89,数学=94)
```

输出:1 2 3
```
('C 语言中文网','Python 教程')
{'语文':89,'数学':94}
```

上面程序在调用函数 test() 时，前面的 1、2、3 将会传给普通参数 x、y、z；接下来的两个字符串将会由 books 参数收集成元组；最后的两个关键字参数将会被收集成字典。

从上面的例子可以看出，各种参数定义的顺序为：位置参数、默认参数、可变长参数、关键字参数。

5.3　变量的作用域

在程序中定义一个变量时，这个变量是有作用范围的，称为变量的作用域。变量的作用域指程序代码能够访问该变量的区域，如果超过该区域，则无法访问该变量。不同作用域内变量名可以相同，互不影响。根据定义变量的位置（有效范围），可以将变量分为局部变量和全局变量。

5.3.1　Python 局部变量

局部变量是指在函数内部定义并使用的变量，它只在函数内部有效。

每个函数在执行时，系统都会为该函数分配一块"临时内存空间"，所有的局部变量都被保存在这块临时内存空间内。当函数执行完成后，这块内存空间就被释放了，这些局部变量也就失效，因此离开函数之后就不能再访问局部变量，否则解释器会抛出 NameError 错误。

局部变量的引用比全局变量速度快，应优先考虑使用。

5.3.2　Python 全局变量

全局变量指能作用于函数内外的变量，即全局变量既可以在各个函数的外部使用，也可以在各函数内部使用。

定义全局变量的方式有以下两种。

（1）在函数体外定义的变量一定是全局变量，如例 5-10。

例 5-10　同一个变量名 demo，函数体外定义的是全局变量；体内定义的是局部变量。

```
1    demo = "C 语言中文网"              # 定义一个全局变量
2    def text():                      # ------在函数体内访问同名的变量,以局部变量为优先 ---------
3        demo = "Python 语言"          # 定义一个同名的局部变量
4        print("函数体内访问:",demo)   # 这个 demo 为局部变量,在函数体内访问同名的变量
5    text()
6    print('函数体外访问:',demo)        # 这个 demo 为全局变量
```

输出:函数体内访问:Python 语言
　　　函数体外访问:C 语言中文网

（2）全局变量可以通过关键字 global 来定义。这分为两种情况：

1）一个变量已在函数外定义，如果在函数内需要为这个变量赋值，并要将这个赋值结果反映到函数外，则可以在函数内使用 global 将其声明为全局变量。

2）如果一个变量在函数外没有定义，在函数内部也可以直接将一个变量定义为全局变量，该函数执行后，将增加一个新的全局变量。

注意，在使用 global 关键字修饰变量名时，不能直接给变量赋初值，否则会引起语法错误。

例 5-11　在函数内部定义全局变量，内部的全局变量会覆盖函数外的全局变量。

```
1    def test():
2        global x          # 在函数内,声明 x 为全局变量,此时,不允许给 x 赋值
3        x = 3             # 在函数内,给全局变量赋值
4        y = 4             # 给局部变量赋值
```

```
5        print("函数内:x＝",x,",y＝",y)
6    x＝5                              # 在函数外,给全局变量赋值
7    test()                           # 调用这个函数后,函数内的全局变量 x＝3 会覆盖函数外的 x＝5
8    print("函数外:x＝",x)
9    print("函数外:y＝",y)         # 报错:NameError:name 'y' is not defined
```

输出:函数内:x＝3,y＝4
      函数外:x＝3

例 5-12 局部变量与全局变量同名,局部变量会在自己的作用域内隐藏同名的全局变量。

```
1    x＝5                              # 函数外面,声明一个全局变量,并赋值
2    def test():
3        x＝3                          # 在函数内是局部变量,与函数外同名的全局变量没有关系
4        y＝4
5        print("函数内:x＝",x,",y＝",y)
6    test()                           # 函数内的局部变量   x＝3 不会覆盖函数外的 x＝5
7    print("函数外:x＝",x)
```

输出:函数内:x＝3,y＝4
      函数外:x＝5

例 5-13 在函数内部,可以调用事先定义的全局变量。

```
1    x＝5                              # 函数外面,声明一个全局变量,并赋值
2    def test():
3        y＝4
4        print("函数内:x＝",x,",y＝",y)    # 在函数内部调用函数外面的全局变量 x
5    test()
```

输出:函数内:x＝5,y＝4

例 5-14 若要在函数内部修改外部全局变量的值,则必须在函数内部用 global 进行声明。

```
1    x＝5                # 函数外面,声明一个全局变量,并赋值
2    def test():
3        global x        # 这个 x 与函数外的全局变量 x 是同一个变量
4        x＝8            # 在函数内部修改同名的全局变量的值,会覆盖函数外部的同名变量的值
5        y＝4
6        print("函数内:x＝",x,",y＝",y)
7    test()
8    print("函数外:x＝",x)
```

输出:函数内:x＝8,y＝4
      函数外:x＝8

*5.4   lambda 表达式

在 Python 中,lambda 表达式也称匿名函数,它本身是一个函数,却没有名称。初学者

一般会感到茫然，这个 lambda 函数有什么用呢？下面介绍一个简单的例子。

如：对列表中的每个元素求二次方。

```
1    def getSqure(x):              #先定义一个函数 getSqure(x),返回 x 的二次方
2        return x * x
3
4    map(getSqure,[x for x in range(10)])    #将定义好的函数 getSqure 传给 map 函数
```

若用 lambda 函数来实现上述功能，只要一行代码：

```
map(lambda x:x * x,[y for y in range(10)])
```

使用 lambda 函数的优点主要表现在：可以减少代码量，使程序更加简洁；其次，使用 lambda 函数，不用考虑函数的命名，可以快速实现某项功能。

值得注意的是，这会在一定程度上降低代码的可读性。

5.4.1　lambda 表达式的创建及其特点

lambda 表达式的创建语法形式如下：

lambda argument_list:expression

其中，argument_list 为参数列表；expression 为表达式，表达式中出现的参数需要在 argument_list 中有定义，并且表达式只能是单行的。

lambda 表达式有 3 个特点：

（1）lambda 函数是没有函数名的、临时使用的小函数，适合需要一个函数作为另一个函数参数的场合。

（2）lambda 函数有输入和输出。输入是传入到参数列表 argument_list 的值，输出是根据表达式 expression 计算得到的值。

（3）lambda 表达式只能含一个表达式，不允许包含复合语句，不用写 return，返回值就是该表达式（expression）的结果，但在表达式中可以调用其他函数。

5.4.2　lambda 函数的用法

根据 lambda 函数应用场景的不同，可以将 lambda 函数的用法归纳下面几种：

（1）将 lambda 函数赋值给一个变量，通过这个变量间接调用该 lambda 函数。

```
>>>f = lambda x,y:x + y          #将 lambda 表达式赋给变量 f
>>>f('我学','Python')            #像函数一样调用
'我学 Python'
```

（2）将 lambda 函数作为其他函数的返回值，返回给调用者。例如 return lambda x,y:x + y 返回一个加法函数。

（3）lambda 函数最主要的用法是作为参数传递给其他函数。典型的有：

1）过滤函数 filter(function,iterable)。根据传递的函数参数 function，过滤掉迭代对象 iterable 中不符合条件的元素，返回由符合条件元素组成的 filter 对象。

```
>>>x = filter(lambda x:x % 3 == 0,[1,2,3,4,5,6])
>>>x              #返回一个 filter 对象,可通过 list(x),或 tuple(x)显示里面的内容
< filter object at 0x000001CD67D95EF0 >
```

```
>>>list(x)                          # 将列表[1,2,3,4,5,6]中能够被 3 整除的元素过滤出来
[3,6]
```

2）排序函数 sorted（iterable，key，reverse = False）。对迭代对象 iterable 进行排序，并返回新的 iterable 对象，其中参数 key 为排序规则，可用 lambda 传值，排序方式 reverse = False 排升序（默认），reverse = True 降序。

```
>>>sorted([3,4,5,6,7],key = lambda x:abs(5-x))    # 按元素与 5 距离排升序
[5,4,6,3,7]
>>>L = [('张三',19),('李四',21),('王二',18)]          # 列表中元素的属性:姓名、年龄
>>>sorted(L,key = lambda x:x[1],reverse = True)   # 按年龄排降序
[('李四',21),('张三',19),('王二',18)]
>>>sorted(L,key = lambda x:x[0],reverse = False)  # 按列表元素第 0 个下标排升序
[('张三',19),('李四',21),('王二',18)]
```

3）遍历函数 map（function，iterable）。把一个函数 function 依次映射到迭代器对象 iterable 的每个元素上，并返回一个可迭代的 map 对象，map 对象中每个元素是原序列中元素经过函数 function 处理后的结果。

```
>>>x = map(lambda x,y:x + y,[1,3,5,7,9],[2,4,6,8,10])
>>>tuple(x)                         # 两个列表中的元素对应相加
(3,7,11,15,19)
>>>y = map(lambda x:x * x if x % 2 ==0 else 0,range(8))
>>>list(y)                          # 对迭代中的元素,能被 2 整除,返回平方,否则返回 0
[0,0,4,0,16,0,36,0]
```

4）reduce（function，iterable）函数。对参数序列中的元素进行累积。

```
>>>from functools import *          # Python3 中删掉了 reduce 函数,使用时要引入
>>>x = reduce(lambda x,y:x + y,[1,2,3,4,5])    # 使用 lambda 匿名函数
>>>x                                #15
```

5.5 生成器函数

5.5.1 生成器概念及用法

通过列表生成式，虽然可以快速创建一个列表，但是，它浪费内存。比如，创建一个包含 200 万个元素的列表，由于列表是一次性开辟内存空间，若只需要访问一些元素，那大部分元素占用的空间都浪费了。

在 Python 中，有一种机制可以解决这个问题，这就是生成器（generator）。生成器是一个特殊的迭代器，它根据给定的方法，可以生成无数个元素，但不是一次性全部生成，而是一边循环一边计算，每次访问时，调用 next（）或 send（）计算出下一个元素的值，直到计算出最后一个元素，而且生成的元素一经访问，立即释放内存。

生成器有两种类型，一种是生成器表达式（又称为生成器推导），另一种是生成器函数。

（1）把一个列表生成式的中括号 "[ ]" 改成小括号 "( )"，就创建了一个 generator。语法格式如下：

（expr for iter_ var in iterable）

（expr for iter_ var in iterable if cond_ expr）

```
>>>L = [x * x for x in range(9)]       # 列表生成式,一次性生成列表 L,可直接访问
>>>L
[0,1,4,9,16,25,36,49,64]
>>>g = (x * x for x in range(9))       # 生成器迭代对象,里面的元素,访问时才生成
>>>g                                   # 不可直接访问,可用 list()、tuple() 等访问
<generator object <genexpr> at 0x104feab40>
>>>g. next()                           # 通过不停地调用 next() 方法,访问里面的元素
>>>for x in g:                         # 要访问生成器里的元素,一般通过 for 迭代访问
        print(x,end = ' ')             # 按两次回车键,才输出

0 1 4 9 16 25 36 49 64 81
```

（2）如果一个函数定义中包含 yield 关键字，那么这个函数就不再是一个普通函数，而是一个 generator。在 Python 中，含 yield 语句的函数称为生成器函数。

例 5-15　斐波那契数列（Fibonacci），除第一个和第二个数外，任意一个数都可由前两个数相加得到。先用普通函数输出斐波那契数列。

```
1   def fib(num): # ------ 例 5-15(1) 自定义普通函数,输出前 num 项的斐波那契数列-----
2       n,a,b = 0,0,1
3       while n < num:
4           print(b,end = ' ')
5           a,b = b,a + b
6           n = n + 1
7   fib(10)                            # 输出前 10 项:1 1 2 3 5 8 13 21 34 55
```

仔细观察发现，fib( ) 函数实际上是定义了斐波那契数列的推算规则，可以从第一个元素开始，推算出后续任意的元素，这种逻辑其实就是一个 generator。

要把上面的 fib( ) 函数变成 generator，只需要把 print（b）改为 yield b。

```
1   def fib():   # -------- 例 5-15(2) 生成器函数生成斐波那契数列--------------------
2       a,b = 0,1
3       while True:            # 生成器中的元素访问完毕,才能结束循环
4           yield b           # 暂停执行,需要时,再产生一个新的元素
5           a,b = b,a + b
6
7   g = fib()                 # 调用生成器函数,返回的是一个 generator 对象
8   print(g)                  # <generator object fib at 0x000001BA93BEF7C8>
9   for x in range(10):       # 斐波那契数列中,前 10 项
        print(g. __next__(),end = ' ')
```

输出:1 1 2 3 5 8 13 21 34 55

5.5.2　生成器函数与普通函数的比较

（1）yield 语句与 return 语句的作用相似，都是用来从函数中返回值。与 return 语句不同的是，return 语句一旦执行会立刻结束函数的运行，而每次执行到 yield 语句并返回一个值之后会暂停或挂起后面代码的执行。下次迭代时，代码从 yield 的下一条语句开始执行。

（2）生成器对象是延迟计算、惰性求值。

5.6　函数的递归调用

在一个函数体内调用它自身，被称为函数递归。函数递归包含了一种隐式的循环，它会重复执行某段代码，但这种重复执行无须循环控制。

用递归（recursion）思维解决问题是计算机科学中非常好的方法，其基本思路是：将大问题分解成"同质"的小问题，然后用小问题的解组合成大问题的解。很多问题用递归的方式求解，程序会变得简洁而优美，且更加高效。

在编写函数递归时，应注意以下 4 点：

（1）每次递归应保持问题性质不变。

（2）每次递归应使用更小或更简单的输入。

（3）必须有一个能够直接处理而不需要再次进行递归的特殊情况，来保证递归过程可以结束。

（4）函数递归深度不能太大，否则会引起内存崩溃。

例 5-16　使用递归法对整数进行因数分解。

基本思路：随机给定一个整数 n，在区间 [2,sqrt(n)] 上查找因数，每次查找因数的方法都是一样的（即能被整除），这可递归调用。将每次找到的因数添加到列表中，最后用函数 eval() 输出因数分解式子。

```
1    from random import randint              # 从随机库 random 中引入子库 randint
2    import math
3    def factors(n,fac=[]):# ----求整数 n 的因数分解,将所有因素放入列表 fac 中-----
4        for i in range(2,int(math.sqrt(n))+1):# 每次迭代都从 2 开始,到 n 的平方根结束
5            if n % i==0:                     # 若 n 能被 i 整除,即找到一个因数
6                fac.append(i)                # 添加到列表中
7                factors(n//i,fac)            # 递归调用,对整商继续分解,重复这个过程
8                break                        # 这个 break 非常重要,若删除,则死循环
9            else:
10               fac.append(n)                # 不可分解了,自身也是个因数
11
12   facs=[]                                  # 空列表
13   n=randint(2,10**9)                       # 在 2 与 10 的 9 次方之间,随机取一个整数
14   factors(n,facs)                          # 调用函数
15   result='*'.join(map(str,facs))   # 将返回的列表 facs 中的整数,转为字符串,用 * 连接
16   if n==eval(result):                      # 用内置函数 eval()计算字符串表达式 result 的结果
17       print(n,'='+result)
```

输出:604727615=5*23*47*53*2111（提示:随机的,每次输出结果都可能不一样。）

例 5-17 使用递归法求：$1!+2!+3!+4!+5!+\cdots+n!$。

基本思路： 递归调用是从 n 开始，后面往前加，当递归到 1! 时，递归终止。故第 4 行不能少，否则进入死循环。另外，函数中出现了 2 条 return 语句，一遇到 return 语句，函数立即结束运行。

```
1    def factorial(n):          #----------求1!+2!+3!+4!+5!+…+n!的和--------
2        if n==1:
3            print(str(n)+'!=',end='')
4            return n                      #递归的终止条件(不能少,否则死循环)
5        print(str(n)+'!+',end='')
6        n=n*factorial(n-1)               #递归调用:n!=n*(n-1)!
7        return n
8
9    res=factorial(10)                     #调用函数,并将返回的结果赋给res
10   print(res)
```

输出:10!+9!+8!+7!+6!+5!+4!+3!+2!+1!=3628800

5.7　函数精彩案例赏析

例 5-18 定义函数：利用辗转相除法，求两个整数的最大公约数。

编程思路： 在两个整数中，一直保证用大的数除以小的数，判断余数是否为 0；然后用余数交换小的数，继续求余数，直到余数为 0。

```
1    def getGCD(m,n):        #-----定义函数:求两个整数 m、n 的最大公约数-----------
2        a=abs(m);b=abs(n)             #取绝对值,这样负数也适用
3        if(a<b):                       #保证 a 是大的
4            a,b=b,a                    #交叉赋值
5            r=b
6        r=a%b                         #取余数
7        while(r>0):                    #余数为 0 时,结束循环
8            a,b=b,r                    #这步很关键,用余数交换小的数
9            r=a%b
10       return b
11
12   x=18;y=12
13   print("%d 和%d 的最大公约数是:" % (x,y),getGCD(x,y))   #print 输出,"%"后为变量
```

输出:18 和 12 的最大公约数是:6

例 5-19 已知一个列表中有若干个数，用二分法查找：某个数是否在该列表中？

编程思路： 设列表中有 n 个数，从小到大为：s[0],$\cdots$,s[n-1]，要找的数为 x。用 low、high、middle 分别表示要查找列表索引的下界、上界和中间，middle = (low + high)//2，二分法查找的算法为：

（1）若 x = s[middle]，则查找成功，退出循环；否则进入（2）。

（2）若 x < s[middle]，则 x 必落在 low 和 middle-1 的范围之间，high = middle-1。

（3）若 x > s[middle]，则 x 比落在 middle +1 和 high 的范围之间，low = middle +1。

重复上面的过程，不断缩小搜索范围（每次的搜索范围可减半），直到查找成功或失败。

```
1     from random import randint
2     def binarySeek(s,x):              # ------------用二分法,在列表 s 的元素中查找 x -----
3         low = 0
4         high = len(s)
5         while low <= high:
6             middle = (low + high)//2          # 计算中间位置
7             if x == s[middle]:
8                 return middle                 # 查找成功,返回元素对应的位置
9             elif x > s[middle]:
10                low = middle +1               # 在后面一半元素中继续查找
11            else:
12                high = middle -1              # 在前面一半元素中继续查找
13        return False                          # 查找不成功,返回 False
14
15    s = [randint(1,50) for i in range(20)] # 随机生成 1 到 50 之间的 20 个整数
16    s.sort()                              # s 的元素排序(默认 reverse =False 升序)
17    result = binarySeek(s,32)             # 在列表 s 的元素中查找元素:32
18    print(s)
19    if result != False:
20        print("查找成功,its index is:",result)
21    else:
22        print("列表中没有要找的数!")
```

输出:[1,5,7,9,10,12,19,21,22,28,**32**,34,35,38,39,40,40,41,42,49]
查找成功,its index is:10

例 5-20 定义函数：将阿拉伯数金额转为中文大写。

编程思路：首先把这个浮点数分成整数部分和小数部分。提取整数部分很容易，直接将这个浮点数用函数 int() 强制类型转换成一个整数即可，这个整数就是浮点数的整数部分；再使用浮点数减去整数就可以得到这个浮点数的小数部分；然后分开处理整数部分和小数部分。小数部分的处理比较简单，直接截断保留 2 位数字，转换成几角几分的字符串。整数部分的处理比较复杂，但认真分析不难发现，我国的数字习惯是每 4 位一节，一个 4 位的数字可被转换成几千几百几十几，后面添加的"元""万""亿"等，可如下考虑：

（1）如果该节 4 位数字出现在 1 ~ 4 位，则后面添加单位"元"；

（2）如果该节 4 位数字出现在 5 ~ 8 位，则后面添加单位"万"；

（3）如果该节 4 位数字出现在 9 ~ 12 位，则后面添加单位"亿"。

超过 12 位暂不考虑。比较棘手的地方在于：连续出现多个 0 时，如何处理？如 60008。

```
1     def toChinese(y):# -------将金额为阿拉伯数的 y 转为中文大写(y 为浮点数)-------
2         str1 = "零壹贰叁肆伍陆柒捌玖"
3         str2 = "元拾佰仟万拾佰仟亿拾佰仟"
4         strRe = ""                          # 返回值
```

```
5          strInt = str(int(y))                              # 将 x 的整数部分转为字符串
6          strDec = str(int(100 * round(y - int(y),2)))      # 小数部分转字符串
7          iLen = len(strInt)                                # 整数部分长度
8          for i in range(iLen):    # ------------将整数部分转为中文大写--------------
9              a = int(strInt[i])                            # 第 i 位上的数字
10             b = str1[a]                                    # 将第 i 位上的数字转为中文大写
11             if b == "零":
12                 d = ""
13             else:
14                 d = str2[iLen - i - 1]                     # 进位大写
15             strRe = strRe + b + d
16             if strRe[-2:] == "零零" or strRe[-2:] == "亿零":  # 若末尾出现"零零"或"亿零"
17                 strRe = strRe[0:-1]                        # 则抹去一个零
18             if iLen - i - 1 == 4:
19                 if strRe[-1:] == "零":                     # 若最后一位是:零
20                     strRe[0:-1] + "万"                     # 则抹去一个零
21                 elif strRe[-1:] == "万":                   # 若最后一位是:万
22                     strRe[0:-1] + "万"                     # 则抹去一个万
23                 else:
24                     strRe[0:-1] + "万"
25             if iLen - i - 1 == 8 and strRe[-1:] == "零":
26                 strRe = strRe[0:-1] + "亿"
27         # -----将小数部分转为中文大写-------------------------------------
28         if(len(strDec) == 1):                              # 如果小数部分只有 1 位,则补一个 0
29             strDec = '0' + strDec
30         a = int(strDec[0]);b = str1[a]                     # 小数部分:第 1 位,角位上的数字
31         if(b == "零"):
32             strRe = strRe + b
33         else:
34             strRe = strRe + b + "角"
35         a = int(strDec[1]);b = str1[a]                     # 小数部分:第 2 位,分位上的数字
36         if(b != '零'):
37             strRe = strRe + b + '分整'
38         else:
39             strRe = strRe + '整'
40         return strRe                                       # 函数返回值
41 print('{:,}'. format(12008.06),toChinese(12008.06))
                                                             #format 函数:{:,}每隔 3 位,一个逗号
42 print('{:,}'. format(60801208103.06),toChinese(60801208103.06))
```

输出:12,008.06 壹万贰仟零捌元零陆分整

　　60,801,208,103.06 陆佰零捌亿壹佰贰拾零捌仟壹佰零叁元零陆分整

　　例 5-21　定义函数:Python 凯撒密码的加密解密。在密码学中,原文又称明文(Plain Text),加密的字符、解密的字符称为密钥(Secret Key),这两个密钥可以相同,也可以不相同。加密后的文,称为密文(Cipher Text)。

加密算法：从明文到密文的过程；解密算法：从密文到明文的过程；二者合称为密码算法。

对称加密：在加密和解密的过程中使用相同密钥的算法，如凯撒密码。

非对称密码（公钥加密算法）：加密和解密使用不同密钥的算法，如 RSA。

凯撒密码原理：通过把字母移动一定的位数来实现加解密。如图 5-1 所示，明文中的所有字母从字母表向后（或向前）按照一个固定步长进行偏移后被替换成密文。例如：当步长为 3 时，A 被替换成 D，B 被替换成 E，依此类推，X 替换成 A。

编程思路：将明文中的每一个字符转为十进制的 Unicode，与密钥的十进制 Unicode 相加，将这个相加的"和"转为字符，这个字符即为明文字符的凯撒密文。解密用相减即可。

```
1   def enCode(strText,key):#----凯撒加密:将明文 strText 变为密文,key 为密钥----
2       iLen = len(strText)
3       strPass = ""                        # 返回的密文
4       for i in range(iLen):
5           char = strText[i]               # 第 i 位上的单个字符
6           uniCode = ord(char) + ord(key)  # 将 i 位上的单个字符转为 Unicode,与密
                                            #   钥 Unicode 相加
7           strPass = strPass + chr(uniCode) # 将加密后的 Unicode 转为字符
8       return strPass                      # 返回:加密后的凯撒密文
9
10  def unCode(strText,key):    #---凯撒解密:将加密后的凯撒密文 strText 解密为明文,
                                #   key 为密钥--
11      iLen = len(strText)
12      strPain = ""
13      for i in range(iLen):
14          num = ord(strText[i]) - ord(key) # 将 i 位上的单个字符转为 Unicode,与密
                                            #   钥 Unicode 相减
15          strPain = strPain + chr(num)
16      return strPain
17
18  strPain = "中国人民解放军"                  # 明文(原文):中国人民解放军
19  a = enCode(strPain,'我')                 # 调用加密函数:密钥为"我"'
20  print("明文:" + strPain)
21  print("密文:" + a)                       # 密文:哭嚣呍奇　哭덴
22  print("解密后的明文:" + unCode(a,'我'))    # 解密后的明文:中国人民解放军
```

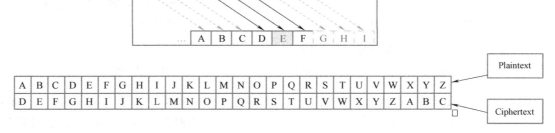

图 5-1　凯撒密码加密算法

5.8　提高代码可读性的几点建议

在学习过程中，会阅读他人写的代码。解决同样的问题，不同的人编写的代码，编程思维都不一样，其可读性千差万别。

好的源代码非常漂亮，思路清晰，层次分明，注释清楚。而糟糕的代码，层次混乱，关键部分缺少注释。

Python 之父 Guido van Rossum（吉多·范罗苏姆）说过，代码的阅读频率远高于编写代码的频率。即便在编写代码的时候，我们自己也需要对代码进行反复阅读和调试，来确认代码能够按照期望运行。

（1）在编程时，一定要围绕一个中心思想：不写重复性的代码。因为重复代码往往是可以通过使用条件、循环、构造函数和类（后续章节会做详细介绍）来解决的。例如下面的代码：

```
1    if is_rich:                          # 如果是富人
2        money = 9000
3        print(money)                     # 输出金额
4    else:
5        money = 90
6        print(money)                     # 输出金额
```

在这段代码中，同样的 print 语句出现了两次，这个完全没有必要，可把第 3 行删除，把第 6 行置于第一层。

```
1    if is_rich:                          # 如果是富人
2        money = 9000
3    else:
4        money = 90
5    print(money)                         # 输出金额
```

（2）学会尽量减少代码的迭代层数，尽可能让 Python 代码扁平化。

```
1    def send(money):# ---定义函数:send(money),根据服务费的取值不同,返回不同的提示 --
2        if is_server_dead:                        # 第一层判断:若服务死了(不再服务了)
3            LOG('server dead')
4            return
5        else:
6            if is_server_timed_out:               # 第二层判断:若服务过期了
7                LOG('server timed out')
8                return
9            else:
10               result = get_result_from_server()
11               if result == MONEY_IS_NOT_ENOUGH:        # 第三层判断:若服务费不够
12                   LOG('you do not have enough money')
13                   return
14               else:
```

87

```
15                    if result == TRANSACTION_SUCCEED:        # 第四层判断:若服务正常
16                        LOG('OK')
17                        return
18                    else:
19                        LOG('something wrong')
20                        Return
```

上面这段代码层层缩进，如果没有比较强的逻辑分析能力，理解起来非常费劲。其实，这 4 层的逻辑判断并没有上下层关系，完全可以置于同一逻辑层进行判断。

```
1     def send(money):
2         if is_server_dead:                          # 第一层判断:若服务死了(不再服务了)
3             LOG('server dead')
4             return
5         if is_server_timed_out:                     # 第一层判断:若服务过期了
6             LOG('server timed out')
7             return
8         result = get_result_from_server()
9         if result == MONET_IS_NOT_ENOUGH:           # 第一层判断:若服务费不够
10            LOG('you do not have enough money')
11            return
12        if result == TRANSACTION_SUCCEED:           # 第一层判断:若服务正常
13            LOG('OK')
14            return
15
16        LOG('something wrong')
```

可以看到，所有的判断语句都位于同一层级，同之前的代码相比，代码层次更清晰。

（3）在使用函数时，函数的粒度应该尽可能细，不要让一个函数做太多的事情。一个复杂的函数应尽可能地把它拆分成几个功能简单的函数，然后进行调用。

如何拆分函数呢？下面介绍一个二分搜索的例子。给定一个非递减整数列表和一个 target 值，要求找到列表中最小的一个数 x，满足 x * x > target，如果不存在，则返回 −1。观察下面的代码会发现什么问题？

```
1     def solve(arr,target):# -定义函数:从列表 arr 中,查找一个元素 x,使 x * x > target
2         k,r = 0,len(arr) - 1              # k 为循环次数,r 为列表长度减1
3         ret = -1                          # ret 为找到的元素的索引
4         while k <= r:                     # 对列表的索引,进行循环
5             m = (k + r)//2                # 对索引进行二分搜索
6             if arr[m] * arr[m] > target:  # 这行代码反复从列表中取数,运行效率非常差
7                 ret = m
8                 r = m - 1
9             else:
10                k = m + 1
11        if ret == -1:
12            return -1                     # 表示没有找到
```

```
13          else:
14              return arr[ret]                # 查找成功,返回满足要求的元素
15
16   print(solve([1,2,3,4,5,6],8))
17   print(solve([1,2,3,4,5,6],9))
18   print(solve([1,2,3,4,5,6],0))
19   print(solve([1,2,3,4,5,6],40))
```

从功能上讲，上述代码没有问题。但是，从软件工程，尤其是软件执行效率角度考虑，这个代码就需要进行优化：在一段程序中，如果反复做同一件事，应定义为一个函数！

```
1    def comp(x,target):                     # 定义函数:根据参数 x,target,返回一个逻辑判断
2        return x * x > target
3
4    def binary_search(arr,target):          # 二分搜索:根据列表 arr 和目标 target,返回查找结果
5        l,r = 0,len(arr) -1
6        ret = -1
7        while l <= r:
8            m = (l + r) //2
9            if comp(arr[m],target):
10               ret = m
11               r = m -1
12           else:
13               l = m +1
14       return ret
15   def solve(arr,target):                  # 定义函数:调用二分搜索函数,获得查询结果
16       id = binary_search (arr, target)
17       if id != -1:
18           return arr [id]
19       return -1
20
21   print (solve ( [1, 2, 3, 4, 5, 6],8))
22   print (solve ( [1, 2, 3, 4, 5, 6],9))
23   print (solve ( [1, 2, 3, 4, 5, 6],0))
24   print (solve ( [1, 2, 3, 4, 5, 6], 40))
```

这段程序定义了 3 个函数，每个函数只做自己的事，功能清晰，层次分明，阅读性强。

习题

5-1　如图 5-2 所示，利用极限求和的思想，自定义一个函数，含 3 个参数：a、b、n，其中 n 为区间 [a,b] 的等份数，求函数 sin(x) 在区间 [a,b] 上，与 x 轴围成的面积（a<b）。

5-2　编写一个函数，给定一个字符串，判断该字符串是否为回文。所谓回文，是指从前往后读和从后往前读是一样的，如：'abcba'。

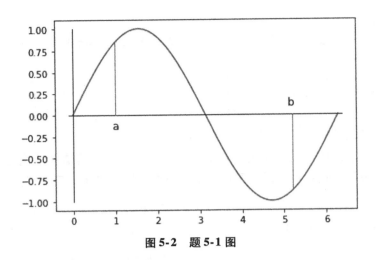

图 5-2　题 5-1 图

5-3　编写函数，给定一个正整数 n，计算并返回形式为：$1 + 11 + 111 + \cdots + 111\cdots111$ 的表达式前 n 项的值。

5-4　编写函数，给定一个 4 位的年份数，判断其是否为闰年。闰年的判定方法：如果年份能被 400 整除，则为闰年；如果年份能被 4 整除但不能被 100 整除也为闰年。

5-5　编写函数，生成包含 20 个介于 $[0,100]$ 之间的随机数的列表，然后将前 10 个元素升序排列，后 10 个元素降序排列，并输出结果。

第 6 章

Python 常用库

Python 数据工具箱涵盖从数据源到数据可视化的完整流程中涉及的常用库、函数和外部工具，其中既有 Python 内置函数和标准库，又有第三方库和工具。这些库可用于文件读写、网络抓取和解析、数据连接、数据清洗转换、数据计算和统计分析、图像和视频处理、音频处理、数据挖掘、机器学习、深度学习、数据可视化、交互学习和集成开发，以及其他 Python 协同数据工作工具。

Python 标准库、内置函数文档具体参考中文版官网：

https://docs.python.org/zh-cn/3/library/index.html。

本章学习要点：

- 常用标准库的使用
- 重要第三方库的使用

6.1　Python 库介绍

Python 内置函数：Python 自带的内置函数。函数无须导入，直接使用。例如要计算 -3.2 的绝对值，直接使用 abs 函数，方法是 abs (-3.2)。

Python 标准库：Python 自带的标准库。Python 标准库无须安装，只需要先通过 import 方法导入便可使用其中的方法。

第三方库：Python 的第三方库。这些库需要先进行安装（部分可能需要配置），然后通过 import 方法导入便可使用其中的方法。随着 Python 生态的发展，目前 Python 的第三方库有数万多个，并还在增加。

若要查看某个库的使用说明，如：string 库（字符串库），可按如下步骤操作。

```
1    import string           #引入
2    dir(string)             # 查看 string 库里的方法、属性
3    print(string)           # 查看 string 库的安装路径
4    help(string)            # 查看 string 库的完整使用说明
```

6.2　Python 常用标准库

6.2.1　math 库

math 库是 Python 提供的数学类函数库；math 库不支持复数类型；math 库一共提供了 4

个数学常数和 44 个函数。44 个函数分为 4 类，包括：10 个数值表示函数、8 个幂对数函数、16 个三角对数函数和 4 个高等特殊函数。

使用前，必须引入：import math。

（1）4 个数学常数。

```
1    import math
2    math.pi                    # 圆周率,3.141592653589793
3    math.e                     # 自然对数 e,2.718281828459045
4    math.inf                   # 正无穷大,负无穷大为 -math.inf
5    math.nan                   # 非浮点数标记,NaN(Not a Number)
```

（2）10 个数值表示函数。

```
1    math.fabs(x)               # 返回 x 的绝对值
2    math.fmod(x,y)             # 返回 x/y 的余数,其值为浮点数
3    math.fsum([x,y,…])         # 对括号内每个元素求和,其值为浮点数
4    math.ceil(x)               # 向上取整,返回不小于 x 的最小整数
5    math.floor(x)              # 向下取整,返回不大于 x 的最大整数
6    math.factorial(x)          # 返回 x 的阶乘,如果 x 是小数或负数,返回 ValueError
7    math.gcd(a,b)              # 返回 a 与 b 的最大公约数
8    math.isfinite(x)           # 当 x 不为无穷大,返回 True,否者返回 False
9    math.isinf(x)              # 当 x 为正数或负数无穷大,返回 True,否则返回 False
10   math.isnan(x)              # 当 x 是 NaN,返回 True,否则返回 False
```

（3）8 个幂对数函数。

```
1    math.pow(x,y)              # 返回 x 的 y 次幂
2    math.exp(x)                # 返回 e 的 x 次幂
3    math.expml(x)              # 返回 e 的 x 次幂减 1
4    math.sqrt(x)               # 返回 x 的二次方根
5    math.log(x[,base])         # 返回 x 的对数值,只输入 x 时,返回 lnx
6    math.log1p(x)              # 返回 1+x 的自然对数值
7    math.log2(x)               # 返回 x 的 2 对数值
8    math.log10(x)              # 返回 x 的 10 对数值
```

（4）16 个三角对数函数。

```
1    math.degree(x)                              # 角度 x 的弧度值转角度值
2    math.radians(x)                             # 角度值转弧度值
3    math.hypot(x,y)                             # 返回 (x,y) 坐标到原点 (0,0) 的距离
4    math.sin(x)                                 # 返回 x 的正弦函数值,x 是弧度值
5    math.cos(x);math.tan(x);math.asin(x);math.acos(x);math.atan(x)
6    math.atan2(y,x)                             # 返回 y/x 的反正切函数值
7    math.sinh(x)                                # 返回 x 的双曲正弦函数值
8    math.cosh(x);math.tanh(x);math.asinh(x);math.acosh(x);math.atanh(x)
```

（5）4 个高等特殊函数。

```
1    math.erf(x)                # 高斯误差函数
```

2	math.erfc(x)	#余补高斯误差函数
3	math.gamma(x)	#伽马函数,也叫欧拉第二积分函数
4	math.lgamma(x)	#伽马函数的自然对数

6.2.2　random 库

random 库随机数库包含两类函数，常用的共 8 个，使用时需要引入 import random。

基本随机函数 2 个：

（1）随机数种子函数 seed(a)。初始化给定的随机数种子，默认为当前系统时间。

（2）随机数函数 random()。生成一个 [0.0,1.0) 之间的随机小数，结果与种子有关。

```
1    import random
2    random.seed(1)              #种子数,随意给定
3    print(random.random())      #0.13436424411240122
```

只要设置了随机数种子，每次运行产生的随机数都一样，这对检验优化算法分析的稳定性有益。Python 中产生随机数使用**随机数种子**来产生（只要种子相同，产生的随机序列，无论是每一个数，还是数与数之间的关系都是确定的，所以随机数种子确定了随机序列的产生）。

如果不设置种子数（上面第 2 行代码删除，或改为 random.seed()），则每次产生的随机数都不一样。

由于 seed() 和 random() 的功能比较单一，所以产生了 6 个扩展的随机数函数，如表 6-1 所示。

表 6-1　扩展的随机数函数

序号	函 数 名	说 明	举 例
1	randint(a,b)	生成一个[a,b]之间的整数	random.randint(10,100)
2	randrange(m,n[,k])	生成一个[m,n]之间以 k 为步长的随机整数,若没有 k,默认为 1	random.randrange(10,100,10)
3	getrandbits(k)	生成一个 k 比特长的随机整数	random.getrandbits(16)
4	uniform(a,b)	生成一个[a,b]之间的随机浮点数	random.uniform(10,100)
5	choice(seq)	从序列 seq 中随机选择一个元素	random.choice([1,2,3,9])
6	shuffle(seq)	将序列 seq 中元素随机排列,返回打乱后的序列	random.shuffle([1,2,3,6])

6.2.3　string 库

string 库是有关字符串常量 String constants、函数、方法，使用时需要引入 import string，可以通过 print(string) 找到文件路径，查看对应的源代码 Lib/string.py。该库包括 9 个字符串常量（如表 6-2 所示）、几个字符串函数。

表 6-2　string 库下的 9 个字符串常量

序号	字符串常量名	说 明	字符串常量内容
1	string.ascii_letters	所有大小写英文字母常数	abcdefghijklmnopqrstuvwxyzABCDEFGHIJKLMNOPQRSTUVWXYZ
2	string.ascii_lowercase	所有小写英文字母常数	abcdefghijklmnopqrstuvwxyz

(续)

序号	字符串常量名	说　　明	字符串常量内容
3	string. ascii_uppercase	所有大写英文字母常数	ABCDEFGHIJKLMNOPQRSTUVWXYZ
4	string. digits	10 个十进制数字常数	0123456789
5	string. hexdigits	16 个十六进制数字常数	0123456789abcdefABCDEF
6	string.octdigits	8 个八进制数字常数	01234567
7	string. punctuation	各种标点字符	!"#$%&'()*+,-./:;<=>?@[\]^_`{|}~
8	string. printable	能够被打印的 ASCII 字符串	0123456789abcdefghijklmnopqrstuvwxyzABCDEFGHIJKLMNOPQRSTUVWXYZ!"#$%&'()*+,-./:;<=>?@[\]^_`{|}~
9	string. whitespace	空格字符、制表符、换行符、返回页面、换页符、垂直选项卡	' \t\n\r\x0b\x0c'

函数 x = string. capwords(s)：将字符串 s 中每个单词首字母大写，同时去除两端的空格，再将连续的空格（若存在）用一个空格代替。

```
1    import string
2    s = '  The quick brown fox   jumped over the lazy dog.'
3    x = string. capwords(s)
4    print(s)                # The quick brown fox   jumped over the lazy dog.
5    print(x)                # The Quick Brown Fox Jumped Over The Lazy Dog.
```

例 6-1　随机生成 800 个大小写英文字母的字符串，然后统计每个字符的出现次数。

基本思路：利用字符串库，把所有英文字母取出，从中随机取 800 个。再新建一个空字典，用单个字符作为键名，出现的次数作为键值。

```
1    import random                    # 随机库
2    import string                    # 字符串库:字母,数字,标点符号
3    x = string. ascii_letters        # 所有的大小写英文字母字符串
4    y = [random. choice(x) for i in range(800)]    # 随机获取 800 个
5    d = dict()                       # 空字典:用单个字符作为键名,出现的次数作为键值
6    for ch in y:                     # z 为 800 个字符所组成的字符串
7        d[ch] = d. get(ch,0) + 1     # 每个不同的字符作为字典的键,次数为键值
8    s = sorted(d. items(),key = lambda x:x[0],reverse = True)    # 按英文字母排降序
9    for k,v in s:                    # 对字典 s 中的元素进行迭代:k 为键名,v 为键值
10       print(k,":",v)
```

d. item[0] 的值为英文字母，d. item[1] 的值为英文字母出现的次数。如果要按英文字母出现的次数排降序，则可将第 8 行语句作如下修改，其中匿名函数中，x 为输入，x[1] 为输出：

```
        s = sorted(d. items(),key = lambda x:x[1],reverse = True)
```

6.2.4　sys 库

sys 库提供可供访问由解释器使用或维护的变量和与解释器进行交互的函数，用于处理

Python 运行时的环境。

```
1    import sys
2    sys.path                      # 获得当前 Python 系统的绝对路径
3    sys.platform                  # 获取当前操作系统平台名称:win32
4    sys.argv                      # 实现从程序外部向程序传递参数。
5    sys.exit([arg])               # 程序中间的退出,arg=0 为正常退出。
6    sys.getdefaultencoding()      # 获取系统当前编码,一般默认为 utf-8。
7    sys.setdefaultencoding()      # 设置系统默认编码,
                                   # 执行 dir(sys)时不会看到这个方法,在解释器中执行不通过
```

可以先执行 reload(sys)，再执行 setdefaultencoding('utf8')，此时将系统默认编码设置为 utf8。（见设置系统默认编码）

```
>>>sys.getfilesystemencoding()    # 获取文件系统使用编码方式,默认为'utf-8'
>>>sys.version                    # 获得 Python 版本的信息
```

6.2.5　os 库

os 是提供文件和进程处理功能及对操作系统进行调用的接口，引入：import os。

（1）os 库基本介绍。os 库提供通用的、基本的操作系统交互功能（Windows，Mac OS，Linux），包含几百个函数。与操作系统相关的，包括常用路径操作、进程管理、环境参数等。

1）路径操作：os.path 子库，处理文件路径及信息。

2）进程管理：启动系统中其他程序。

3）环境参数：获得系统软硬件信息等环境参数。

（2）路径操作。os.path 子库以 path 为入口，用于操作和处理文件路径；这里的 path 指目录或者包含文件名称的文件路径。

```
1    import os.path as op            # 引入
2    op.abspath(f)                   # 返回 f 在当前系统中的绝对路径
3    op.normpath(f)                  # 归一化 f 的表示形式,统一用\\分割路径
4    op.relpath(f)                   # 返回当前程序与文件之间的相对路径(relative path)
5    op.dirname(f)                   # 返回 f 中的目录名称
6    op.basename(f)                  # 返回 f 中最后的文件名称
7    op.join(path,*paths)            # 组合 path 与 paths,返回一个路径字符串
8    op.exists(f)                    # 判断 f 对应文件或目录是否存在,返回 True 或 alse
9    op.isfile(f)                    # 判断 f 所对应是否为已存在的文件,返回 True 或 False
10   op.isdir(f)                     # 判断 f 所对应是否为已经存在的目录,返回 True 或 False
11   op.getatime(f)                  # 返回 f 对应文件或者目录上一次的访问时间
12   op.getatime(f)                  # 返回 f 对应文件或者目录上一次的访问时间(access)
13   op.getmtime(f)                  # 返回 f 对应文件或者目录最近一次的修改时间(modify)
14   op.getctime(f)                  # 返回 f 对应文件或者目录的创建时间(create)
15   op.getsize(f)                   # 返回 f 对应文件的大小,以字节为单位
```

（3）进程管理。os.system(command)：执行程序或者命令 conmmand；在 Windows 系统中，返回值为 cmd 的调用返回信息。

（4）环境参数。

```
1    os.chdir(path)              # 修改当前程序操作的路径
2    os.getcwd()                 # 返回程序的当前路径
3    os.getlogin()               # 获得当前系统的登录用户名称
4    os.cpu_count()              # 会的当前系统的 cpu 数量
5    os.urandom(n)               # 获得 n 个字节长度的随机字符串,通常用于加解密算法
```

*6.2.6　copy 库

copy 库提供浅拷贝和深拷贝 2 个函数，实现对象的复制操作，如表 6-3 所示。

表 6-3　浅拷贝和深拷贝的使用说明

函　　数	说　　明
y = copy.copy（x） 浅拷贝	A shallow copy constructs a new compound object and then （to the extent possible）inserts * the same objects * into it that the original contains.
copy.deepcopy（x） 深拷贝	A deep copy constructs a new compound object and then, recursively（递归）, inserts * copies * into it of the objects found in the original.

例 6-2　要理解浅拷贝和深拷贝的区别，必须先理解 Python 赋值的传递规则。

```
1    y = {"a":[1,2],"b":5}
2    x = y["a"]                  # y["a"]=[1,2]为列表(列表为动态变量)
3    print("x 修改前,y=",y)
4    x[0] = 6
5    x[1] = 6                    # x 的值改变,y 的值立即改变
6    print("x 修改后,y=",y)
7    print("字典 a 键地址:",id(y["a"]))
8    print("x      地址:",id(x))
```

输出:x 修改前,y={'a':[1,2],'b':5};字典 a 键地址:2615749739016
　　　x 修改后,y={'a':[6,6],'b':5};x   地址:2615749739016

为什么 x 的值改变，会使得 y 的值立即改变呢？这是因为：变量 x 与 y["a"] 指向内存中同一个地址，地址里的内容如果发生变化，则指向这个地址的所有变量，其值全部发生变化。

例 6-3　把变量 x 的赋值修改一下，看出现什么情况。

```
1    y = {"a":[1,2],"b":5}
2    x = y["b"]                  # y["b"]=5 为整数(整型属于静态变量)
3    print("x 修改前,y=",y)
4    x = 6                       # x 的值改变,y 的值不会改变
5    print("x 修改后,y=",y)
6    print("字典 a 键地址:",id(y["a"]))
7    print("x      地址:",id(x))
```

输出:x 修改前,y={'a':[1,2],'b':5};字典 a 键地址:2615749762952
　　　x 修改后,y={'a':[1,2],'b':5};x 地址:140729431200736

为什么 x 的值改变，y 的值不发生改变呢？这涉及的 Python 赋值到底是引用还是拷贝，即赋值时是传值还是传址。x = y["a"] 是传址，而 x = y["b"] 是赋值。

那么，在 Python 中，变量赋值传递时，什么情况下是传值（拷贝，会产生新的内存地址）？什么情况下是传址（引用，共用内存地址）呢？

传递规则：Python 赋值过程中不明确区分拷贝和引用，一般对静态变量的传递为拷贝，对动态变量的传递为引用。字符串、数值、元组均为静态变量；列表、字典、集合为动态变量。

在例 6-2 中，有没有什么方法使得 x 的值修改时，y 的值不变呢？有，通过 copy 的浅拷贝和深拷贝！deepcopy()：深拷贝会完全复制原变量相关的所有数据，在内存中生成一套完全一样的内容，在这个过程中对这两个变量中的一个进行任意修改都不会影响其他变量。除了深拷贝，copy 库还提供一个 copy 方法，称为浅拷贝，对于简单的对象，深浅拷贝都是一样的。

例6-4　通过浅拷贝（或深拷贝）原变量的值不会变化。

```
1   import copy
2   y = {"a":[1,2],"b":5}
3   x = copy.copy(y["a"])              # x = copy.deepcopy(y["a"]),效果一样
4   print("x 修改前,y = ",y)
5   x[0] = 6
6   x[1] = 6                            # x 的值改变,y 的值没有改变
7   print("x 修改后,y = ",y)
8   print("字典 a 键地址:",id(y["a"]))
9   print("x      地址:",id(x))
```

输出:x 修改前,y = {'a':[1,2],'b':5};字典 a 键地址:2615749800072
　　 x 修改后,y = {'a':[1,2],'b':5};x   地 址:2615750134472

例6-5　浅拷贝和深拷贝的区别。

```
1   import copy                # 例 6-5(1) 深拷贝:不管 x 如何修改,y 的值不变
2   y = [1,2,['a','b']]
3   x = copy.deepcopy(y)
4   print("深拷贝,x 修改前,y = ",y)
5   x[2][1] = '深拷贝'
6   print("深拷贝,x 修改后,y = ",y)
```

输出:深拷贝,x 修改前,y = [1,2,['a','b']]
　　 深拷贝,x 修改后,y = [1,2,['a','b']]

```
1   import copy                # 例 6-5(2) 浅拷贝:若 x 修改第二层值,则 y 的值改变
2   y = [1,2,['a','b']]
3   x = copy.copy(y)
4   print("浅拷贝,x 修改前,y = ",y)
5   x[2][1] = '浅拷贝'          # x 修改第二层值
6   print("浅拷贝,x 修改后,y = ",y)
```

输出:浅拷贝,x 修改前,y = [1,2,['a','b']]
　　 浅拷贝,x 修改后,y = [1,2,['a','浅拷贝']]

97

```
1    import copy                          # 例6-5(3) 浅拷贝:若x修改第一层值,则y的值不变
2    y = [1,2,['a','b']]
3    x = copy.copy(y)
4    print("浅拷贝,x修改前,y = ",y)
5    x[2] = [8,8]                         # x修改第一层值
6    print("浅拷贝,x修改后,y = ",y)
```

输出:浅拷贝,x修改前,y = [1,2,['a','b']]
　　　浅拷贝,x修改后,y = [1,2,['a','b']]

　　　浅拷贝时改变第一层次相互不受影响（例6-5（3）），改变第二层次（例6-5（2））就相互影响了，改其中一个，其他跟着变。深拷贝时，不管如何修改，相互不受影响。

6.2.7　time库

　　　time库是处理日期及一天内时间的函数库，用法及返回值的结构如表6-4、表6-5所示。

表6-4　元组 time.struct_time 的属性说明

序号	字　　典	属　性	值
1	4位年数	tm_year	yyyy
2	月	tm_mon	1～12
3	日	tm_mday	1～31
4	小时	tm_hour	0～23
5	分	tm_min	0～59
6	秒	tm_sec	0～61（闰秒）
7	1周的第几日	tm_wday	0～6（0位周一）
8	1年的第几日	tm_yday	1～366，一年中的第几天
9	夏令时	tm_isdst	1为夏令时，0不是夏令时

```
1    import time
2    t = time.localtime()                 # 函数localtime()返回:元组struct_time
3    print(t)                             # 输出:8个元素的元组struct_time
4    # 输出:time.struct_time(tm_year = 2020,tm_mon = 8,tm_mday = 28,tm_hour = 8,
5           tm_min = 18,tm_sec = 16,tm_wday = 1,tm_yday = 239,tm_isdst = 0)
6    time.strftime("%Y-%m-%d",time.localtime())         # 获取日期:2020-08-28
7    time.strftime("%H:%M:%S",time.localtime())         # 获取时分秒:08:18:16
8    time.sleep(n)                        # 将当前进程置入睡眠状态,睡眠时间为n秒
```

表6-5　Python 时间日期格式化符号表

序号	格式	说　　明	序号	格式	说　　明
1	%y	两位数的年份表示（00～99）	5	%H	24小时制小时数（0～23）
2	%Y	四位数的年份表示（0000～9999）	6	%I	12小时制小时数（01～12）
3	%m	月份（01～12）	7	%M	分钟数（00～59）
4	%d	月内中的一天（0～31）	8	%S	秒（00～59）

（续）

序号	格式	说　　明	序号	格式	说　　明
9	%W	一年中的星期数（00～53）星期一为星期的开始	14	%c	本地相应的日期、时间表示
10	%a	本地简化星期名称	15	%j	年内的一天（001～366）
11	%A	本地完整星期名称	16	%p	本地 A. M. 或 P. M. 的等价符
12	%b	本地简化的月份名称	17	%w	星期（0～6），星期天为星期的开始
13	%B	本地完整的月份名称	18	%U	一年中的星期数（00～53）星期天为星期的开始

6.2.8　datetime 库

datetime 库是 date 和 time 模块的合集。datetime 有两个常量，MAXYEAR 和 MINYEAR，分别是 9999 和 1。datetime 库功能比 time 库强大。

datetime 库定义了 5 个类。

```
1    datetime. date                    # 表示日期的类
2    datetime. datetime                # 表示日期时间的类
3    datetime. time                    # 表示时间的类
4    datetime. timedelta               # 表示时间间隔,即两个时间点的间隔
5    datetime. tzinfo                  # 时区的相关信息
```

使用前引入：

```
from datetime import date
from datetime import datetime
from datetime import time
from datetime import timedelta
from datetime import tzinfo
```

或：

```
from datetime import *         #全部导入
```

datetime 库常用函数有如下 7 个。

```
1    time. sleep(n)                    # 将当前进程置入睡眠状态,睡眠时间为 n 秒
2    datetime. now()                   # 返回当前系统时间:2020-07-28 15:42:24.765625
3    datetime. today()                 # 与 datetime. now()一样
4    datetime. now(). date()           # 返回当前日期时间的日期部分:2020-07-28
5    datetime. now(). time()           # 返回当前日期时间的时间部分:15:42:24.750000
6    datetime. date. weekday()         # 返回日期的星期
7    datetime. strftime(format)        # 按照给定的 format 格式转化为字符串格式
```

例如：

```
1    from datetime import datetime
2    now = datetime. today()                          # now = datetime. now()
3    print("日期:",now. strftime('%Y-%m-%d'))         # 日期:2020-11-06
4    print("时间:",now. strftime('%w'))               # 时间:18-08-34
5    print("星期:",now. strftime('%w'))               # 星期:3
```

例6-6 编一段程序，输出今天是今年的第几天。

基本思路：先给定每个月的正常天数，如果是闰年，再把二月改为29天。若当前是一月，该月第几天就是今年的第几天；若不是一月，则把1月至当前月份的天数全部相加，就是今年的第几天。

```
1    import time                                    # 时间库(标准库)
2    d = time.localtime()                           # 获取当前日期时间,d为8个元素的字典变量
3    print("日期:",d[0],"年",d[1],"月",d[2],"日",",天数:",end = '')
4    year,month,day = d[:3]                          # 前3个元素,依次为:年、月、日
5    month_days = [31,28,31,30,31,30,31,31,30,31,30,31]   # 12个月份的正常日期数
6    if year%400 == 0 or(year%4 == 0 and year%100 != 0):# 判断是否为闰年
7        month_days[1] = 29         # 能被400整数,或能被4整数,但不能被100整除的,为闰年
8    if month == 1:                 # 若月份为1月份
9        print(day)
10   else:
11       print(sum(month_days[:month-1]) + day)   # 将1月至当前月份的天数,全部相加
```

日期:2020年11月18日,天数:323

6.2.9 itertools 库

itertools 库提供用来产生或操作不同类型迭代器的函数，具有高效且节省内存的优点，它们的返回值不是 list，而是迭代对象，只有用 for 循环迭代的时候才真正计算。

itertools 库的函数主要分为三类：无限迭代器、输入序列迭代器、组合生成器。itertools 包自带了三个可以无限迭代的迭代器。

1. 无限迭代器

（1）itertools. count(start = 0, step = 1)：创建一个迭代对象，生成从 start 开始的连续整数，步长为 step。如果省略了 start，则默认从0开始，步长默认为1。

```
1    from itertools import *
2    for i in zip(count(2,6),['a','b','c']):
3        print(i)
```

输出为:(2,'a')
　　　　(8,'b')
　　　　(14,'c')

（2）itertools. cycle(iterable)：创建一个迭代对象，对于输入的 iterable 的元素反复执行循环操作，内部生成 iterable 中的元素的一个副本，这个副本用来返回循环中的重复项。

```
1    import itertools as it
2    i = 0
3    for item in it.cycle(['a','b','c']):
4        i += 1
5        if i == 5:                    # 迭代5次,结束
6            break
7      print(i,item)
```

输出为: (1,'a')
　　　　(2,'b')
　　　　(3,'c')
　　　　(4,'a')

（3）itertools. repeat(object[,times]): 创建一个迭代器，重复生成 object，如果没有设置 times，则会无限生成对象。

```
1    import itertools as it
2    for i in it. repeat('Python',2):
3        print(i)
```

输出为: Python
　　　　Python

2. 输入序列迭代器

（1）itertools. accumulate(* iterables): 这个函数简单来说就是一个累加器，不停对列表或者迭代器进行累加操作（这里指每项累加）。

```
1    import itertools as it
2    x = it. accumulate(range(10))
3    print(list(x))
```

输出为: [0,1,3,6,10,15,21,28,36,45]

这里导入 accumulate，然后传入 10 个数字: 0 ~ 9。迭代器将传入数字依次累加，所以第一个是 0，第二个是 0 + 1，第三个是 1 + 2，如此下去。

```
1    import itertools as it
2    import operator
3    list(it. accumulate(range(1,5),operator.mul))      #[1,2,6,24]
```

上述代码，先传入数字 1 ~ 4 到 accumulate 迭代器中，还传入一个函数: operator. mul，这个函数将接收的参数相乘。所以每一次迭代，迭代器将以乘法代替除法（$1 \times 1 = 1$，$1 \times 2 = 2$，$2 \times 3 = 6$，以此类推）。

accumulate 的文档中给出了其他一些有趣的例子，如贷款分期偿还，混沌递推关系等。这绝对值得学习。

（2）chain(* 可迭代对象): chain 迭代器能够将多个可迭代对象合并成一个更长的可迭代对象。

```
1    import itertools
2    numbers = list(range(4))
3    cmd = ['I','我']
4    my_list = list(itertools. chain(['Python','派森'],cmd,numbers))
5    print(my_list)                    #['Python','派森','I','我',0,1,2,3]
```

3. 组合生成器

itertools. product(* iterable[,repeat])

这个工具就是产生多个列表或者迭代器的 n 维积。如果没有特别指定，则 repeat 默认为列表和迭代器的数量。

```
1    import itertools
2    a = (1,2)
3    b = ('Python','AI','Deep Learning')
4    c = itertools. product(a,b)
5    for x in c:
6        print(x)
```

```
(1,'Python')
(1,'AI')......
```

6.2.10 其他标准库

Python 其他的标准库如表 6-6 所示。

表 6-6 Python 其他标准库

序号	库 名	功 能 说 明	引 入
1	turtle	绘图库	import turtle
2	re	提供用于配备字符串的有特定语法的字符串模式的正则表达式	import re
3	shutil	提供高级的处理文件、文件夹、压缩包等功能	import shutil
4	json	提供对 json 数据进行序列化、反序列化等编码、解码功能	import json
5	xml	提供对 xml 的构建、解析、处理功能	import xml
6	urllib	用于操作 URL 的功能，如网络数据爬取	import urllib
7	funtools	用于高阶函数	import funtools

6.3 Python 常用第三方库

每个库都有常用的函数、方法，都需要单独安装，具体请参看相关资料。Python IDEL 环境下的安装可参见 1.5.1 第三方库的安装方法；在 Anaconda 环境下安装：进入 Anaconda Prompt（Anaconda 3），如图 6-1 所示。

图 6-1 Anaconda Prompt（Anaconda 3）及第三方库安装命令输入

图像处理库的安装：pip install PIL。

所有第三方库建议采用国内镜像安装，如通过豆瓣镜像：

pip install － i https://pypi. douban. com/simple PIL

6.3.1 PIL

Python 图像处理库（Python Imaging Library，PIL）提供了通用的图像处理功能，如图像放缩、裁剪、旋转、灰度转换等。PIL 的子模块较多，最重要的是 Image 子模块。

```
1    from PIL import Image                          # 调用库
2    im = Image. open ("E:\\myPhoto. jpg")          # 文件存在的路径
3    im. show ()
4    im_rotate = im. rotate (45)          # 指定逆时针旋转的角度,若输入负数,则按顺时针转
5    im_rotate. show ()
```

6.3.2　OpenCV

OpenCV（计算机视觉库，图像识别、人脸识别）是一个基于 BSD 许可（开源）发行的跨平台计算机视觉和机器学习软件库，用 C++ 语言编写，功能比 PIL 强大得多。

安装方法：pip install opencv- python – i https://pypi. douban. com/simple。

建议在 Anaconda 环境下安装并使用。使用时，引入：import cv2。

例 6-7　调用计算机摄像头进行人脸的眼睛、嘴巴及表情识别。

基本思路：直接调用 OpenCV（Computer Version）下的相关文件及函数，具体用法可查看相关说明。代码运行结果如图 6-2 所示。

```
1    import cv2
2    face_cascade = cv2. CascadeClassifier (cv2. data. haarcascades
3                + 'haarcascade_frontalface_default. xml')          # 人脸级联分类器
4    eye_cascade = cv2. CascadeClassifier (cv2. data. haarcascades
5                   + 'haarcascade_eye. xml')                       # 人眼级联分类器
6    smile_cascade = cv2. CascadeClassifier (cv2. data. haarcascades
                    + 'haarcascade_smile. xml')
7    cap = cv2. VideoCapture (0)                     # 调用摄像头,对准自己的脸
8    while (True) :
9        ret, img = cap. read ()                     # 获取摄像头拍摄到的画面
10       faces = face_cascade. detectMultiScale (img,1. 3,5)
11       for (x,y,w,h) in faces:
12           img = cv2. rectangle (img, (x,y), (x + w,y + h), (255,0,0),2)
                                                     # 画出人脸框,蓝色,画笔宽度
13           # 框选出人脸区域,在人脸区域而不是全图中进行人眼检测
14           face_area = img[ y:y + h,x:x + w]
15           eyes = eye_cascade. detectMultiScale (face_area)
16           # 用人眼级联分类器在人脸区域进行人眼识别,返回眼睛坐标列表
17           for (ex,ey,ew,eh) in eyes:            # 画出人眼框,绿色,画笔宽度为1
18               cv2. rectangle (face_area, (ex,ey), (ex + ew,ey + eh), (0,255,0),1)
19           # 用微笑级联分类器引擎在人脸区域进行人眼识别,返回的 eyes 为眼睛坐标列表
20           smiles = smile_cascade. detectMultiScale (face_area,scaleFactor =1. 16,
21               minNeighbors =65,minSize = (25,25),flags =cv2. CASCADE_SCALE_IMAGE)
22           for (ex,ey,ew,eh) in smiles:
23               cv2. rectangle (face_area, (ex,ey), (ex + ew,ey + eh), (0,0,255),1)
                                                     # 画出微笑框,红色
24               cv2. putText (img,'Smile', (x,y-7),3,1. 2, (0,0,255),2,cv2. LINE_AA)
25           cv2. imshow ('frame2',img)             # 实时展示效果画面
26           if cv2. waitKey (5) & 0xFF == ord ('q'):     # 每5毫秒监听一次键盘动作
```

```
27              break
28      cap. release ()                          # 最后,关闭所有窗口
29      cv2. destroyAllWindows ()
```

例 6-8 调用人脸识别库 dlib，识别人脸 68 个特征点，如图 6-3、图 6-4 所示。

基本思路：读取照片，显示 68 个关键点，需要安装 dlib 库，并调用该库下的模型文件：shape_predictor_68_face_landmarks. dat。安装时，该文件可能不会自带，需要从网络下载，或复制本教材的配套电子资源文件。

图 6-2 人脸识别：脸框、眼眶、嘴框、表情   图 6-3 两张人脸

```
1       import dlib;import cv2
2       detector = dlib. get_frontal_face_detector ()
                                  # 使用 dlib 自带的 frontal_face_detector 作为人脸检测器
3       # 使用官方提供的模型构建特征提取器
4       predictor = dlib. shape_predictor('d:\shape_predictor_68_face_landmarks. dat')
5       img = cv2. imread ("d:/face_68_point. jpg")               # cv2 读取图像
6       img_gray = cv2. cvtColor (img,cv2. COLOR_RGB2GRAY)        # 取灰度
7       # 与人脸检测程序相同,使用 detector 进行人脸检测 dets 为返回的结果
8       dets = detector (img_gray,0)
9       # 使用 enumerate 函数遍历序列中的元素以及它们的下标
10      # 下标 k 即为人脸序号
11      # left:人脸左边距离图片左边界的距离,right:人脸右边距离图片右边的距离
12      # top:人脸上边距离图片上边界的距离,bottom:人脸下边距离图片下边的距离
13      for k,d in enumerate (dets):
14          print ("dets{}". format (d))
15          print ("Detection{}:Left:{}Top:{}Right:{}Bottom:{}". format (
16              k,d. left (),d. top (),d. right (),d. bottom ()))
17          # 使用 predictor 进行人脸关键点识别 shape 为返回的结果
18          shape = predictor (img,d)
19          # 获取第一个和第二个点的坐标(相对于图片而不是框出来的人脸)
20          print ("Part 0:{},Part 1:{}... ". format (shape. part (0),shape. part (1)))
21          for index,pt in enumerate (shape. parts ()):                # 绘制特征点
22              print ('Part{}:{}'. format (index,pt))
23              pt_pos = (pt. x,pt. y)
24              cv2. circle (img,pt_pos,1,(255,0,0),2)
25              font = cv2. FONT_HERSHEY_SIMPLEX         # 利用 cv2. putText 输出 1-68
```

```
26        cv2.putText(img,str(index +1),pt_pos,font,0.3,(0,0,255),1,cv2.LINE_AA)
27
28    cv2.imshow('img',img)
29    k = cv2.waitKey(0)
30    cv2.destroyAllWindows()
```

图 6-4　人脸 68 个特征点

6.3.3　speech

speech 是微软公司开发的 Windows 平台的语音模块。在 Windows 平台上利用 Python 将文本转化为语音输出，用作语音提示，这时就要用到 speech 模块。该模块的主要功能有语音识别、将指定文本合成语音以及语音信号输出等。

安装方法：pip install speech -i https://pypi.douban.com/simple/。安装成功后，找到安装路径下的 speech.py 文件，默认路径为：C:\ProgramData\Anaconda3\Lib\site-packages。

由于版本原因，如下 3 个地方对应行数，需要修改（用记事本打开 speech.py），如图 6-5 所示。

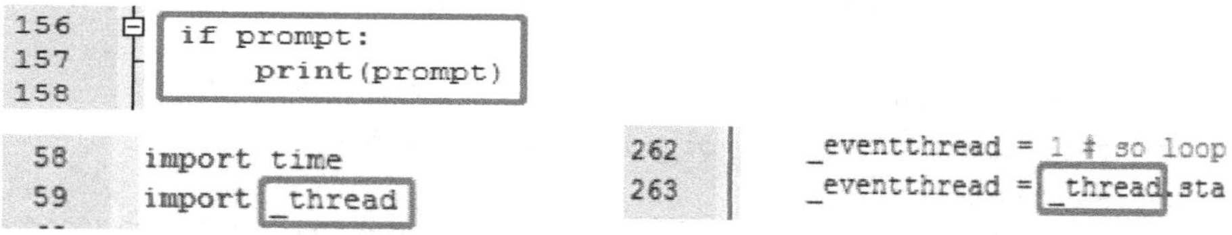

```
156   if prompt:
157       print(prompt)
158

58    import time
59    import _thread

262   _eventthread = 1 # so loop
263   _eventthread = _thread.sta
```

图 6-5　speech.py 文件的修改

```
import speech                    # 这 3 行代码,可以进行语音测试
speech.say("今天天气晴!")
speech.say("How are you?")
```

运行下列代码：对着麦克风说话，系统会自动将语音转为文字。

```
1    import speech
2    while True:
3        say = speech.input()              # 接收语音,第一次使用需要配置一下
4        speech.say("you said:" + say)     # 说话:将语音转为文字
5        if say == "你好":
6            speech.say("How are you?")
7        elif say == "天气":
8            speech.say("今天天气晴!")
```

运行效果图：它调用了本地语音识别软件，如图 6-6 所示。

注意，如果你说英语，它无法识别出来，但是中文识别得很好！这是因为计算机语言设置为简体中文了，如果设置为英文，就能识别出来。

图 6-6　speech 语音识别

6.3.4　pyttsx3 库

pyttsx3 库可以进行离线文字转语音，可以满足文字进行语音转换的一般需求，只是音调比较生硬，声音表情不够丰富（基本没有）。目前对于中文只支持女音，英文可以支持男女音，所以对于一些要求不高的场合 pyttsx3 还是比较合适的。

下列代码可直接将字符串文字转为语音读出来。也可以从硬盘上读取一个含有中文、英文的文本文件，将读取的内容赋值给变量 msg。比如，将第 2 行源代码修改为下列 2 行，其他代码不动：

```
f = open('d:\含有中英文文字的语音测试文件.txt')
msg = f.readlines()
```

例 6-9　利用 pyttsx3 库将文字转为语音。

```
1    import pyttsx3
2    msg = '世界那么大,我想去看看'                          # 要转为语音的字符串文字
3    engine = pyttsx3.init()                              # 初始化,必须要有
4    rate = engine.getProperty('rate')
5    engine.setProperty('rate',rate +20)                 # 调节语速
6    volume = engine.getProperty('volume')
7    engine.setProperty('volume',volume-0.25)            # 调节音量
8    voices = engine.getProperty('voices')     # 变换声音(文字为英文或数字时才有多种声音)
9    for i in voices:
10       print(i.id,i.languages)                         # 打印声音注册表设置
11   engine.setProperty('voice',voices[0].id)            # 设置中文
12   engine.say(msg)
13   engine.runAndWait()                                 # 注意,没有本句话是没有声音的
14   engine.say('I am a Chinese')
15   engine.runAndWait()
```

6.3.5　SciPy 库

Scipy 是一个用于数学、科学、工程领域的常用软件包，可以处理插值、积分、优化、图像处理、常微分方程数值解的求解、信号处理等问题。它用于有效计算 Numpy 矩阵，使 Numpy 和 Scipy 协同工作，高效解决问题。

Scikit-learn 是最常用的 Python 机器学习库，支持回归、分类、聚类等，详见第 14 章。

6.3.6　Python 网络库

Python 网络库用于网上数据爬取。

1. requests 库

用于向网页发送请求的第三方 HTTP 库，安装方法：pip install requests。

2. BeautifulSoup

网页解析库，安装方法：pip install bs4。引入：from bs4 import BeautifulSoup。BeautifulSoup 中文文档地址：

https://www. crummy. com/software/BeautifulSoup/bs4/doc/index. zh. html

3. lxml

网页解析库，比 BeautifulSoup 快，调用：from lxml import html。

6.3.7　Python 数据库操作库

1. pymysql 库

Python 操作 mysql 数据库。

安装方法：pip install pymysql，详见第 12 章。

2. pymssql 库

Python 3 用于连接微软的 ms sql server 数据库。

安装方法：pip install pymssql，引入：import pymssql。

3. pymongo 库

Python 3 用于连接 MongoDB 数据库。

MongoDB 是目前大数据领域最流行的 NoSQL 数据库之一，使用数据类型 BSON（类似 JSON）。MongoDB 数据库安装与介绍可以查看 MongoDB 教程：

https://www. runoob. com/mongodb/mongodb- tutorial. html。

安装方法：pip install pymongo 或：pip install -i https://pypi. douban. com/simple pymongo。

习题

6-1　不使用随机种子数，随机生成 10 个 [5,20] 之间的浮点数，把这 10 个数随机打乱顺序，求其和；再使用随机种子数，随机生成 10 个 [5,20] 之间的浮点数，把这 10 个数随机打乱顺序，求其和。多运行几次，看有什么不同。

6-2　定义一个函数 myFun()，给一个参数 n，随机从字符串库的大小写英文字母、数字中，随机获取 n 个字符，然后从这 n 个字符中，区分出哪些是小写英文字母、哪些是大写英文字母、哪些是数字，分别作为元组的 3 个元素，并把这个元组作为函数的返回值。函数定义完后，调用并输出函数的返回值。

6-3　阅读下面程序，完成下面问题。

```
1    import copy
2    x = [1,2,3]           # x 为列表变量,属于可变序列
3    y = x                 # 变量引用,即将 x 的地址引用给 y
4    y[2] = "a"
5    print("x = ",x)
```

（1）写出第 5 行的输出内容：＿＿＿＿＿＿＿。

（2）若把第 3 行改为 y = copy. copy(x)，写出第 5 行的输出内容：＿＿＿＿＿＿＿。

（3）若把第 3 行改为 y = copy. deepcopy(x)，写出第 5 行的输出内容：＿＿＿＿＿＿＿。

6-4　编写一段程序，实现：每隔 1s，循环 5 次，输出系统时间（格式：yyyy. mm. dd hh:mm:ss 星期几）。

第 7 章

Python 字符串

在 Python 中，字符串属于不可变有序序列，除了支持序列通用方法（包括双向索引、比较大小、计算长度、元素访问、切片、成员测试等操作）以外，字符串还支持一些特有的操作方法，例如字符串格式化、查找、替换、排版等。

字符串变量是静态的，一经赋值，便不能对字符串对象进行元素增加、修改与删除等操作，切片操作也只能访问其中的元素而无法使用切片来修改字符串中的字符。

本章学习要点：

- ASCII 码、Unicode 码、GBK 码、UTF-8 码
- 字符串格式化函数 format( ) 的用法
- 字符串的常用方法
- 内置函数对字符串的操作

7.1　内置的字符串处理函数

Unicode 是字符的一种国际通用编码，任何一个字符都有唯一的 Unicode 值，它是一个整数，是字符的"身份证号"。Python 提供了 9 个与字符串处理有关的内置函数，大都涉及 Unicode 码，如表 7-1 所示。

表 7-1　Python 字符串内置函数

序号	函　数	说　明	举　例
1	len(x)	返回字符串 x 的长度，Python 3 以 Unicode 字符计数基础	len("中国 123") = 5
2	str(x)	将任意类型 x 转为字符串	str(12.03) = '12.03'
3	max(x)	返回字符串 x 中，Unicode 值最大的单个字符	max('Abcd') = 'd'
4	min(x)	返回字符串 x 中，Unicode 值最小的单个字符	min('Abcd') = 'A'
5	chr(x)	返回 Unicode 值 x 对应的单个字符	chr(65) = 'A'
6	ord(x)	返回单个字符 x 对应的 Unicode 编码值，默认为十进制	ord('A') = 65
7	bin(x)	将整数 x 转为二进制字符串形式	bin(65) = '0b1000001'
8	oct(x)	将整数 x 转为八进制字符串形式	oct(65) = '0o101'
9	hex(x)	将整数 x 转为十六进制字符串形式	hex(65) = '0x41'

```
    >>>max("中华人民共和国")          # 按单个字符的 Unicode 码值,取最大的
民
    >>>min("中华人民共和国")          # 按单个字符的 Unicode 码值,取最小的
```

```
中
>>>ord('中')            # 函数 ord(x)返回单个字符 x 的 Unicode 值(默认十进制)
20013
>>>chr(20013)          # 函数 chr(x)返回 Unicode 值 x(十进制)对应的单个字符
'中'
>>>bin(20013)          # 返回整数 20013 的二进制字符串形式
'0b100111000101101'
>>>oct(20013)          # 返回整数 20013 的八进制字符串形式
'0o47055'
>>>hex(20013)          # 返回整数 20013 的十六进制字符串形式
'0x4e2d'
```

7.2　字符串编码格式

字符串是一种数据类型，但是，字符串比较特殊的是还有一个编码问题。目前使用的编码方式有：ASCII 码、Unicode 码、GBK、UTF-8 码（可变长的编码）。

7.2.1　ASCII 码

因为计算机只能处理数字，如果要处理文本，就必须先把文本转换为数字才能处理。最早的计算机在设计时采用 8 个比特（bit）作为 1 个字节（byte），所以，1 个字节能表示的最大的整数就是 $2^8 - 1 = 255$（二进制 11111111 = 十进制 255）。

20 世纪 70 年代，美国国家标准协会（American National Standards Institute，ANSI）制订了美国标准信息交换码（American Standard Code for Information Interchange，ASCII）：用 7 位二进制数共 128 个组合来表示所有的大、小写英文字母，数字 0~9、标点符号，以及在美式英语中使用的特殊控制字符。

7.2.2　GB 18030 码

由于计算机是外国人发明的，受条件限制，当时只考虑了用 1 个字节来设计的 ASCII 码，最多只能编码 128 个字符，处理英文字母、数字和一些符号足够了。但是要处理中文 1 个字节显然是不够的，至少需要 2 个字节，最多可以表示 $2^{16} = 65536$ 个汉字，而且还不能和 ASCII 编码冲突，这样，中国设计了用于简体中文的 GB 2312 码和用于繁体中文的 Big5 码。

GB 2312（1980 年）一共收录了 7445 个字符，包括 6763 个汉字和 682 个其他符号。GB 2312—1980 支持的汉字太少，1995 年的汉字内码扩展规范（GBK 1.0）收录了 21886 个符号，它分为汉字区和图形符号区。汉字区包括 21003 个字符。2000 年的 GB 18030 是取代 GBK 1.0 的正式国家标准。该标准收录了 27484 个汉字，还收录了藏文、蒙文、维吾尔文等主要的少数民族文字。现在的计算机平台必须支持 GB 18030—2000，对嵌入式产品暂不作要求，所以手机、MP3 一般只支持 GB 2312—1980。

从 ASCII、GB 2312—1980、GBK 到 GB 18030—2000，这些编码方法是向下兼容的，即同一个字符在这些方案中总是有相同的编码，后面的标准支持更多的字符。在这些编码中，英文和中文可以统一处理。区分中文编码的方法是高字节的最高位不为 0。GB 2312—1980、

109

GBK 、GB 18030—2000 都属于双字节字符集。

有的中文 Windows 的默认内码还是 GBK，可以通过 GB 18030 升级包升级。不过 GB 18030 相对 GBK 增加的字符，普通人是很难用到的，通常我们还是用 GBK 指代中文 Windows 内码。

7.2.3 Unicode 码

全世界有上百种语言，不可避免就会出现冲突，结果在多语言混合的文本中，显示出来乱码。因此，Unicode 诞生了。Unicode 也是一种字符编码，它是由国际组织设计，可以容纳全世界所有语言文字的编码方案。其学名是 Universal Multiple- Octet Coded Character Set，简称为 UCS。

Unicode 把所有语言都统一到一套编码里，这样就不会出现乱码问题。Unicode 标准从 1991 年开始制订，1994 年正式公布，并不断更新。最常用的是用两个字节表示一个字符（如果要用到非常偏僻的字符，就需要 4 个字节）。现代操作系统和大多数编程语言都支持 Unicode 码。

ASCII 编码和 Unicode 编码的区别：ASCII 编码是 1 个字节，而 Unicode 编码一般是 2 个字节。例如：字母 A 用 ASCII 编码是十进制的 65，二进制的 01000001；如果把 ASCII 编码的 A 用 Unicode 编码，只需要在前面补 8 个 0，因此，A 的 Unicode 编码是 00000000 01000001。汉字"中"已经超出了 ASCII 编码的范围，用 Unicode 编码是十进制的 20013，二进制的 01001110 00101101，十六进制的：'\ u4e2d'。

7.2.4 UTF-8 码

如果统一成 Unicode 编码，乱码问题是没有了。但是，又出现了新的问题：如果文本基本上全部是英文，用 Unicode 编码比 ASCII 编码需要多一倍的存储空间，这在存储和传输上就十分浪费。

还有，Unicode 只是一个符号集，它只规定了符号的二进制代码，却没有规定这个二进制代码应该如何存储。比如，汉字"严"的 Unicode 是十六进制数 4E25，转换成二进制数有 15 位（100111000100101），需要 2 个字节存储。表示其他更大的符号，可能需要 3 个字节或者 4 个字节，甚至更多。

这就有两个严重的问题：1）如何区别 Unicode 和 ASCII？计算机怎么知道 3 个字节表示一个符号，而不是分别表示 3 个符号呢？2）英文字母只用 1 个字节表示就够了，如果 Unicode 统一规定，每个符号用 3 个或 4 个字节表示，那么每个英文字母前都必然有 2 个或 3 个字节是 0，这对于存储来说是极大的浪费，文本文件的大小会因此大出二三倍，这是无法接受的。

这导致了两个尴尬的局面：1）出现了 Unicode 的多种存储方式，也就是说有许多种不同的二进制格式可以用来表示 Unicode；2）Unicode 在很长一段时间内无法推广。直到互联网的出现，这种情况才出现改观。

因此，本着节约的精神，又出现了把 Unicode 码转换化为"可变长编码"的 UTF-8 码。UTF-8 码把一个 Unicode 字符根据不同的数字大小编码成 1 ~ 6 个字节，常用的英文字母、数字被编码成 1 个字节，汉字通常是 3 个字节，只有很生僻的字符才会被编码成 4 ~ 6 个字节。如果传输的文本包含大量英文字符，用 UTF-8 码就能节省空间，如表 7-2 所示。

UTF-8 码有一个额外的好处，就是 ASCII 码实际上可以被看成是 UTF-8 码的一部分，所以，大量只支持 ASCII 码的历史遗留软件可以在 UTF-8 码下继续工作。

UTF-8 码是在互联网上使用最广的一种 Unicode 码的实现方式。其他实现方式还包括 UTF-16 码和 UTF-32 码，不过在互联网上基本不用。

表 7-2　英文、数字、汉字各种编码的关系

序号	字符	ASCII	GB 18030—2000	Unicode	UTF-8
1	英文	1 个字节	1 个字节	2 个字节, 8 个 0 + ASCII	1 个字节, 即为 ASCII
2	数字	1 个字节	1 个字节	2 个字节, 8 个 0 + ASCII	1 个字节, 即为 ASCII
3	汉字	无	2 个字节	一般为 3 个字节	一般为 3 个字节

　　UTF-8 码最大的一个特点, 就是它是一种变长的编码方式。它可以使用 1 ~ 4 个字节表示一个符号, 根据不同的符号而变化字节长度。

　　UTF-8 码的编码规则很简单, 只有两条: 1) 对于单字节的符号, 字节的第一位 (字节的最高位) 设为 0, 后面 7 位为这个符号的 Unicode 码。因此对于英语字母, UTF-8 码和 ASCII 码是相同的。2) 对于 n 字节的符号 (n>1), 第一个字节的前 n 位都设为 1, 第 n + 1 位设为 0, 后面字节的前两位一律设为 10, 剩下的没有提及的二进制位, 全部为这个符号的 Unicode 码。表 7-3 总结了编码规则, 字母 x 表示可用编码的位。

* 表 7-3　Unicode 符号范围与 UTF-8 的编码规则

序号	Unicode 符号范围 (十六进制)	UTF-8 编码规则 (二进制)	UTF-8 码字节数
1	0000 0000 ~ 0000 007F	0 × × × × × × ×	1 个字节
2	0000 0080 ~ 0000 07FF	110 × × × × × 10 × × × × × ×	2 个字节
3	0000 0800 ~ 0000 FFFF	1110 × × × × 10 × × × × × × 10 × × × × × ×	3 个字节
4	0001 0000 ~ 0010 FFFF	11110 × × × 10 × × × × × × 10 × × × × × × 10 × × × × × ×	4 个字节

　　现在计算机系统通用的字符编码工作方式: 在计算机内存中, 统一使用 Unicode 码, 当需要保存到硬盘或者需要传输的时候, 就转换为 UTF-8 码。

　　用记事本编辑的时候, 从文件读取的 UTF-8 字符被转换为 Unicode 字符到内存里, 编辑完成后, 保存的时候再把 Unicode 转换为 UTF-8 保存到文件, 如图 7-1 所示。

　　浏览网页的时候, 服务器会把动态生成的 Unicode 内容转换为 UTF-8 再传输到浏览器, 如图 7-2 所示。

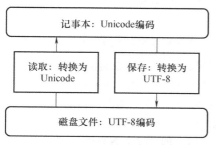

图 7-1　记事本中的字符与硬盘文件中的字符编码转换

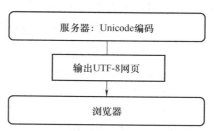

图 7-2　网页中的字符与服务器硬盘文件中的字符编码转换

7.2.5　Python 字符串编码函数: bytes( )、encode( )、decode( )

　　Python 2. x 默认的字符编码是 ASCII, 默认的文件编码也是 ASCII。Python 3. x 默认的字符编码是 Unicode, 默认的文件编码是 UTF-8。无论是一个数字、英文字母, 还是一个汉字, 在统计字符串长度时都按一个字符对待和处理。

Python 3 新增了标准数据类型 bytes 类型，用于代表字节串（用来和字符串对应）。字符串（str）由多个字符组成，以字符为单位进行操作；字节串（bytes）由多个字节组成，以字节为单位进行操作。

bytes 和 str 除操作的数据单元不同之外，它们支持的所有方法都基本相同，bytes 也是不可变序列。bytes 对象只负责以字节（二进制格式）序列来记录数据，至于这些数据到底表示什么内容，完全由程序决定。如果采用合适的字符集，字符串可以转换成字节串；反过来，字节串也可以恢复成对应的字符串。

在互联网上是通过二进制进行传输，所以就需要将 str 通过 encode() 编码成 bytes 进行传输，而在接收中通过 decode() 解码成需要的编码进行处理数据，这样不管对方是什么编码，而本地使用的编码不会乱码。

由于 bytes 保存的就是原始的字节（二进制格式）数据，因此 bytes 对象可用于在网络上传输数据，也可用于存储各种二进制格式的文件，比如图片、音乐等文件。

如果希望将一个字符串转换成 bytes 对象，有三种方式：

（1）如果字符串内容都是 ASCII 字符，则可以通过直接在字符串之前添加 b 来构建字节串值。

（2）调用 bytes() 函数（其实是 bytes 的构造方法）将字符串按指定字符集转换成字节串，如果不指定字符集，默认使用 UTF-8 字符集。

（3）调用字符串本身的 encode() 方法将字符串按指定字符集转换成字节串，如果不指定字符集，默认使用 UTF-8 字符集。

对象 bytes 的语法：bytes([source[,encoding[,errors]]])，其参数说明为：

1）如果 source 为整数，则返回一个长度为 source 的初始化数组；

2）如果 source 为字符串，则按照指定的 encoding 将字符串转换为字节序列；

3）如果 source 为可迭代类型，则元素必须为 [0,255] 中的整数；

4）如果 source 为与 buffer 接口一致的对象，则此对象也可以被用于初始化 bytearray；

5）encoding 为编码格式，可取 utf-8，或 gbk2312、gbk18030。

如果没有输入任何参数，默认就是初始化数组为 0 个元素。

返回值：返回一个新的 bytes 对象。

对于同一个字符串如果采用不同的编码方式生成 bytes 对象，就会形成不同的值。例如：

```
>>>bytes('2','utf-8')              # 返回 2 的 UTF-8 编码:b'2'
>>>bytes('2','gb18030')            # 返回 2 的 gb18030 编码:b'2'
>>>bytes('a','utf-8')              # 返回 a 的 UTF-8 编码:b'a'
>>>bytes('A','utf-8')              # 返回 A 的 UTF-8 编码:b'A'
>>>bytes('2A','utf-8')             # 返回 2A 的 UTF-8 编码:b'2A'
>>>A=bytes('中','UTF-8')           # 返回'中'的 UTF-8 编码,占 3 个字节
b'\xe4\xb8\xad'                    # b 打头,表示是字节串,x 后面二位是十六进制
>>>type(A)
<class 'bytes'>
>>>print(bytes('中',encoding='utf-8'))      # 输出:b'\xe4\xb8\xad'
>>>bytes('中','gb2312')            # 返回'中'的 gb2312 编码,占 2 个字节
b'\xd6\xd0'
```

在字节串中，每个数据单元都是字节，也就是 8 位，其中每 4 位（相当于 4 位二进制数，最小值为 0，最大值为 15）可以用一个十六进制数来表示，因此每字节需要两个十六进制数表示。可以看到上面的输出是 b'\xe4\xb8\xad'，比如 \xe4 就表示 1 字节，其中 \x 表示十六进制，e4 就是两位的十六进制数。

Python3 提供了一个字符串函数：encode()，返回字符串的字节串，其默认编码格式如下：
encode() 语法：str. encode([encoding = "utf-8"][,errors = "strict"])

参数说明：

1）str：表示需要转换的字符串。

2）encoding = "utf-8"：可选参数，用于指定进行转码时采用的字符编码，默认为 UTF-8，如果想使用简体中文，也可以设置为 gb2312。当只有这一个参数时，也可以省略前面的"encoding = "，直接写编码。

3）errors = "strict"：可选参数，用于指定错误处理方式，其可选择值有 strict（遇到非法字符就抛出异常）、ignore（忽略非法字符）等，默认 strict。

例如：

```
>>> '中'. encode ()              # 返回'中'的字节串码,默认为 UTF-8,为 3 个字节
b'\xe4\xb8\xad'
>>> '中'. encode ('gb2312')      # 返回'中'的 gb2312 码,为 2 个字节
b'\xd6\xd0'
>>> "海内存知己". encode ()        # 默认为 UTF-8,共 15 个字节
b'\xe6\xb5\xb7\xe5\x86\x85\xe5\xad\x98\xe7\x9f\xa5\xe5\xb7\xb1'
```

对于 bytes 实例，若要还原为对应的字符串，则要用内置的解码函数 decode()，借助相应的编码格式解码为正常字符串对象，若采用错误的编码格式解码，则可能发生错误。

使用 decode() 方法解码：decode() 方法为 bytes 对象的方法，用于将二进制数据转换为字符串，即将使用 encode() 方法转换的结果再转换为字符串，其语法格式如下：
bytes. decode([encoding = "utf-8"][,errors = "strict"])

```
>>> x = '中国'. encode ()         # 返回'中国'的字节串码,默认为 UTF-8,为 6 个字节
>>> x
b'\xe4\xb8\xad\xe5\x9b\xbd'       # x 为 UTF-8 码
>>> x. decode ()                  # 解码,输出:'中国'
>>> x. decode ('gb2312')          # x 为 UTF-8 码,若用 gb2312 解码,则报错
UnicodeDecodeError:'gb2312' codec can't decode byte 0xad in position 2:ille-
gal multibyte sequence
```

7.3　字符串格式化

在 Python 中，格式化输出字符串有两种方法：使用 % 操作符；使用 format()。

7.3.1　使用 % 操作符进行格式化

当使用 % 操作符时，Python 用一个字符串作为模板。模板中有各种格式符，这些格式符为真实值预留位置，并说明真实数值应该呈现的格式。Python 用一个元组将多个值传递给模

板，每个值对应一个格式符，如：

```
>>>x = '我今年%d岁,我正在学%s.' % (20,'Python')
>>>print(x)                    #输出:我今年20岁,我正在学 Python.
```

在上面的例子中，x 为字符串模板；%d 为第一个格式符，表示一个整数；%s 为第二个格式符，表示一个字符串；(20,'Python') 的两个元素 20 和 'Python' 为替换%d 和%s 的真实值。

在模板和元组之间，有一个%号分隔，它代表了格式化操作。

字符串 x 中有几个%操作符，后面的元组中必须有几个元素，且对应的数据类型要一致，否则报错，如：

```
>>>print('我%d岁,在学%s.' % ('20','Python'))      #格式符 d 表示只能为整数
TypeError:%d format:a number is required,not str
>>>x =12300.568
>>>print("%.2f"%x)            #格式符%.2f 表示四舍五入保留 2 位小数:12300.57
```

格式符为真实值预留位置，并控制显示的格式。常用的格式符及其含义如表 7-4 所示。

表 7-4　常用的格式符及其含义

序号	格式符	说　　明	举　　例
1	%s	字符串(采用 str( ) 的显示)	"我叫%s" % '张三' == '我叫张三'
2	%r	字符串(采用 repr( ) 的显示)	"我叫%r" % '张三' == '我叫张三'
3	%c	单个字符	'我是中国%c' % '人' == '我是中国人'
4	%d	十进制整数	"%d" % 56 == '56'
5	%i	十进制整数	"%i" % 56 == '56'
6	%o	八进制整数	"%o" % 56 == 70
7	%x	十六进制整数	"%x" % 56 == 38
8	%e	指数(基底写为 e)	"%e" % 12 == '1.200000e+01'
9	%E	指数(基底写为 E)	"%E" % 12 == '1.200000E+01'
10	%F	浮点数,保留 6 位小数	"%F" % 12.0123 == '12.012300'
11	%.nf	浮点数,保留 n 位小数	"%.2f" % 12.0168 == '12.02'
12	%g	指数(e)或浮点数(显示长度)	"%g" % 12.0168 == '12.0168'
13	%G	指数(E)或浮点数(显示长度)	"%G" % 12.0168 == '12.0168'
14	%%	一个字符"%"	"%g%%" % 12.0168 == '12.0168%'

在格式化字符串中，还可以根据字典的键来传值，如：

```
>>>print("我叫%(name)s,今年%(age)d 岁。" % {'name':'张三','age':19})
我叫张三,今年 19 岁。
```

7.3.2　使用 format( )方法进行格式化

对于字符串格式化，Python 提供了功能更加强大的 format( ) 函数，不但能实现表 7-4 中的功能，而且形式更加灵活多样、可读性也强。其语法格式如下：

format(format_string, * args, * * kwargs)

参数说明：

1）format_string：需要格式化的字符串；

2）＊args：元组型可变长参数（即参数个数不确定，所有参数归集到一个元组中）；

3）＊＊kwargs：字典型可变长参数（即参数个数不确定，所有参数归集到一个字典中）。

format（）函数的功能比较多，主要归纳为下面几点：

（1）按位置访问参数（Accessing arguments by position）。

```
>>>t = ('张三','李四',19,20)                        # 元组
>>>print('叫{0}的那个人,{2}岁'.format(*t))          # 输出:叫张三的那个人,19 岁
>>>print('{3}岁的那位,是{1}'.format(*t))            # 输出:20 岁的那位,是李四
```

（2）按关键字访问参数（Accessing arguments by name）。

```
>>>d = {'Author':'王二','Time':'2020-11-18'}
>>>s = '作者:{Author},时间:{Time}'.format(**d)
>>>print(s)                                         # 作者:王二,时间:2020-11-18
>>>print("姓名:{name},年龄:{age}".format(name ="张三",age =30))
姓名:张三,年龄:30
```

（3）数值格式化。

```
>>>print('{0:.3f}'.format(2/3))                     # 保留 3 位小数:0.667
>>>'{0:2%}'.format(0.356)                           # 格式化为百分数:'35.60%'
```

（4）使用逗号作为数千分隔符。

```
>>>'{:,}'.format(1234567890)                        # '1,234,567,890'
```

（5）使用特定类型的格式。

```
>>>import datetime
>>>d = datetime.datetime(2020,7,4,12,15,58)
>>>'{:%Y-%m-%d %H:%M:%S}'.format(d)                 # '2020-07-04 12:15:58'
```

7.4　字符串对象常用方法

Python 字符串对象提供了大量方法用于字符串的查找、替换、判断、切分、连接和排版等操作，如表 7-5 所示。

字符串属于不可变序列，表 7-5 涉及的字符串"修改"方法都是返回修改后的新字符串，原始字符串不会做任何修改。

表 7-5　Python 字符串对象提供的常用方法

序号	方法及描述
1	capitalize（）：将字符串的第一个字符转换为大写，如：'dog'.capitalize（）== 'Dog'
2	count（str,beg =0,end =len（string））：返回 str 在 string 里面出现的次数，如果 beg 或者 end 指定，则返回指定范围内 str 出现的次数，如：'Java'.count（'a'）=2
3	endswith（suffix,beg =0,end =len（string））：检查字符串是否以 obj 结束，如果 beg 或者 end 指定，则检查指定的范围内是否以 obj 结束，如果是，返回 True，否则返回 False

115

（续）

序号	方法及描述
4	find(str,beg=0,end=len(string))：检测 str 是否包含在字符串中，如果指定范围 beg 和 end，则检查是否包含在指定范围内，如果包含则返回开始的索引值，否则返回-1
5	index(str,beg=0,end=len(string))：跟 find() 方法一样，只不过如果 str 不在字符串中会报一个异常
6	isalnum()：如果字符串至少有一个字符并且所有字符都是字母或数字，则返回 True，否则返回 False
7	isalpha()：如果字符串至少有一个字符并且所有字符都是字母，则返回 True，否则返回 False
8	isdigit()：如果字符串只包含数字，则返回 True，否则返回 False，如：'Ab123'.isdigit()==False
9	islower()：如果字符串中包含至少一个区分大小写的字符，并且所有这些（区分大小写的）字符都是小写，则返回 True，否则返回 False，如：'python'.islower()==True
10	isnumeric()：如果字符串中只包含数字字符，则返回 True，否则返回 False
11	isspace()：如果字符串中只包含空格，则返回 True，否则返回 False，如：' '.isspace()==True
12	istitle()：如果字符串是标题化的（见 title()），则返回 True，否则返回 False
13	isupper()：如果字符串中包含至少一个区分大小写的字符，并且所有这些（区分大小写的）字符都是大写，则返回 True，否则返回 False，如：'Python'.isupper()==False
14	find(str,beg=0,end=len(string))：检测 str 是否包含在字符串中，如果指定范围 beg 和 end，则检查是否包含在指定范围内，如果包含则返回开始的索引值，否则返回-1
15	join(seq)：以指定字符串作为分隔符，将 seq 中所有的元素（的字符串表示）合并为一个新的字符串
16	lower()：转换字符串中所有大写字符为小写，如：'ABcd'.lower()=='abcd'
17	lstrip()：截掉字符串左边的空格或指定字符，如：' a b'.lstrip()=='a b'
18	maketrans(str1,str2)：创建字符映射的转换表，对于接受两个参数的最简单的调用方式，第一个参数是字符串，表示需要转换的字符，第二个参数也是字符串表示转换的目标
19	replace(old,new[,max])：把将字符串中的 old 替换成 new，如果 max 指定，则替换不超过 max 次
20	rfind(str,beg=0,end=len(string))：类似于 find() 函数，不过是从右边开始查找
21	rindex(str,beg=0,end=len(string))：类似于 index()，不过是从右边开始
22	rstrip()：删除字符串字符串末尾的空格，如：' ab '.rstrip()==' ab'
23	split(str="",num=string.count(str))：num=string.count(str)) 以 str 为分隔符截取字符串，如果 num 有指定值，则仅截取 num+1 子字符串，如：'美国,中国,日本'.split(',')==['美国','中国','日本']
24	startswith(substr,beg=0,end=len(string))：检查字符串是否是以指定子字符串 substr 开头，是则返回 True，否则返回 False。如果 beg 和 end 指定值，则在指定范围内检查
25	strip([chars])：在字符串上执行 lstrip() 和 rstrip()，如：' ab '.strip()=='ab'
26	swapcase()：将字符串中大写转换为小写，小写转换为大写，如：'Ab'.swapcase()=='aB'
27	title()：返回 "标题化" 的字符串，就是说所有单词都是以大写开始，其余字母均为小写（见 istitle()）
28	translate(table,deletechars="")：根据 str 给出的表（包含 256 个字符）转换 string 的字符，要过滤掉的字符放到 deletechars 参数中
29	upper()：转换字符串中的小写字母为大写，如：'Abc'.upper()=='ABC'
30	isdecimal()：检查字符串是否只包含十进制字符，如果是返回 true，否则返回 false

下面对表 7-5 中一些比较常用的方法，进行归纳、举例说明。

7.4.1 查找

（1）find(str,beg=0,end=len(string)) 和 rfind()：分别用来查找一个字符串在另一个字

符串指定范围（默认整个字符串）中第一次和最后一次出现的位置，如果不存在，则返回-1。

（2）index(str,beg=0,end=len(string))和rindex()：方法和find()、rfind()一样，若不存在，则抛出异常。

（3）count(str,beg=0,end=len(string))：返回一个字符串在当前字符串中出现的次数。

```
>>>s = "Java 语言,C 语言"
>>>s. find("语言")          # 从左边开始查找,返回:4
>>>s. rfind("语言")         # 从右边开始查找,返回:8
>>>s. find("a",2)           # 从索引号 2 开始查找,返回:3
>>>s. find("a",4,10)        # 从索引号 4 开始查找,到索引号 10 结束,返回:-1
>>>s. index('va')           # 从左边开始查找,返回:2
>>>s. index('语言 C')       # 不存在,抛出异常:ValueError:substring not found
>>>s. count('语言')         # 统计'语言'在字符串中出现的次数,返回:2
```

7.4.2　替换

（1）replace(old,new[,max])：把将字符串中的 old 替换成 new，如果 max 指定，则替换不超过 max 次。

```
>>>s = "汉城是韩国的首都,有 2000 多万人生活在汉城。"
>>>s2 = s. replace("汉城","首尔")          # 将 s 中的"汉城",全部换成"首尔"
'首尔是韩国的首都,有 2000 多万人生活在首尔。'
```

（2）maketrans(str1,str2)：用来生成字符映射表，将 str1 的单个字符依次映射为 str2 中的单个字符，返回一个字典；而 translate(table,deletechars="")：根据 str 给出的表（包含 256 个字符）转换 string 的字符，要过滤掉的字符放到 deletechars 参数中。

```
>>>map = ''.maketrans('我 n!','你 m?')     # 定义映射:我→你,n→m,!→?
>>>s = "我正在学 Python!"                    # 我→你,n→m,!→?
>>>s. translate(map)                         # 按定义好的映射表,全部进行替换
'你正在学 Pythom?'
```

7.4.3　拆分

（1）split(str="",maxsplit=len(str))：以 str 为分隔符，将字符串从左往右拆分，返回一个列表；默认对整个字符串进行拆分。

（2）rsplit()：按指定字符作为分隔符，把当前字符串从右往左分隔成多个字符串，并返回包含分隔结果的列表。

```
>>>'美国 中国 日本'. split(' ')          # 按空格从左往右拆分,返回列表
['美国','中国','日本']
>>>'美国 中国 日本'. split('。')          # 指定的分隔符"。"不存在,返回原字符串
['美国 中国 日本']
>>>"2020-11-22". rsplit('-')            # 按"-"从右往左拆分,返回列表
['2020','11','22']
```

若不指定分隔符，则按默认的空格符或制表符进行拆分。

```
>>>'美国 中国 日本'.split()              # 按默认的空格符进行拆分
['美国','中国','日本']
```

split( )、rsplit( ) 方法还可以指定最大的拆分次数。

```
>>>'美国 中国 日本'.split(maxsplit =1)        # 按默认的空格符进行拆分,只拆 1 次
['美国','中国 日本']
```

（3）partition( )：按指定字符串为分隔符，将原字符串从左往右拆分为三部分：分隔符前的字符串、分隔符字符串、分隔符后的字符串，如果指定的分隔符不在原字符串中，则返回原字符串和两个空字符串。

（4）rpartition( )：功能与 partition( ) 相似，只是从右往左拆分。

```
>>>'美国 中国 日本'.partition(' ')        # 按首个空格从左往右拆分,返回一个元组
('美国',' ','中国 日本')
>>>'美国 中国 日本'.rpartition(' ')       # 按首个空格从右往左拆分,返回一个元组
('美国 中国',' ','日本')
```

7.4.4　连接

s. join(x)：按照指定的 s 字符，将变量 x 中的字符串元素连接起来，返回一个字符串，连接符 s 可以为空字符。

```
>>>x =list("三国演义")          # 将字符串中的每个字符,转为列表中的一个元素
>>>x                          # ['三','国','演','义']
>>>'│'.join(x)                # '│'为连接符,输出:'三│国│演│义'
>>>'.'.join(x)                # '.'为连接符,输出:'三.国.演.义'
>>>''.join(x)                 # 空字符为连接符,输出:'三国演义'
>>>x = ('1','a',3)
>>>'.'.join(x)                # 报错:x 中的元素不能出现整数
TypeError:sequence item 2:expected str instance,int found
```

7.4.5　转换

（1）s. lower( )：将字符串 s 中的大写英文字母全部改为小写。

（2）s. upper( )：将字符串 s 中的小写英文字母全部改为大写。

（3）s. capitalize( )：将字符串 s 中的第一个字符改为大写，其余不动。

（4）s. title( )：将字符串 s 中每个单词的第一个字符改为大写，其余不动。

（5）s. swapcase( )：将字符串 s 中的英文字母，大小写互换，即大写改为小写，小写改为大写。

```
>>>s ='united state America'
>>>s.lower()          # 全改为小写:'united state america'
>>>s.upper()          # 全改为大写:'UNITED STATE AMERICA'
>>>s.capitalize()     # 字符串首字符大写:'United state america'
>>>s.title()          # 每个单词的首字母大写:'United State America'
>>>s.swapcase()       # 大小写互换:'UNITED STATE aMERICA'
```

7.4.6　删除

（1）s. strip（［char］）：从字符串 s 两边删除指定的字符 char，默认为空格。

（2）s. lstrip（［char］）：从字符串 s 左边删除指定的字符 char，默认为空格。

（3）s. rstrip（［char］）：从字符串 s 右边删除指定的字符 char，默认为空格。

```
>>>s = " 中国,\n 江西,\n "           # 转义字符"\n"为空格之意
>>>s. strip()                        # 删除两边的空白字符:'中国,\n 江西,'
>>>',中国,\n 江西,'. strip(',')      # 删除两边的","
'中国,\n 江西 '                       # 只能从两边一个一个删,里面的不能删
>>>"aabbccaa". strip("aa")           # 删除两边的"aa":'bbcc'
>>>"aabbccaa". lstrip("aa")          # 删除左边的"aa":'bbccaa'
>>>"aabbccaa". rstrip("aa")          # 删除右边的"aa":'aabbcc'
```

7.4.7　判断字符串开始或结束

（1）s. startswith（str）：判断字符串 s 是否以指定字符串 str 开始。

（2）s. endswith（str）：判断字符串 s 是否以指定字符串 str 开始或结束。

```
>>>s = '我是中国人'
>>>s. startswith('国人')             # s 是否以'国人'为开始:False
>>>s. endswith('国人')               # s 是否以'国人'为结束:True
```

下列代码是将 e:根目录下所有扩展名为 '. bmp', '. jpg', '. png' 的图片文件，加入到列表变量 y 中。

```
1    import os
2    y =[f for f in os. listdir(r'e:\\') if f. endswith(('.bmp','.jpg','.png'))]
3    print (y)            # 如:输出['bar_test. jpg','pic. bmp','sin_test. png']
```

7.4.8　判断字符串中字符

（1）s. isalnum（）：判断字符串 s 中的字符，是否全为英文字母或数字。

（2）s. isalpha（）：判断字符串 s 中的字符，是否全为英文字母。

（3）s. isdigit（）：判断字符串 s 中的字符，是否全为数字。

（4）s. isspace（）：判断字符串 s 中的字符，是否全为空格字符。

（5）s. isupper（）：判断字符串 s 中的字符，是否全为大写英文字母。

（6）s. islower（）：判断字符串 s 中的字符，是否全为小写英文字母。

```
>>>'abc123'. isalnum()           # 是否全为英文字母或数字,输出:True
>>>'abc123!'. isalnum()          # "!"不是英文,也不是数字,输出:False
>>>'abc123'. isalpha()           # 是否全部为英文:False
>>>'123'. isdigit()              # 是否全部为数字:True
>>>'123.0'. isdigit()            # 是否全部为数字:False
>>>'abc 123'. isspace()          # 是否全为空格字符:False
>>>'Abc'. isupper()              # 是否全为大写英文字母:False
>>>'Abc'. islower()              # 是否全为小写英文字母:False
```

例 7-1 检查某段文本中是否有给定的敏感词，若存在，就把敏感词替换为 3 个星号"＊"。

基本思路：用敏感词里的每一个元素去遍历文本里的内容，并用 in 进行判断，若存在，则用 replace() 方法进行替换。

```
1    key_words = ('光头','和尚','乞丐')              # 将所有敏感词放在一个元组变量中
2    test_txt = '张三曾经当过和尚,若有人在他面前说光头,张三会不高兴。'
3    for word in key_words:                       # 对元组变量的每个元素进行迭代
4        if word in test_txt:                     # 若敏感词在文本中
5            test_txt = test_txt.replace(word,'***')         # 替换
6    print(test_txt)
```

输出:张三曾经当过＊＊＊,若有人在他面前说＊＊＊,张三会不高兴。

7.4.9　字符串切片

```
>>>'人生苦短,我学 Python'[0:12:2]          # '人苦,学 yh'
>>>'人生苦短,我学 Python'[:5]             # '人生苦短,'
>>>'人生苦短,我学 Python'[5:]             # '我学 Python'
>>>'人生苦短,我学 Python'[8:3:-1]          # 'yP 学我,'
```

7.4.10　zip()、sorted()、reversed()、enumerate()、map()、eval()

压缩函数 zip() 把多个可迭代对象中的元素压缩到一起，返回一个可迭代的 zip 对象。排序函数 sorted() 对可迭代对象中的元素进行排序并返回新列表，reversed() 对可迭代对象中的元素进行翻转，返回可迭代的 reversed 对象。

```
>>>x = '我学 C 语言'
>>>list(zip(x,range(len(x))))  #[('我',0),('学',1),('C',2),('语',3),('言',4)]
>>>sorted(x,reverse = True)    #['语','言','我','学','C']
>>>list(reversed(x))           #['言','语','C','学','我']
```

枚举函数 enumerate(x) 对 x 中的元素枚举为字典元素，加入列表中。

```
>>>list(enumerate(x))  #[(0,'我'),(1,'学'),(2,'C'),(3,'语'),(4,'言')]
>>>list(map(lambda x,y:x + y,x,x))  #['我我','学学','CC','语语','言言']
```

内置函数 eval() 用来把任意字符串转换为 Python 表达式并进行求值。

```
>>>x = 2
>>>eval('x * 6 + 8')           # 变量 x 必须先存在,输出:20
>>>import math
>>>eval('math.sqrt(3)')        #1.7320508075688772
```

7.5　jieba 库的使用

7.5.1　jieba 库概述

对于一段英文文本，如果希望提取其中的单词，只需要使用字符串处理的 split() 方法

即可，如：

```
>>>'Python is a programming language '.split()        #默认按空格拆分,返回列表
['Python','is','a','programming','language']
```

　　然而，对于一段中文文本，例如，"Python 是一种编程语言"，获得其中的单词（不是字符）十分困难，因为英文文本可以通过空格或标点符号分隔，而中文单词之间缺少分隔符。于是，jieba 库产生了。

　　jieba 库是目前做得最好的 Python 第三方中文分词库，需要安装。pip 安装方法：pip install jieba，如图 7-3 所示。若不成功，可通过豆瓣镜像安装：

pip install - i https://pypi. douban. com/simple jieba

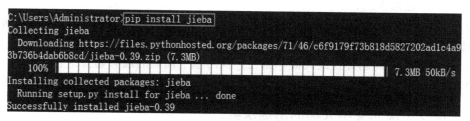

图 7-3　jieba 库安装

7.5.2　jieba 库的常用函数

　　jieba 分词提供 3 种分词模式：精确模式、全模式、搜索引擎模式。

　　（1）精确模式：试图将句子最精确地切开，适合文本分析。

　　（2）全模式：把句子中所有的可以成词的词语都扫描出来，速度非常快，但是不能解决歧义，有冗余。

　　（3）搜索引擎模式：在精确模式基础上，对长词再次切分，提高召回率，适合用于搜索引擎分词。

　　另外，jieba 分词还支持繁体分词、支持自定义词典、MIT 授权协议。

　　jieba 库的常用函数如表 7-6 所示。

表 7-6　jieba 库的常用函数

序号	函　　数	说　　明
1	jieba. cut(s)	精确模式，返回一个可迭代的数据类型
2	jieba. cut(s,cut_all = True)	全模式，输出文本 s 中所有可能单词
3	jieba. cut_for_search(s)	搜索引擎模式，适合搜索引擎建立索引的分词结果
4	jieba. lcut(s)	精确模式，返回一个列表类型，建议使用
5	jieba. lcut(s,cut_all = True)	全模式，返回一个列表类型，建议使用
6	jieba. lcut_for_search(s)	搜索引擎模式，返回一个列表类型，建议使用
7	jieba. add_word(w)	向分词词典中增加新词 w

```
>>>import jieba
>>>jieba.lcut("中国是一个伟大的国家")                       #默认为精确模式
['中国','是','一个','伟大','的','国家']
```

```
>>>jieba.lcut("中国是一个伟大的国家",cut_all=True)          #全模式
['中国','国是','一个','伟大','的','国家']
>>>jieba.lcut_for_search("中华人民共和国是伟大的")          #搜索引擎模式
['中华','华人','人民','共和','共和国','中华人民共和国','是','伟大','的']
>>>jieba.add_word("蟒蛇语言")                              #向分词词典增加新词
>>>jieba.lcut("python是蟒蛇语言")              #['python','是','蟒蛇语言']
```

7.5.3　jieba 分词的原理

jieba 分词主要利用中文词库，确定汉字之间的关联概率，汉字间概率大的组成词组，形成分词结果，包括 3 点：

（1）基于前缀词典实现高效的词图扫描，生成句子中汉字所有可能成词情况所构成的有向无环图（DAG）。

（2）采用了动态规划查找最大概率路径，找出基于词频的最大切分组合。

（3）对于未登录词，采用了基于汉字成词能力的 HMM 模型，使用了 Viterbi 算法。

7.5.4　统计三国演义中人物的出场次数

例 7-2　利用 jieba 库统计三国演义中人物的出场次数。

基本思路：文件《三国演义 . txt》包含了 602502 个字符（含标点符号）。一次性读取文件内容后，利用 jieba 库精确模式进行分词。先新建一个空字典，每一个中文分词作为字典的键，利用字典的 get() 函数，迭代更新键的值。

注意，open() 函数默认的字符集为 UTF-8，该字符集在转换某些汉字时，可能会遇到问题。把字符集改为中文，但汉字字符集有 3 个，它们之间收录的汉字范围：GB 2312 < GBK < GB 18030，GB 2312—1980 只收录了 6763 个汉字，而 GB 18030—2000 收录了 27484 个汉字。本例若用 GB 2312—1980，会遇到没有收录的汉字而报错，用 GB 18030—2000 则不会。

```
1    import  jieba
2    f=open("D:\\三国演义 . txt","r",encoding='gb18030',errors='strict')
3    txt=f.read()                          #一次性读取所有内容,返回一个字符串
4    print(len(txt))
5    f.close()                             #关闭文件对象
6    words=jieba.lcut(txt)                 #使用精确模式
7    counts={}                             #新建空字典,用中文分词作为键
8    for word in words:
9        if  len(word)==1:                 #单个词语不计算在内
10           continue
11       else:
12           counts[word]=counts.get(word,0)+1      #每出现一次,键值加1
13
14   items=list(counts.items())            #将"键值对"转换成列表
15   items.sort(key=lambda x:x[1],reverse=True)   #按次数进行从大到小排序
16   for i in range(15):                   #只显示出现次数最多的前15个
17       word,count=items[i]
18       print(word,count)
```

曹操 934	孔明 831	将军 760	却说 647	玄德 570
关公 509	丞相 488	二人 463	不可 435	荆州 420
孔明曰 385	玄德曰 383	不能 383	如此 376	张飞 348

从输出看，似乎"曹操"是出场次数最多的人。然而，结果中出现了"玄德"和"玄德曰"，其实"玄德"就是"刘备"。同一个人物出现多个名字，这需要整理。还有，"却说""二人""不可"等不是人名，应当剔除。下面对代码进行完善，增加了排除词库变量 excluds，还增加了同一人物不同名字的处理。

```
1    import jieba
2    # -------变量 excludes 含排除的分词,根据输出,可以将不是人名的分词加进去 ----------
3    excludes = {"将军","却说","荆州","二人","不可","不能","如此","商议"}
4    txt = open("d:\\三国演义.txt",mode = 'r',encoding = 'gb18030').read()
5    words = jieba.lcut(txt)                      # 精确模式分词,返回的 words 为一个列表变量
6    counts = {}
7    for word in words:                           # 通过迭代,处理同一个人出现多个不同的叫法
8        if len(word) ==1:
9            continue
10       elif word == "诸葛亮" or word == "孔明曰":
11           rword = "孔明"
12       elif word == "关公" or word == "云长":
13           rword = "关羽"
14       elif word == "玄德" or word == "玄德曰":
15           rword = "刘备"
16       elif word == "孟德" or word == "丞相":
17           rword = "曹操"
18       else:
19           rword = word
20       counts[rword] = counts.get(rword,0) +1
21   for word in excludes:                        # 从字典中,删除不是人名的词
22       del(counts[word])
23   items = list(counts.items())
24   items.sort(key = lambda x:x[1],reverse = True)    # 按出现次数,降序排
25   for i in range(9):                           # 只显示前 9 个
26       word,count = items[i]
27       print("(",i +1,")",word,count)
```

(1) 曹操 1429

(2) 孔明 1373

(3) 刘备 1224

(4) 关羽 779

(5) 张飞 348

(6) 如何 336　　　　　# 这些不是人名,可以添加到集合变量 excludes 中

(7) 主公 327

(8) 军士 309

(9) 吕布 299

7.6   综合案例解析

例 7-3   编写函数实现字符串加密解密，循环使用指定密钥，采用简单的异或算法。

基本思路：cycle（key）生成循环迭代对象，next( ) 每次只读第一个元素。

```
1      from itertools import cycle
2      def crypt(source,key):   # ------------加密、解密函数 ------------------------
3          result = ''
4          temp = cycle(key)                          # 循环迭代对象
5          i = 0
6          for x in temp:                             # 循环使用密钥：依序每次读取密钥中的一个字符
7              ch = source[i]
8              result = result + chr(ord(ch) ^ ord(x))     # 异或
9              i = i + 1
10             if i == len(source):
11                 break
12         return  result
13     source = '中国人民解放军'                           # 原文（即明文）
14     key = '我爱中国'                                   # 密钥
15     print('明文：' + source)
16     encrypted = crypt(source,key)                    # 加密后的密文
17     print('密文：' + encrypted)
18     decrypted = crypt(encrypted,key)                 # 解密后的明文
19     print('解密：' + decrypted)
```

明文：中国人民解放军

密文：Ⓦ 晌 ã

解密：中国人民解放军

例 7-4   检查并判断密码字符串的安全强度。

基本思路：遍历字符串中的每个字符，统计字符串中是否包含数字字符、小写字母、大写字母、标点符号。根据包含的字符种类的数量，来判断字符串作为密码的安全级别。

```
1      import string
2      def check(pwd):
3          if not isinstance(pwd,str) or len(pwd) < 6:
4              return '不符合加密要求：必须含有字符,且不能小于 6 位。'
5
6          # 密码强度等级与包含字符种类的对应关系
7          d = {1:'weak',2:'below middle',3:'above middle',4:'strong'}
8          # 分别标记是否含有数字、小写字母、大写字母和指定的标点符号
9          r = [False] * 4
10         for ch in pwd:
11             if not r[0] and ch in string.digits:         # 是否包含数字
12                 r[0] = True
```

```
13              elif not r[1]and ch in string. ascii_lowercase:    # 是否包含小写字母
14                  r[1]=True
15              elif not r[2]and ch in string. ascii_uppercase:    # 是否包含大写字母
16                  r[2]=True
17              elif not r[3]and ch in ',. ! ;? < >':        # 是否包含指定的标点符号
18                  r[3]=True
19          return d. get(r. count(True),'error')    # 统计包含的字符种类,返回密码强度
20
21    print(check('123v,'))        # 输出:不符合加密要求:必须含有字符,且不能小于6位
22    print(check('1234567,'))          # 输出:below middle
23    print(check('123456abc,'))          # 输出:above middle
24    print(check('123456abA,'))          # 输出:strong
```

习题

7-1   函数 ord("华")返回的是_____;chr(21326) = _____。

7-2   bytes("华",'utf-8') = _____,占_____个字节。

7-3   bytes("华",' gb2312') = _____,占_____个字节。

7-4   "华". encode( ) = _____;
       "华". encode('gb2312') = _____。

7-5   b'\xe5\x8d\x8e'. decode( ) = _____;
       b'\xbb\xaa'. decode('gb2312') = _____。

7-6   x = 12300. 567,则 print("%. 2f"% x) = _____;
       print("{ :,}". format(12300. 56)) = _____;
       print("{0:2%}". format(0. 567)) = _____。

7-7   x = "中国",则 len(x) = _____,len(x. strip( )) = _____。

7-8   x = "United States",则 x. split( ) = _____。

7-9   x = ("a","b","c"),则"". join(x) = _____,". ". join(x) = _____。

7-10   利用 jieba 库,统计《红楼梦 . txt》中人物的出场次数最多的前10人。

第 8 章

Python 文件操作

Python 有丰富的文件输入/输出（I/O）支持，它既提供了 pathlib 和 os. path 库来操作各种路径，也提供了全局的 open() 函数来打开文件。此外，Python 还提供了多种方式来读写各种格式的二进制文件内容。

Python 的 os 模块也包含文件 I/O 的函数，使用这些函数来读、写文件也很方便，因此读者可以根据需要选择不同的方式来读写文件。

Pyhon 还提供了 tempfile 模块来创建临时文件和临时目录，tempfile 模块下的高级 API 会自动管理临时文件的创建和删除；当创建的临时文件和临时目录不再使用时，程序会自动删除。

Python 对文件的操作分为两类：

（1）系统级操作。对文件（文件夹）的增加、修改、删除，要引入模块：os、shutil。

（2）应用级操作。对文件的操作，包括文件的打开、读写，调全局的 open() 函数等。

本章学习要点：

- open() 函数的使用方法
- 文件对象的属性和方法
- xlrd 模块读 Excel 文件方法

8.1 文件及其分类

为了长期保存数据以便重复使用、修改和共享，必须将数据以文件的形式存储到外部存储介质，如磁盘、U 盘、光盘或云盘、网盘、快盘等。

文件包括两种类型：文本文件和二进制文件。

（1）文本文件。内容为常规字符串，且由若干文本行组成，每行以换行符'\n'结尾的文件。记事本或其他文本编辑器能正常显示、编辑并且能直接阅读和理解的字符串，如英文字母、数字、标点符号、汉字等，均属于常规字符串。文本文件的扩展名有 txt（记事本）、ini、log（日志）、c（C 源代码）、py（Python 源代码）、java（java 源代码）等。

（2）二进制文件。内容以字节串（bytes）进行存储，无法用记事本或其他普通字处理软件直接进行编辑，通常也无法被人直接阅读和理解，需要使用专门的软件进行解码后读取、显示、修改或执行的文件。常见的有：

1）图形图像文件（*. jpg、*. bmp、*. png、*. gif）、音视频文件、可执行文件（*. exe）。

2）各种数据库文件。如微软的 MS Sql Server 2012 软件，每创建一个数据库，产生两个数据库物理文件：数据文件（*. mdf）和对应的日志文件（*. log）；MySQL 数据库文件默认在目录 C:\ProgramData\MySQL\MySQL Server 8.0\Data 下，每创建一个数据库，产生一个数据库子目录，每新建一张用户表，在该子目录下都会产生一个数据文件（∗.ibd）。

　　3）各类 office 文档（∗.doc、∗.xls、∗.ppt、），及 WPS 文档等。

8.2　文件夹及文件操作

8.2.1　文件夹操作

　　Python 的标准库 os 及子模块 os.path、shutill，提供了操作文件和目录的函数。

　　os 可以执行简单的文件夹及文件操作，引入用 import os，可用 help(os) 或是 dir(os) 查看其用法。有的函数在 os 模块中，有的在 os.path 模块中。

　　shutil 模块提供了大量的文件的高级操作，特别针对文件复制和删除。主要功能为目录和文件操作以及压缩操作，引入用 import shutil。

　　在 Windows 下，Python 用 "\\" 或 "/" 作为文件夹的分隔符。由于 "\" 与文件名结合在一起，可能会产生 "\n" 之类的转义字符，为了保持原有的字符不被转义，可在前面加 r。

　　例 8-1　利用 os 列出当前目录的绝对路径，及其下的所有子目录和所有文件。

```
1   import os
2   os.path.abspath('.')    # 当前 IDEL 所处的文件夹的绝对路径:'C:\\Program Files\\python3.9'
3   os.path.abspath('..')   # 当前所处的文件夹上一级文件夹的绝对路径:'C:\\Program Files
4   os.listdir()            # 列出当前目录下,所有的文件夹及文件,返回一个列表
5   os.listdir('d:\\')      # 列出 d:\\目录下,所有的文件夹及文件,返回一个列表
6   y = [f for f in os.listdir(r'.\\') if f.endswith(('.py','.txt'))]
                            # r 表示后面的字符不转义
7   print(y)                # 将当前目录下扩展名为 py、txt 的所有文件增加到列表中,并输出
```

　　例 8-2　利用 os.path 创建目录、创建多级目录，判断目录、文件是否存在。

```
1   import os
2   os.mkdir('d:\\test')                        # 创建目录:d:\\test
3   os.makedirs('d:\\Python\\test')             # 一次性创建多级目录:d:\\Python\\test
4   os.path.isdir('d:\\Python\\test')           # 判断指定的目录是否存在,输出:True、或 False
5   os.path.isfile(r'd:\\Python\\test\test.txt')
                                                # 判断指定的文件是否存在,输出:True、或 False
6   os.path.exists(r'd:\\Python\\test\test.txt')
                                                # 判断指定的文件是否存在,输出:True、或 False
7   os.path.exists(r'd:\\Python\\test')         # 判断指定的目录是否存在,输出:True、或 False
8   os.path.join('d:\\python\\test','test.txt')
                                                # 将路径和文件链接:'d:\\python\\test\\test.txt'
```

　　例 8-3　利用 shutil 复制、移动目录及文件。

```
1   import os
2   import shutil
3   os.chdir("d:\\Python\\test")   # 改变工作目录:将 d:\\Python\\test 设为当前工作目录
4   shutil.copyfile("test.txt","d:\\test_copy.txt")
                                   # 复制当前工作目录下的 test.txt 至 d:\\test_copy.txt
```

```
5    shutil.move("test.txt","d:\\test_copy.txt")
                              #将当前工作目录下的 test.txt 文件移至 d:\\test_copy.txt
6    os.remove("d:\\test_copy.txt")          #删除指定的文件
7    shutil.copytree("d:\\Python\\test","d:\\newdir")
                              #将 d:\\Python\\test 下的目录、文件,复制到新路径下
```

8.2.2 文件打开函数

Python 操作各种类型文件的流程都是一致的,其顺序为如下三步,顺序不能打乱:

(1) 用内置函数 open() 打开文件,并返回一个文件对象。

(2) 使用文件对象的方法,对文件内容进行读、写、删、修改,如 read()、readline()、readlines() 读函数,write() 写函数。

(3) 使用文件对象的方法 close(),保存文件内容并关闭文件。

一个文件必须在打开之后才能对其进行操作,并且在操作结束之后,一定要将其关闭。

open() 函数用于创建或打开指定文件,其语法格式如下:

open(file,mode = 'r',buffering = -1,encoding = None,errors = None,newline = None,closefd = True,opener = None)

主要参数说明:

1) file 参数:被打开的文件名称,包含文件路径,分相对路径和绝对路径。

2) mode 参数:打开文件后的处理方式(读 r、写 w),默认为 r,详细如表 8-1 所示。

3) buffering 参数:读写文件的缓存模式,0 表示不缓存,1 表示缓存,如大于 1 则表示缓冲区的大小,默认值是缓存模式。

4) encoding 参数:指定对文本进行编码和解码的方式,只适用于文本模式,可以使用 Python 支持的任何格式,如 GBK、UTF-8、CP936 等,默认采用 GBK 码。CP936 中文本地系统是 Windows 中的 cmd,CP936 其实就是 GBK,IBM 公司在发明 Code Page 的时候将 GBK 放在第 936 页,所以叫 CP936。

5) errors 参数:出错时的处理方式,errors = 'strict' 表示严格处理出错,errors = 'ignore' 表示忽视出错。

表 8-1 文件打开模式的参数说明

模式	说　　明	注 意 事 项
r	只读模式打开文件,读文件内容的指针会放在文件的开头	操作的文件必须存在
r +	打开文件后,既可以从头读取文件内容,也可以从开头向文件中写入新的内容,写入的新内容会覆盖文件中等长度的原有内容	
w	以只写模式打开文件,若文件不存在,则创建新文件	若文件存在,则打开时会清空文件中原有的内容
w +	打开文件后,会对原有内容进行清空,并对该文件有读写权限	
a	追加模式打开一个文件,对文件只有写入权限,如果文件已经存在,则文件指针将放在文件的末尾(即新写入内容会位于已有内容之后);反之,则会创建新文件	不会清空原有内容
a +	以读写模式打开文件;如果文件存在,则文件指针放在文件的末尾(新写入文件会位于已有内容之后);反之,则创建新文件	

模式 'w +' 与 'r +' 均可读写,不同的是,模式 'w +' 可以创建一个新的文件,如

果文件已存在，则原有内容会被覆盖。因此，模式'w+'要谨慎使用，防止已有文件内容被清空。不同文件打开模式的功能如图 8-1 所示。

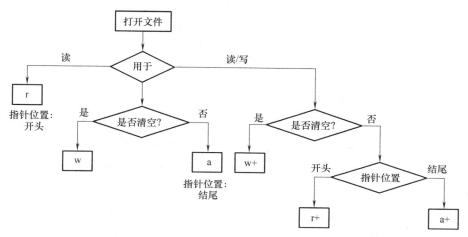

图 8-1 不同文件打开模式的功能

如果正常，open( ) 函数返回一个文件对象；否则，如果指定文件不存在、访问权限不够、磁盘空间不足或其他原因导致创建文件对象失败，则抛出异常。

```
1   f = open ('.\\test.txt','r',encoding = 'utf8')    # 打开当前路径的 test.txt 文件
2   print (f.read())                                  # 一次性读取文件全部内容,返回字符串
3   f.close ()                                        # 关闭文件对象
4   f = open ('.\\test.txt','w')                      # 以 w 模式,打开当前路径的 test.txt
```

PermissionError:[Errno 13]Permission denied:'.\\test.txt'   # 没有写权限

如果 Python IDEL 当前路径下的文件处于保护状态，不允许以 w 模式打开，那么可将该文件复制到 d 盘根目录下。

```
1   f = open ('d:\\test.txt','w+')    # 以读写模式,打开绝对路径的 test.txt,会覆盖文件内容
2   print (f.readlines ())            # 一次性读取文件的全部内容,返回一个[]
3   f.write ('Hello,wolrd.')          # 向文件里,写 'Hello,wolrd.'
4   f.close ()                        # 一定要关闭,所做的修改才能保存。
```

8.2.3 文件对象属性与常用方法

打开文件之后，可以调用文件对象本身拥有的属性或方法，获取当前文件的部分信息，并对文件进行读写操作。文件对象常用方法如表 8-2 所示。

表 8-2 文件对象常用方法

序号	方　法	功 能 说 明
1	close( )	把缓冲区的内容写入文件,同时关闭文件,并释放文件对象
2	flush( )	把缓冲区的内容写入文件,但不关闭文件
3	read([size])	从文本文件中读取 size 个字符（Python 3.x）的内容作为结果返回,或从二进制文件中读取指定数量的字节并返回,如果省略 size 则表示读取所有内容

（续）

序号	方　法	功能说明
4	readline( )	从文本文件中读取一行内容作为结果返回一个字符串
5	readlines([n])	一次性读取 n 行，把文本文件中的每行文本作为一个字符串存入列表中，返回该列表。若不带参数 n，则一次性读取所有行
6	seek(offset[, whence])	把文件指针移动到新的字节位置，offset 表示相对于 whence 的位置。whence 为 0 表示从文件头开始计算，1 表示从当前位置开始计算，2 表示从文件尾开始计算，默认为 0
7	tell( )	返回文件指针的当前位置
8	write(string)	把字符串 string 的内容写入文件，调用 close( ) 时，先自动保存，再关闭
9	writelines(seq)	把序列 seq 中的元素（只能为字符串），迭代写入文本文件，若 seq 中字符串的末尾没有换行符，则相当于写入了一行数据

代码演示：

```
1   f = open('d://test.txt','a + ')    # 追加读写模式,在原文件内容最后追加,无原文件新建
2   print(f.tell())                    # 打印光标位置,按字符计数
3   print(f.readline())                # 按行读
4   print(f.read(10))                  # 按字符读
5   f.seek(0)                          # 把光标回到开头
6   f.seek(12)                         # 把光标移动到 12 个字符的位置
7   print(f.encoding)                  # 打印文件编码
8   f.flush()                          # 当往文件写内容的时候,会有一个缓存,达到一个时间,
9   一次往文件写入。如果这时候断电可能内容并没有写入成功,flush 刷新会立即执行
```

8.2.4　上下文管理语句 with

关键字 with 可以自动管理资源，如果程序运行时引发了异常，则会自动跳出 with 块，能保证文件被正确关闭，并且可以在代码块执行完毕后自动还原进入该代码块时的上下文。使用方法如下：

```
1   with open(filename,mode,encoding) as fp:# with 控制块结束时,文件会自动关闭
2       fp.read()                # 读取文件对象 fp 中的内容,若 open()出现异常,则会自动关闭 fp
3       fp.write('sample')       # 通过文件对象 fp,向文件写入内容
4       fp.close()               # 关闭文件对象,这行代码是多余的
```

说明：在 with 语句块内，第 4 行代码写或不写，都会自动关闭，故可不用写。

8.2.5　读写文本文件案例

例 8-4　向文本文件中写入内容，然后读出。用 w 模式打开文件时，若文件不存在，则会自动创建它。另外，w 模式打开时，会立即清空文件原有内容。

write(s) 和 writelines(seq) 的区别在于：前者的参数是一个字符串，后者的参数是一个序列，可迭代写入其中的元素。

```
1   s1 = '我在学 Python. \n 文本文件的读写\n'   # 转义字符\n 表示换行
2   s2 = ['人生苦短','我学 Python.']         # 所有元素,作为一行,添加
3   s3 = ['人生苦短\n','我学 Python\n']       # 元素后面有换行符,可作为多行,添加
```

```
4      with open('d://test.txt','w') as fp:      # w 模式会清空文件原有内容
5          fp.write(s1)                           # write(s1):将字符串 s1 一次性写入
6          fp.writelines(s2)                      # writelines(s2):将列表 s2 元素迭代写入
7          fp.writelines(s3)
8      with open('d:/test.txt') as fp:            # 默认按 r 模式打开文件
9          print(fp.read())                       # 一次性读取所有内容,返回一个字符串
```

我在学 Python.
文本文件的读写
人生苦短我学 Python. 人生苦短
我学 Python

例 8-5 如果想保留原文件内容,只是在文件末尾添加,则可用 a 模式打开文件。此时,若文件不存在,也会自动创建它。

read( ) 和 readlines(n) 的区别在于:read( ) 一次性读取所有内容,返回一个字符串,而 readlines(n) 一次性读取 n 行,返回一个列表。

```
1      s = '我在学 Python. \n 文本文件的读取\n'      # 转义字符\n 表示换行
2      with open('d://test.txt','a +') as fp:      # a +模式会保留原内容,并在文件末尾添加内容
3          fp.write(s)
4      with open('d:/test.txt') as fp:
5          r = fp.readlines();print(type(r))       # readlines()不传参数,默认读取所有行,r 为列表
```

例 8-6 用 readline( ) 或 readlines( ) 遍历并输出文本文件的内容。

基本思路:readline( ) 是每次读取一行,并返回一个字符串,常用于迭代。当文本文件内容比较大时,readlines( ) 比 readline( ) 占用更多内存。

```
1      j = 0                                        # j 用于计数
2      with open('d:\\三国演义.txt',encoding = 'gb18030') as fp:
                                                    # 打开文本文件,with 语句块内自动关闭
3          while j < 10:
4              line = fp.readline()                 # 每次读取一行,返回的字符串为该行内容
5              print("(" + str(j) + ")",line)
6              j += 1
```

例 8-7 编写程序,将 d 盘根目录下所有文本文件中含有字符串 "密码" 的所有文件名,写入到一个文件中。

基本思路:先用列表推导式,将 d 盘根目录下所有 ".txt" 的文本文件名添加到列表中。再打开每个文件,逐行读取,并用 "in" 进行比较,若存在,则处理完后,跳出本轮循环,继续打开下一个文件。

```
1      import os
2      y = [f for f in os.listdir('d:\\') if f.endswith(('.txt',))]
                                                    # d 盘根目录下所有".txt"的文本文件
3      x = []                       # 定义空列表,将查找成功的文件名,添加进去
4      for f in y:                  # ------------对所有文本文件名进行迭代-------------
5          with open('d:\\' + f,encoding = 'gb18030')as fp:   # 用 with 语句块处理打开的文件
6              for line in fp:                      # 对打开的文件,逐行读取
```

```
7                    if '密码' in line:                      # 若字符串'密码'在该行里
8                        x.append(f)                          # 将文件名添加到列表中
9                        break                                # 跳出本轮循环,开始下一轮循环
10       f = open('d:\\myTest.txt','a + ',encoding = 'gb18030')
                                                              # 追加模式打开,若文件不存在,则创建
11       f.writelines(x)
12       f.close()
```

互联网上一些所谓的"免费杀毒"软件,会利用这种思路盗取文件中的"敏感"内容。

8.3 常见二进制文件的操作方法

二进制文件通常由各种专门的软件所生成,它具有独特的数据结构,一般只能通过专门的软件才能打开、编辑。

8.3.1 使用 open() 读写二进制文件

open() 可以打开二进制文件,其模式参数如表 8-3 所示。

表 8-3   open() 读写二进制文件的模式参数说明

序号	模　式	说　　明
1	rb	以二进制格式、采用只读模式打开文件,读文件内容的指针位于文件的开头,一般用于非文本文件,如图片文件、音频文件等,文件必须存在,否则,抛出错误
2	rb +	以二进制格式、采用读写模式打开文件,读写文件的指针会放在文件的开头,通常针对非文本文件(如音频文件),文件必须存在
3	wb	以二进制格式、只写模式打开文件,一般用于非文本文件,若文件不存在,则创建文件
4	wb +	以二进制格式、读写模式打开文件,一般用于非文本文件,若文件不存在,则创建文件
5	ab	以二进制格式打开文件,并采用追加模式,对文件只有写权限。如果该文件已存在,则文件指针位于文件末尾(新写入文件会位于已有内容之后);反之,则创建新文件
6	ab +	以二进制模式打开文件,并采用追加模式,对文件具有读写权限,如果文件存在,则文件指针位于文件的末尾(新写入文件会位于已有内容之后);反之,则创建新文件

open() 函数打开二进制文件时,模式中带有'b',表示以字节串(btyes)形式读写文件。下面代码演示用 open() 函数读写数据库文件、图片文件。

例 8-8   将 MySQL 8.0 数据库文件 smstock.ibd 写入新文件 smstock_new.ibd 中(文件"smstock.ibd"见本书配套电子资源)。

```
1    with open('d:\\smstock.ibd','rb') as f:   # 以二进制格式、采用只读模式打开文件
2        s = f.readline()
3        print(s)                              # 返回字节串(btyes):b'\x01\x0f\x00\...'
4    with open('d:\\smstock_new.ibd','wb + ') as fp:
5        fp.write(s)
6        print('MySQL 数据库文件,读写成功!')
```

例 8-9　将图片文件"格利高里·派克.jpg"写入新文件"格利高里_new.jpg"中（文件"格利高里·派克.jpg"见本书配套电子资源）。

```
1    with open('d:\\格利高里·派克.jpg','rb') as fp:
2        data = fp.read()
3        print(type(data))                    #<class 'bytes'>
4        print(data)                          # Squeezed text(2041 lines)
5    with open('d:\\格利高里_new.jpg','rb+') as fp:
6        fp.write(data)
7        print("图片文件,读写成功!")
```

但是，open（）函数返回的文件对象不能直接理解二进制文件的内容。若要理解其内容，必须了解二进制文件的结构和序列化规则，然后设计正确的反序列化规则，才能解读二进制文件内容。所谓序列化，就是把文件对象中的数据转成二进制形式的过程。所谓反序列化，就是将已经转成的二进制格式数据，恢复为原有的格式数据。Python 中常用的序列化模块有 pickle、struct、shelve、marshal。

8.3.2　使用 pickle 模块读写 dat 文件

dat 文件是一种以序列化格式保存数据的二进制文件，其"数据"可以是任何内容，如文字、图形、视频或一般的二进制数据。dat 文件结构没有一个统一的标准，许多文件都使用这个扩展名，但文件结构不同，没有一个软件能打开、读取所有的 dat 文件。

那么 dat 文件如何打开呢？最好的办法就是使用创建这个 dat 文件的软件来打开。

pickle 是 Python 标准库，使用前要引入 import pickle，它提供的 dump（）方法将数据进行序列化并写入二进制文件对象中，用 load（）方法读取二进制文件内容并进行反序列化，还原为原 dump（）方法序列化的内容。

pickle 模块使用的数据格式是 Python 专用的，它不能被其他语言所识别。

使用 pickle 模块读写 dat 文件前，必须先用 open（）函数打开一个二进制文件。

例 8-10　使用 pickle 的 dump（）方法序列化数据，并写入 dat 二进制文件中。

基本思路：先定义各种类型的变量数据，放在一个元组中。用 open（）打开（或创建）一个 dat 文件，调用 pickle 的 dump（）方法，把元组变量中的数据序列化，写入文件对象中。

```
1    import pickle
2    x = [1,2,3]
3    y = ('a','b','c')
4    z = {4,5,6}
5    d = {'学号':'01','姓名':'张三','age':18}
6    data = (100,'Python',x,y,z,d)        #将各种数据变量,放在一个元组中
7    with open('d:\\test_pickle.dat','wb') as f:
8        try:#-------------------- 处理意外 --------------------
9            for d in data:                # 对 data 中的元素进行迭代
10               pickle.dump(d,f)          # 对每一个元素,进行序列化并写入文件对象
11           print('写 dat 文件成功。')     # 迭代完成后,保存文件,并自动关闭文件
12       except:
13           print('写 dat 文件失败。')
```

133

例 8-11 使用 pickle 的 load( ) 方法反序列化数据，并输出 dat 二进制文件内容。

基本思路：例 8-10 中生成的 test_pickle. dat，别的软件无法查看其中的数据，只能用 pickle 的 load( ) 方法反序列化数据，才可以解读。并且，调用 load( ) 的次数必须与使用 dump( ) 的次数一致，即一次 load( ) 反序列化，只能对应一次 dump( ) 序列化。

```
1   import pickle
2   with open('d:\\test_pickle.dat','rb') as f:
3       end = False                        # 定义一个逻辑变量,判断文件是否到了结尾
4       while not end:                     # 一次 dump()方法,对应一次 load()方法
5           try:
6               x = pickle.load(f)         # 读取并反序列化每个数据
7               print(x)                   # 输出的内容与原序列化前的内容一致
8           except:
                end = True
```

如果不知道 dat 二进制文件的序列化结构，而直接用 pickle. load( ) 方法进行反序列化，就可能报错。比如：文件 shape_predictor_68_face_landmarks. dat（见本书配套电子资源），包含已经训练好的人脸识别 68 个关键点的模型参数值，它不是用 pickle. dump( ) 序列化保存的。

```
1   import pickle
2   with open('d:\\shape_predictor_68_face_landmarks.dat','rb') as f:
3       x = pickle.load(f)                 # 读取并反序列化每个数据:报错
4       print(x)
```

_pickle. UnpicklingError:invalid load key,'\x01'.

8.3.3 使用 struct 模块读写二进制文件

在 C 语言中，struct 语法定义了一种结构，里面包含不同类型的数据（int,char,bool 等），方便对某一结构对象进行处理。在网络通信中，传递的数据是以二进制流（binary data）存在的。它要求网络发送端的数据按某种机制打包成二进制流的字符串，进行网络传输，然后接收端通过同样的机制进行解包还原出原始的结构体数据。

为了和 C 语言对接，Python 提供了一个标准库 struct，该模块的主要作用就是对 Python 基本类型值与用 Python 字符串格式表示的 C struct 类型间的转化。使用时引入 import struct。

在 struct 库中，主要通过函数 pack( ) 和 unpack( ) 实现对数据的二进制流打包、解包，语法格式如下：

struct. pack(fmt,v1,v2,…)：按照给定的格式 fmt，将数据 v1,v2,…，转换成字节流的字符串，这个过程称为打包，并返回打包的字符串。

struct. unpack(fmt,string)：按照给定的格式 fmt，将字节流的字符串 string（通常都是由 struct. pack 打包）进行解包，并将解包的结果返回一个元组。

struct. calcsize(fmt)：计算格式字符串 fmt 所对应的结果的长度。

这里，同一个文件打包和解包的格式符 fmt 必须一致，转换过程中遇到的各种格式符如表 8-4 所示。

表 8-4　struct 格式符

序号	格 式 符	C 语言类型	Python 类型	标准大小
1	x	pad byte	no value	
2	c	char	string of length 1	1
3	b	signed char	integer	1
4	B	unsigned char	integer	1
5	?	_Bool	bool	1
6	h	short	integer	2
7	H	unsigned short	integer	2
8	i	int	integer	4
9	I	unsigned int	integer or long	4
10	l	long	integer	4
11	L	unsigned long	long	4
12	q	long long	long	8
13	Q	unsigned long long	long	8
14	f	float	float	4
15	d	double	float	8
16	s	char[ ]	string	
17	p	char[ ]	string	
18	P	void *	long	

例 8-12　使用 struct. pack( ) 打包数据，用 write( ) 方法写入二进制文件。

基本思路：先将各种类型的数据，按照格式符要求，调用 pack( ) 方法，打包成字节流的字符串，然后用 open( ) 函数生成的文件对象 write( ) 写入二进制文件。

```
1    import struct
2    name = bytes('张三','utf-8')            # 将'张三'转为 utf-8 编码的字节串,占 6 个字节
3    true = True                            # 逻辑变量,占 1 个字节,对应格式符:?
4    age = 28                               # int 变量,占 4 个字节,对应格式符:i
5    s = struct.pack('6s?i',name,true,age)  # 格式符'6s?i',6s 表示 6 个字符,?为逻辑变量
6    fp = open(r'd:\\test_struct.dat','wb')
7    fp. write(s)                           # 将格式化的字符串 (字节流),写入二进制文件
8    fp. close()
9    print('ok')
```

例 8-13　用 read( ) 读取二进制数据，使用 struct. unpack( ) 解包数据。

```
1    import struct
2    fd = open(r'd:\\test_struct.dat','rb')
3    t = struct. unpack('6s?i',fd. read())     # 按打包的格式符'6s?i'解包,返回一个元组
4    print(t[0]. decode('utf-8'),t[1],t[2]) # 张三 True 28
5    fd. close()
```

从例 8-12、例 8-13 中可知，结合使用 struct 库的 pack ( )、unpack( ) 方法，可以实现

网络中数据字节流的打包传输、解包解读，并能保证数据的安全性。

8.3.4 使用 shelve 模块实现数据二进制持久化保存

shelve 模块是 Python 的标准库，使用时引入 import shelve。它的运行机制类似字典，按键（key）访问，它的值（values）通过键进行修改，并将结果以二进制形式持久保存在数据文件中。其中，key 必须为字符串，values 可以是 Python 的各种数据类型。

shelve 模块调用自己的 open() 函数，操作比 packle、struct 方便，其流程分三步：

（1）用 shelve. open(filename, flag = 'c', protocol = None, writeback = False) 打开（或创建）一个文件，返回一个 shelve 对象。参数说明：

1）flag：默认为 'c'，如果数据文件不存在，就创建，允许读写；可以是 'r'，只读；'w'，可读写；'n'，每次调用 open() 都重新创建一个空的文件，可读写。

2）protocol：序列化模式。

3）writeback：默认为 False。当设置为 True 时，shelve 会将所有从文件中读取的对象存放到一个内存缓存。当用 close() 关闭 shelve 时，缓存中所有的对象会被重新写入 DB。writeback 方式有优点也有缺点。

（2）像字典一样，操作 shelve 对象，按键值对（key：values）进行插入、修改、删除。

（3）调用 shelve. close() 关闭 shelve 对象，并将结果写入文件，可以使用 with 语句。

例 8-14 使用 shelve 模块，实现数据的二进制文件读写。

```
1    import shelve
2    fp = shelve. open (r'd:\\test_shelve. db')        # 打开或新建文件,扩展名也可以为 dat
3    try:
4        fp['No'] = {'学号':'01','姓名':'张三','age':20}
                                                # 按"键:值"增加数据,其中'No'为 key,后面为值
5        fp['成绩'] = [80,65.8,50]
6    finally:
7        fp. close ()                              # 最后一定要调用 close(),否则修改不会保存
8    print('ok')
```

使用 shelve. open() 返回的 shelf 对象，直接修改键值，或增加键值对。

```
1    import shelve
2    with shelve. open (r'd:\\test_shelve. db') as fp:
3        fp['成绩'] = [80,65.8,67]                      # 直接修改值
4        for key,value in fp. items ():
5            print(key,value,sep = ':')
```

```
No:{'学号':'01','姓名':'张三','age':20}
成绩:[80,65.8,67]
```

8.3.5 使用 xlrd、openpyxl 模块读 Excel 文件

Python 操作 Excel 主要用到 xlrd 和 xlwt 这两个标准库，xlrd 是读 Excel，xlwt 是写 Excel。xlrd 库主要的函数（包括方法）、属性有：

（1）获取 Book 工作簿（即 Excel 工作簿，包含所有工作表）。

```
data = xlrd. open_workbook(filename)      # 读取名为 filename 的工作簿,返回对象
names = data. sheet_names()               # 返回 book 中所有工作表的名字
```

（2）获取 Book 下的 sheet 工作表，返回值为 xlrd. sheet. Sheet( ) 对象。

```
table = data. sheets()[0]                 # 通过索引顺序获取
table = data. sheet_by_index(sheet_indx)) # 通过索引顺序获取
table = data. sheet_by_name(sheet_name)   # 通过名称获取
```

（3）操作 sheet 工作表行（对象为 sheet 表）。

```
nrows = table. nrows                      # 获取该 sheet 中的行数
table. row(n)                             # 返回由第 n 行所有的单元格对象组成的列表
table. row_values(row,beg_col = 0,end_col = None)
                                          # 返回该行开始列到结束列组成的列表
table. row_len(rowx)                      # 返回该列的有效单元格长度, 即这一行有多少个数据
```

（4）操作 sheet 工作表列（对象为 sheet 表）。

```
ncols = table. ncols                      # 获取列表的有效列数
table. col(col,beg_row = 0,end_row = None) # 返回该列开始行到结束行数据组成的列表
table. col_values(col,beg_row = 0,end_row = None) #返回由该列对应行的数据组成的列表
```

（5）单元格操作（对象为 sheet 表）。

```
table. cell(rowx,colx)                    # 返回单元格对象
table. cell_type(rowx,colx)               # 返回对应位置单元格中的数据类型
table. cell_value(rowx,colx)              # 返回对应位置单元格中的数据
```

例 8-15 读取 "年度新生人口和死亡人口 . xls" 的内容。该文件收录了 1949—2016 年期间，我国部分地区新生人口、死亡人口、净增人口数据。

```
1   import xlrd
2   wb = xlrd. open_workbook("d:/年度新生人口和死亡人口.xls")  # 打开文件
3   sheet = wb. sheet_by_index(0)                             # 通过索引获取表格
4   for i in range(sheet.nrows):                              # 按行数迭代
5       row = sheet. row_values(i)                            # 获取第 i 行,返回列表
6       print(row)
```

```
['年度','新生人口','死亡人口','净增人口']
['1949 年','1950 万','1083 万','867 万']…
```

xlsx 是 MS Office 2010 及之后版本使用，需要用第三方库 openpyxl 进行读写，openpyxl 官方文档：https://openpyxl. readthedocs. io/en/stable/。

openpyxl 库的安装：pip3 install openpyxl，引入：import openpyxl。

例 8-16 用 openpyxl 库创建 xlsx 文件，并写入数据。

```
1   import openpyxl
2   wb = openpyxl. workbook()        # 创建 Workbook,并默认会创建一个空表,名称为:Sheet
3   ws1 = wb. active                 # 获取默认的 sheet,并激活
```

137

```
4      ws1.title = 'Sheet1'                    # 设置 Sheet 名称
5      ws1['A1'] = '姓名'                       # 给单个单元格一个列名
6      ws1['B1'] = '年龄'
7      ws1.append(['张三',18])                  # 写入多个单元格(从有数据的行的下一行写入)
8      ws1.append(['李四',19])
9      ws2 = wb.create_sheet('Sheet2')          # 创建一个新 sheet,可以指定名称
10     ws3 = wb.copy_worksheet(wb['Sheet1'])    # 复制 Sheet1,新 sheet 名称为 Sheet1 Copy
11     print(wb.sheetnames)                     # 打印所有表名
       wb.save('d:\\test.xlsx')                 # 保存
```

运行结果如图 8-2 所示。

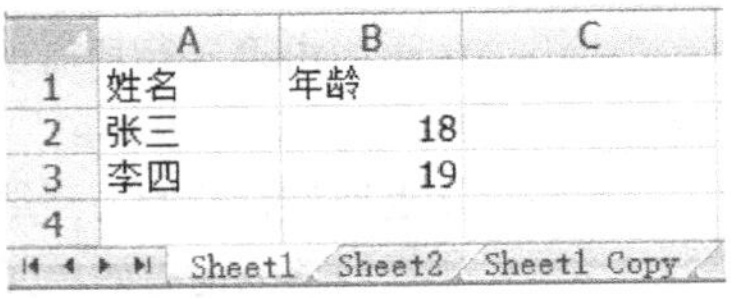

图 8-2　运行结果

例 8-17　用 openpyxl 库读取例 8-16 生成的 xlsx 文件。

```
1      import openpyxl
2      wb = openpyxl.load_workbook('d:\\test.xlsx')
3      ws1 = wb.active
4      print('总行数:',ws1.max_row)
5      print('总列数:',ws1.max_column)
6      print(ws1['A1'].value)                   # 获取单个单元格的值
7      print(ws1[1][0].value)                   # 这里也是 A1 值,行索引从 1、列索引从 0 算起
8
9      for cell in ws1['A']:                     # 获取单列的所有值
10         print(cell.value)
11     for column in ws1['A:B']:                 # 获取多列的值(通过切片)
12         for cell in column:
13             print(cell.value)
14     for column in ws1.columns:                # 获取所有列的值
15         for cell in column:
16             print(cell.value)
17     for cell in ws1[1]:                       # 获取某行的值
18         print(cell.value)
19     for row in ws1[1:2]:                      # 获取多行的值(通过切片)
20         for cell in row:
21             print(cell.value)
22     for row in ws1.rows:                      # 获取所有行的值
23         for cell in row:
24             print(cell.value)
```

8.3.6　使用 docx 模块读写 Word 文件

doc 是微软 Word 专有的文件格式，docx 是 MS Office 2007 之后版本使用，它基于 Office

Open XML 标准的压缩文件格式，比 doc 文件所占空间更小。docx 格式的文件本质上是一个 ZIP 文件，可把 .docx 文件直接改成 .zip，解压后，里面的 word/document.xml 包含了 Word 文档的大部分内容，图片文件则保存在 word/media 里面。

Python 的 docx 库可用于创建和编辑 Microsoft Word（.docx）文件，该库不是标准库，需另外安装，安装方法：pip3 install python-docx，使用时引入 from docx import Document。

官方文档：https://python-docx.readthedocs.io/en/latest/index.html。

使用 docx 库读写 Word 文件，主要分 3 步。

（1）调用 Document() 函数，打开一个 Word 文件，返回一个 Document 文档对象。

（2）操作 paragraph 段落。一个 Word 文档由多个段落组成，在文档中输入一个 Enter 键，就会成为新的段落。

（3）操作 run 节段。run 表示一个节段，每个段落由多个节段组成。

python-docx 不支持 .doc 文件，解决方法是在代码里面先把 .doc 改为 .docx。

例 8-18　使用 docx 库写 Word 文件。

```
1   from docx import Document
2   from docx.shared import RGBColor
3   document = Document(r'd:\\test_word.docx')          # 文件必须存在,否则报错
4   document.add_heading('这是个标题')                   # 新增标题
5   paragraph = document.add_paragraph('这是个段落。')    # 在文档中插入一个段落
6   paragraph.add_run('这是一个带有')                    # 在段落中,增加节段
7   paragraph.add_run('粗体').bold = True
8   paragraph.add_run('和').font.color.rgb = RGBColor(0,0,255)   # 设置蓝色
9   paragraph.add_run('斜体').italic = True
10  paragraph.add_run('的段落。')
11  prior_paragraph = paragraph.insert_paragraph_before('这是前面的段落。')
                                                        # 在此段落之前插入一个段落
12  document.add_picture('d:\\格利高里·派克.jpg')        # 插入本地图片
13  document.save(r'd:\\test_word.docx')
14  print("ok")
```

例 8-19　查找例 8-18 中 test_word.docx 文件中所有蓝色字体和斜体的文字。

基本思路：一个 Document 文档对象包括许多 paragraph 段落，每个段落包括多个节段。遍历每个节段（run），利用节段的属性进行判断，将满足条件的文字添加到列表中。

```
1   from docx import Document
2   from docx.shared import RGBColor
3   document = Document(r'd:\\test_word.docx')          # 文件必须存在,否则报错
4   italic_Text = [];blue_Text = []
5   for p_one in document.paragraphs:# ---------遍历所有段落 --------------------
6       for run in p_one.runs:                          # 对一个段落中的所有节段,进行遍历
7           if run.italic:                              # 是否为斜字体
8               italic_Text.append(run.text)
9           if run.font.color.rgb == RGBColor(0,0,255):  # 是否蓝色字体
10              blue_Text.append(run.text)
11
```

```
12   result={'蓝色文字':blue_Text,'斜体文字':italic_Text,'蓝色斜体文字':set(blue_
     Text) & set(italic_Text)}
13   for t in result.keys():                    # 输出结果
14       print(t.center(20,'-'))
15       for text in result[t]:
16           print(text)
```

习题

8-1 从所有的大小写英文字母中，随机取 20 个，统计不同字母的出现次数，并将原 20 个字母，及统计的结果（按升序）写入文件 english.txt 中。

8-2 文件：考试成绩.xls 包含了某年级 159 个同学的高等数学考试成绩，和某年级 288 个同学的线性代数考试成绩，如图 8-3 所示。试用 xlrd 库读取这两个成绩，并显示出来。

	A	B	C	D
1	班　级	学　号	姓　名	考试成绩
2	090311	09031101	董雅芸	87.00
3	090311	09031102	朱琴	100.00
4	090311	09031103	高***	57.00
5	090311	09031104	刘彬彬	69.00
6	090311	09031105	鲍**	22.00
7	090311	09031106	蔡**	38.00
8	090311	09031107	陈志锋	86.00
9	090311	09031108	邓林龙	85.00

高等数学成绩　线性代数成绩

图 8-3 考试成绩表

8-3 利用 jieba 库，统计"红楼梦.txt"中人物的出场次数，并将出场次数前 100 名的人名及出场次数，写入新建的文件"红楼梦人物的出场次数.txt"中。

8-4 将"红楼梦.txt"前 5 行的内容，使用 pickle 的 dump() 方法序列化数据，并写入"红楼梦.dat"文件中，再打开文件"红楼梦.dat"，用 load() 方法将数据反序列化输出。

*第9章

面向对象程序设计

前面都是按照结构化程序设计方法来介绍 Python 的，但 Python 支持面向对象的程序设计。它既有结构化程序设计的简洁性，又有面向对象程序设计的通用性。在 Python 中，一切皆为对象。对象一经创建，便有属性和方法。

本章学习要点：

- 封装、继承、多态
- 类的定义和使用
- 类的属性和方法
- 构造函数和析构函数
- 类的继承

9.1　程序设计的方法

在软件开发领域，有两种主流的方法：结构化程序开发和面向对象程序开发。

9.1.1　结构化程序设计

结构化程序开发主要按功能来分析系统需求，采用自顶向下、逐步求精、模块化等设计流程。结构化程序设计的每个功能都负责对数据进行一次处理，处理完后输出一些返回值，整个系统由数据驱动，也称为面向数据流的处理方式。它的核心是函数，每个函数都具有某个功能，一般都有一个主函数作为入口。典型代表如 C 语言、Basic 语言等。

9.1.2　面向对象程序设计

面向对象程序开发以对象来构造现实世界中的事物情景，并基于类创建对象来进一步认识、理解、刻画。通过类来创建对象，每个对象都会自动带有类的属性和特点，然后可以按照实际需要赋予每个对象特有的属性，这个过程被称为类的实例化。典型代表如 Java、C#、Python 等。

对象（Object）指人们在现实世界中能触摸（或感觉）到的物体（或事物）在计算机中的抽象表示。对象可以是有形的物体，如一个人、一只动物、一辆车；也可以是人们能感觉到的事物，如一次网购。

现实世界中的对象都有各种各样的特征，分静态特征和动态特征两种。静态特征指对象的外观、性质、属性等；动态特征指对象具有的功能、行为等。

人们将对象的静态特征抽象为属性，用数据来描述，在 Python 语言中称之为变量。将对象的动态特征抽象为行为，用一组代码来表示，完成对数据的操作，在 Python 语言中称之为方法。一个对象就是由一组属性和一系列对属性进行操作的方法（即函数）构成的。

所有面向对象编程的设计语言都有三大特征：封装、继承、多态。

（1）封装指将对象的一些属性（数据）、行为的实现细节（代码的实现过程）隐藏起来，然后通过一些公用方法来暴露该对象的功能，经过封装的数据能确保信息的隐蔽性。

（2）继承是指这样一种能力，它可以使用现有类的功能，并在无须重新编写原来的类的情况下对这些功能进行扩展。通过继承创建的新类称为"子类"或"派生类"。被继承的类称为"基类""父类"或"超类"。继承的过程就是从一般到特殊的过程。

（3）多态允许一个函数有多种不同的接口，从而表现出不同的行为特征。

以设计好的类为基类，可以继承得到派生类，实现程序复用，大幅度缩短开发周期，提高开发效率。

9.2　类的定义与使用

类（Class）用来描述具有相同的属性和方法的对象的集合。它定义了该集合中每个对象所共有的属性和方法。类是对象的抽象，对象是类的实例化。

Python 使用 class 关键字来定义类，class 关键字之后是一个空格，接下来是类的名字，类名的首字母一般要大写。一个类由若干个属性（变量）、方法（函数）组成。

定义类的语法如下：

```
class 类名():
    类变量
    def __init__(self,参数):          #构造器(也称构造方法):用于对象初始化
        实例变量初始化
        def 函数名(self,参数):        #实例方法
            函数体
```

例 9-1　定义一个类，输出：有几个人正在学 Python！

```
1    import time
2    class MyPython():          # ------------------------定义类------------------------
3        count = 0                                      # 类变量:记数(当前实例化对象个数)
4        def __init__(self):                           # ----类的构造器(即类的初始化)
5            t = time.localtime()                      #局部变量
6            d = "现在是:" + time.strftime("%Y-%m-%d %H:%M:%S",t)
7            MyPython.count += 1
8            print(d,"第" + str(MyPython.count) + "个人正在学 Python!")
                                                       # -----定义类结束 -------
9    m1 = MyPython()                                    # 类的实例化1
10   time.sleep(1)                                      # 睡眠 1 秒钟
11   m2 = MyPython()                                    # 类的实例化2
```

输出:现在是:2020-11-18 20:06:08,第 1 个人正在学 Python！
　　　现在是:2020-11-18 20:06:09,第 2 个人正在学 Python！

例9-2　定义一个圆类，给定圆的半径，计算圆的面积和周长。

```
1    import math
2    class Circle:  # -------------------------定义一个圆类 ---------------------------
3        def __init__(self,r):   # 构造方法:成员变量初始化,第1个参数必须为 self,且不用传值
4            self.radius = r      # self 修饰的变量,称为实例变量,必须初始化赋值,radius 为圆的
                                   半径
5        def getArea(self):      # ------定义实例方法:计算面积 -------------------------
6            s = self.radius * self.radius * math.pi       # 计算面积
7            return s
8        def getLong(self):      # ------定义实例方法:计算周长 -------------------------
9            h = 2 * self.radius * math.pi                 # 计算周长
10           return h
11
12   def main():              # ---------定义主函数:类的实例化-----------------------
13       c1 = Circle(3.6)                  # 圆的实例化1:初始化半径为 3.6
14       s = c1.getArea()                  # 访问对象的方法:计算面积
15       print("半径%.2f 的圆面积:" % c1.radius + str(round(s,2)))
16       c2 = Circle(5.85)                 # 圆的实例化2:初始化半径为 5.85
17       print("半径%.2f 的圆周长:" % c2.radius + str(round(c2.getLong(),2)))
18
19   if __name__ == '__main__':# ------------运行主函数 ----------------------------
20       main()
```

输出:半径 3.60 的圆面积:40.72
　　　半径 5.85 的圆周长:36.76

在 Python 中，任何类都有唯一的一个 __init__() 方法，称为构造方法（或构造函数、构造器），用于创建对象，完成类的初始化。当创建一个类的实例对象时，Python 解释器都会自动调用它。注意，此方法的方法名中，开头和结尾各有两个下画线，且中间不能有空格。Python 中很多这种以双下画线开头、双下画线结尾的方法，都具有特殊的意义。

另外，__init__() 方法可以包含多个参数，但必须包含一个名为 self 的参数，且必须作为第一个参数。在创建类对象时，无须给 self 参数赋值，由 self 修饰的变量称为类的实例化变量。含有 self 参数的方法称为类的实例化方法。

使用 class 语句只能创建一个类，而无法创建类的对象，要想使用已创建好的类，还需要手动创建类的对象。创建类对象的过程又称为类的实例化。其语法格式如下：

对象名 = 类名(参数)

使用类对象调用类中方法的语法格式如下：

对象名.方法名(参数)。

注意，对象名、变量名和方法名之间用点"."连接。

9.3　属性与方法

在类中定义的属性（变量）、方法（函数），在类的外部都无法直接调用它们。因此，

可以把类看作一个独立的作用域（称为类命名空间），则类属性其实就是定义在类命名空间内的变量，类方法其实就是定义的类命名空间中的函数。

9.3.1 类变量和实例变量

根据定义变量的位置不同，类的变量又可细分为类变量（类属性）和实例变量（实例属性）。

1. 类变量

定义在类中，各个类方法外的变量称为类变量。类变量的特点是：类的所有实例化对象都可以共享类变量的值，即类变量可以在所有实例化对象中作为公用资源。

在类内部，所有方法都可访问类变量，方式为：类名.类变量。类的任何一个实例化对象修改了类变量的值，该类其他的所有实例化对象对应的类变量，都指向了修改的值。

实例化对象访问类变量的方式：对象名.类变量，如例 9-1 中，m1.count。

2. 实例变量

在类的构造方法中，前缀带 self 的变量称为实例变量。实例变量必须在构造方法中进行初始化赋值。其特点是：只作用于调用方法的对象。

在类内部，所有方法都可访问实例变量，方式为：self.实例变量。

实例化对象访问实例变量的方式：对象名.实例变量，如例 9-2 中，c2.radius。

注意，实例变量只能通过对象名访问，无法通过类名直接访问。Python 允许通过对象访问类变量，但无法通过对象修改类变量的值。因为，通过对象修改类变量的值，不是在给"类变量赋值"，而是定义新的实例变量。

在类中，实例变量和类变量可以同名，但是在这种情况下，使用类对象将无法调用类变量，因为它会首选实例变量，因此不推荐实例变量和类变量同名。

如果程序对一个对象的实例变量进行了修改，这种修改不会影响其他对象中实例变量的值，如例 9-2 中：

```
c2.radius = 8              # 对象 c2 的初始化半径为 5.85,现在改为 8
print(c2.getLong())        # 对象 c2 的周长跟随发生变化,但 c1 的周长不变。
```

9.3.2 私有变量与公有变量

类变量和实例变量属于公有变量，可以通过实例化对象进行访问。在命名变量时，前面加两个下画线（__）开头但是不以两个下画线结束，如：__XXX，这样的变量称为私有变量。

私有变量在类的外部不能直接访问，一般是在类的内部进行访问和操作，或者在类的外部通过调用对象的公有变量方法来访问。

Python 并没有对私有变量提供严格的访问保护机制，通过一种特殊方式"对象名._类名__xxx"也可以在外部程序中访问私有变量，但这会破坏类的封装性，不建议这样做。

例 9-3 如果把例 9-2 公有的实例变量修改为私有的，则实例对象不可以访问。

```
1   import math           # --------------------例 9-3 定义私有变量 -----------------
2   class Circle:                             # ---------定义一个圆类-----------------
3     def __init__(self,r):                   # ------构造器:初始化成员变量
4        self.__radius = r                    # 私有实例变量 radius:初始化赋值
5
```

```
6              def getArea(self):                                    # -------计算面积
7                  s = self.__radius * self.__radius * math.pi      # 面积
8                  return s
9
10     def main():              # ---定义主函数:类的实例化 ----------------------------------
11         r = 3.6
12         c1 = Circle(r)                                           # 圆的实例化1
13         s = c1.getArea()                                         # 访问对象的方法:计算面积
14         print("半径%.2f 的圆面积:" % r, round(s, 2))
15         print(c1.__radius)                                       # 实例对象访问私有变量:报错
16
17     if __name__ == '__main__':                                   # 运行主函数
18         main()

     # AttributeError:'Circle' object has no attribute '__radius'
```

9.3.3 类方法与实例方法

类中的方法可分为类方法、实例方法和静态方法。

1. Python 类方法

在 Python 的类定义中，第一个形参为 cls，并且使用@ classmethod 进行修饰的方法称为类方法。

类方法与类本身绑定，它不和类的实例对象发生往来。在调用类方法时，无须显式为 cls 参数传参。

不管程序是使用类还是对象调用类方法，Python 都会将类方法的首个参数绑定到类本身。

2. Python 类实例方法

在类的定义中，第一个形参为 self 的方法称为实例方法。在调用实例方法时，参数 self 不需要传值，它代表当前对象。

类的构造方法（__init__）理论上也属于实例方法，只不过它地位特殊。

在实例方法中，访问实例成员时需要以 self 为前缀，但在外部通过对象名调用对象方法时并不需要传递这个参数。

如果在外部通过类名调用属于对象的公有方法，则需要显式为该方法的 self 参数传递一个对象名，用来明确指定访问哪个对象的成员。

3. Python 类静态方法

静态方法与前面讲的函数类似，主要区别在于，静态方法定义在类这个空间（类命名空间）中，而函数定义在程序所在的空间（全局命名空间）中。

静态方法没有 self、cls 这样的参数，Python 解释器不会对它包含的参数做任何类或对象的绑定，因此，静态方法无法调用任何类和对象的属性和方法。

静态方法通过@ staticmethod 进行修饰，静态方法的调用可以使用类名，也可以使用类对象。

Python 编程时，一般不需要使用类方法或静态方法，程序完全可以使用函数来代替类方法或静态方法。当然，某些特殊的场景下，类方法或静态方法也可作为一种选择。

静态方法和类方法不属于任何实例，不会绑定到任何实例，任何类的实例对象均可共享类的静态方法和类方法。

    例 9-4   定义类方法和静态方法的例子。

```
1     class Root:
2         __total = 0          # ------------------私有的类变量------------------------
3         def __init__(self,v):                      # ----构造方法
4             self.__value = v                       # 私有的实例变量
5             Root.__total += 1
6
7         def show(self):                            # -----普通实例方法
8             print('self.__value:',self.__value)
9             print('Root.__total:',Root.__total)
10
11        @classmethod                               # -----修饰器,声明类方法
12        def classShowTotal(cls):                   # 类方法
13            print(cls.__total)
14
15        @staticmethod                              # ----修饰器,声明静态方法
16        def staticShowTotal():                     # 静态方法
17            print(Root.__total)
18
19    r = Root(3)                                    # 对象实例化
20    Root.show()         # 通过类名,直接访问普通实例方法,会报错,可改为:Root.show(r)
21    r.classShowTotal()                             # 通过对象来调用类方法:1
21    r.staticShowTotal()                            # 通过对象来调用静态方法:1
23    r.show()
24    r2 = Root(5)
25    Root.classShowTotal()                          # 通过类名调用类方法:2
26    Root.staticShowTotal()                         # 通过类名调用静态方法:2
```

```
Root.show()      #试图通过类名直接调用实例方法, 失败
```

```
TypeError                                     Traceback (most recent call last)
<ipython-input-4-573d72794cea> in <module>
----> 1 Root.show()      #试图通过类名直接调用实例方法, 失败

TypeError: show() missing 1 required positional argument: 'self'
```

    可以将第 20 行代码修改为：Root. show(r)，运行后，输出如下：

```
self.__value:3
Root.__total:1
1
1
self.__value:3
Root.__total:1
2
```

9.3.4 属性

从封装的角度讲，用"类对象.属性"的方式访问类中定义的属性是不妥的，因为它破坏了类的封装原则。正常情况下，类包含的属性应该是隐藏的，只允许通过类提供的方法来间接实现对类属性的访问和操作。

因此，在不破坏封装的基础上，为了能有效操作类中的属性，类中应包含读（或写）类属性的多个 getter（或 setter）方法，这样就可以通过"类对象.方法(参数)"的方式操作属性。

例9-5　定义矩形类。

```
1    class Rectangle:         # ----------------定义矩形类---------------------
2        def __init__(self,width,height):      # 定义构造方法
3            self.width = width                 # 初始化宽度
4            self.height = height               # 初始化高度
5        def setsize(self,size):               # 定义 setsize()函数
6            self.width,self.height = size      # 设置宽度、高度
7        def getsize(self):                    # 定义 getsize()函数
8            return self.width,self.height      # 通过方法,返回宽度、高度
9        def delsize(self):                    # 定义 delsize()函数
10           self.width,self.height = 0,0       # 宽度、高度清零
11
12   rect = Rectangle(3,4)          # 初始化一个矩形对象:宽度为3,高度为4
13   rect.setsize((6,8))            # 修改实例化矩形对象的宽度、高度:元组变量赋值
14   print(rect.getsize())         # 获得实例化矩形对象的宽度、高度,输出:(6,8)
```

Python 中提供了 property() 函数，在不破坏类封装原则的前提下，让程序员依旧使用"类对象.属性"的方式操作类中的属性。

property() 函数的基本使用格式如下：

属性名 = property(fget = None,fset = None,fdel = None,doc = None)

其中，fget 参数用于指定获取该属性值的方法；fset 参数用于指定设置该属性值的方法；fdel 参数用于指定删除该属性值的方法；doc 是一个文档字符串，用于提供说明此函数的作用。

开发者调用 property() 函数时，可以传入 0 个（既不能读，也不能写的属性）、1 个（只读属性）、2 个（读写属性）、3 个（读写属性，也可删除）和 4 个（读写属性，也可删除，包含文档说明）参数。

例9-6　对例9-5 的 Rectangle 类做适当修改，使用 property() 函数定义一个 size 属性。

```
1    class Rectangle:
2        def __init__(self,width,height):          # 定义构造方法
3            self.width = width
4            self.height = height
5
6        def setsize(self,size):                   # 定义 setsize()函数
7            self.width,self.height = size
8
```

```
9          def getsize(self):                               # 定义 getsize()函数
10             return self.width,self.height
11
12         def delsize(self):                               # 定义 getsize()函数
13             self.width,self.height = 0,0
14
15         size = property(getsize,setsize,delsize,'用于描述矩形大小的属性')
                                                            # 使用 property 定义属性
16
17     print(Rectangle.size.__doc__)                        # 访问 size 属性的说明文档
18     help(Rectangle.size)          # 通过内置的 help()函数查看 Rectangle.size 的说明文档
19     rect = Rectangle(4,3)
20     print(rect.size)              # 访问 rect 的 size 属性:(4,3)
21     rect.size = 9,7               # 对 rect 的 size 属性赋值
22     print(rect.width)             # 访问 rect 的 width、height 实例变量:9
23     print(rect.height)            # 7
24     del rect.size                 # 删除 rect 的 size 属性
25     print(rect.width)             # 访问 rect 的 width、height 实例变量:0 (属性已被删除)
26     print(rect.height)            # 0 (属性已被删除)
```

程序中第 15 行代码，使用 property( ) 函数定义了一个 size 属性，在定义该属性时一共传入了 4 个参数，这表明该属性可读、可写、可删除，也有说明文档。所以，该程序尝试对 Rectangle 对象的 size 属性进行读、写、删除操作，其实这种读、写、删除操作分别被委托给 getsize( )、setsize( ) 和 delsize( ) 方法来实现。

（1）读写属性，不能删除。在使用 property( ) 函数定义属性时，只传入 2 个参数，分别对应读写方法。例如，如下代码使用 property( ) 函数定义了一个读写属性，该属性不能删除，否则报错。

例 9-7 定义可读、可写属性，该属性不能删除，否则报错。

```
1      class Test:
2          def __init__(self,value):
3              self.__value = value
4
5          def __get(self):
6              return self.__value
7
8          def __set(self,v):
9              self.__value = v
10
11         value = property(__get,__set)              # 可读、可写属性
12
13         def show(self):
14             print(self.__value)
15
16     t = Test(3)
```

```
17    print(t.value)              # 允许读取属性值:3
18    t.value=5                   # 允许修改属性值
19    t.value                     # 5
20    t.show()                    # 属性对应的私有变量也得到了相应的修改:5
21    del t.value                 # 该属性不允许删除,试图删除对象属性,失败
```

```
del t.value  #试图删除属性，失败
```

```
AttributeError                              Traceback (most recent call last)
<ipython-input-4-cf5d5a81377d> in <module>
——> 1 del t.value  #试图删除属性，失败

AttributeError: can't delete attribute
```

（2）只读属性。属性是只读的，不可修改，在使用 property( ) 函数定义属性时，只传入 1 个参数，对应返回属性值的方法。下面例子演示了只读属性的用法。

例 9-8　定义只读属性，该属性不可写、不能删除，否则报错。

```
1     class Test:
2         def __init__(self,value):
3             self.__value=value
4
5         @property
6         def value(self):               # 只读,无法修改和删除
7             return self.__value
8     t=Test(3)
9     print(t.value)                     # 可以读,输出:3
10    t.value=5                          # value 为只读属性。修改只读属性,会报错
```

```
t.value = 5              #只读属性不允许修改值
```

```
AttributeError                              Traceback (most recent call last)
<ipython-input-5-bde93611220d> in <module>
——> 1 t.value = 5              #只读属性不允许修改值

AttributeError: can't set attribute
```

在编程语言中，类似于这种 property( ) 函数合成的属性被称为计算属性。这种属性并不真正存储任何状态，它的值是通过某种算法计算得到的。当程序对该属性赋值时，被赋的值也会被存储到其他实例变量中。

9.3.5　封装

封装（Encapsulation）是面向对象的三大特征之一，它将对象的状态信息隐藏在对象内部，不允许外部程序直接访问对象内部信息，而是通过该类所提供的方法来实现对内部信息的操作和访问。

149

封装机制保证了类内部数据结构的完整性，由于用户无法直接看到类中的数据结构，只能使用类允许公开的数据，很好地避免了外部对内部数据的影响，提高了系统的安全性。总的来说，对一个类或对象实现良好的封装，可以达到以下目的：

（1）隐藏类的实现细节；

（2）让使用者只能通过事先预定的方法来访问数据，从而可以在该方法里加入控制逻辑，限制对属性的不合理访问；

（3）有利于保证对象信息的完整性；

（4）封装内部的修改不影响外部的调用，可提高代码的可维护性。

为了实现良好的封装，需要从以下两个方面来考虑：

（1）将对象的属性和实现细节隐藏起来，不允许外部直接访问；

（2）把方法暴露出来，让方法来控制对这些属性进行安全的访问和操作。

因此，实际上封装有两个方面的含义：把该隐藏的隐藏起来；把该暴露的暴露出来。

由于 Python 没有提供类似于其他语言的 private 等修饰符，因此 Python 并不能真正支持隐藏。为了隐藏类中的成员，Python 有一个小技巧：只要将 Python 类的成员命名为以双下画线开头的，Python 就会把它们隐藏起来。

例 9-9 以下程序示范了 Python 的封装机制。

```
1   class User:
2       def __hide(self):                         # 前面加双下画线的方法,为私有方法
3           print('示范隐藏的 hide 方法')
4       def getName(self):
5           return self.__name                    # 前面加双下画线的属性,为私有属性
6       def setName(self,name):
7           if len(name) <3 or len(name) >8:
8               raise ValueError('用户名长度必须在 3~8 之间')
9           self.__name =name
10      name =property(getName,setName)           # 设置 name 属性可读、可写
11      def setAge(self,age):
12          if age <18 or age >70:
13              raise ValueError('用户名年龄必须在 18 在 70 之间')
14          self.__age =age
15      def getAge(self):
16          return self.__age
17      age =property(getAge,setAge)              # 设置 age 属性可读、可写
18
19  u =User()                                     # 创建 User 实例对象
20  # ----------对 name 属性赋值,实际上调用 setname()方法 ----------------------------
21  u.name ='gk'                                  # 引发 ValueError:用户名长度必须在 3~8 之间
```

例 9-9 中的程序将 User 的两个实例变量分别命名为 __name 和 __age，这两个实例变量就会被隐藏起来，这样程序就无法直接访问 __name、__age 变量，只能通过 setname()、getname()、setage()、getage() 这些访问器方法进行访问，而 setname()、setage() 会对用户设置的 name、age 进行控制，只有符合条件的 name、age 才允许设置。

例 9-9 中的程序用到了 raise 关键字来抛出异常，并尝试将 User 对象的 name 设为 gk，

由于这个字符串的长度为"2"不符合实际要求，因此运行程序最后一行包含以下错误：

```
ValueError:用户名长度必须在 3-8 之间
```

将最后一行代码注释掉，并在程序尾部添加如下代码：

```
u. name = '张小三'
u. age = 25
print(u. name)            # 张小三
print(u. age)             # 25
```

从该程序可以看出封装的好处，程序可以将 User 对象的实现细节隐藏起来，只能通过暴露出来的 setname()、setage() 方法来改变 User 对象的状态，而这两个方法可以添加自己的逻辑控制，这种控制对 User 的修改始终是安全的。

上面程序还定义了一个 __hide() 方法，这个方法默认是隐藏的。如果程序尝试执行如下代码，则会提示错误。

```
u. __hide()                                  # 尝试调用隐藏的__hide()方法
AttributeError:'User' object has no attribute 'hide'      # 将会提示错误
```

需要说明的是，Python 这种加双下画线"__"的小技巧，并不能实现真正的隐藏机制。Python 会在这些方法名前添加单下画线和类名，起到调用隐藏方法的目的。因此上面的 __hide() 方法其实可以按如下方式调用（通常不推荐）：

```
u. _User__hide()               # 调用隐藏的__hide()方法
```

运行上面代码，可以看到如下输出结果：

示范隐藏的 hide 方法

通过上面调用可以看出，Python 的隐藏机制是不完善的。

类似的是，程序也可通过为隐藏的实例变量添加下画线和类名的方式来访问或修改对象的实例变量。例如代码：

```
u. _User__name = '张小三'                 # 对隐藏的__name 属性赋值
# 访问 User 对象的 name 属性(实际上访问__name 实例变量)
print(u. name)                        # 输出:张小三
```

上面粗体字代码实际上就是对 User 对象的 name 实例变量进行赋值，通过这种方式可"绕开" setname() 方法的检查逻辑，直接对 User 对象的 name 属性赋值。

9.4 继承

继承是实现软件复用的重要手段，是面向对象程序设计的三大特征之一。在设计一个新类时，可以继承一个已有类的方法或属性，并在此基础上进行二次开发，提高开发效率。

在继承关系中，新设计的类称为子类或派生类，被继承的类称为父类或基类。子类可以继承父类的公有成员，但是不能继承其私有成员。子类如果要调用父类的方法，可以使用内置函数 super() 或者通过"基类名．方法名()"的方式来实现。

在程序中，必须先定义父类，然后才能定义子类。Python 定义类的继承语法如下：

151

```
class 父类名(object):                    class 子类名(父类1,父类2,...):
    <类体语句>                              <类体语句>
```

Python 支持多继承，若父类中有相同的方法名，而在子类使用时未指定，Python 从左至右搜索，即该方法在子类中未找到时，会从左到右查找父类中是否包含该方法。

大部分面向对象的编程语言（除了 C++）都只支持单继承，而不支持多继承，这是由于多继承不仅增加了编程的复杂度，而且很容易导致一些莫名的错误。

Python 在语法上支持多继承，但尽量不要使用多继承，而是使用单继承，这样可以保证编程思路更清晰，而且可以避免很多麻烦。

Python 子类一般不重写 __init__，实例化子类时，会自动调用父类定义的 __init__。如果重写了 __init__，实例化子类时，就不会自动调用父类已经定义的 __init__。

Python 有两个判断继承的函数：isinstance()用于检查实例类型；issubclass()用于检查类的继承。

例 9-10 先定义一个父类：Animal 类，再定义一个子类：Dog，继承 Animal 类。

基本思路：尽量将动物所具有的公共属性、公共方法，都定义在父类 Animal 中。子类在继承父类时，来自父类的属性、方法不需要定义，只需要用 super 调用，子类自己所具有的单独属性、方法可以添加。

```
1    class Animal(object):# --------定义父类:Animal,其中参数必须为 object --------
2        def __init__(self,name='',age=1.0,sex='雄性'):  #将动物的公共属性设置在父类中
3            self.setName(name)                           # 进行初始化封装
4            self.setAge(age)
5            self.setSex(sex)
6        def setName(self,name):
7            if not isinstance(name,str):
8                raise Exception('名称必须为字符。')
9            self.__name=name
10       def setAge(self,age):
11           if type(age) !=float:
12               raise Exception('年龄必须为浮点数。')
13           self.__age=age
14       def setSex(self,sex):
15           if sex not in('雄性','雌性'):
16               raise Exception("性别只能为:'雄性'或'雌性'。")
17           self.__sex=sex
18       def show(self):
19           print(self.__name,self.__age,self.__sex,sep=',')
20
21   class Dog(Animal):  # ----------定义一个子类:Dog,其父类为 Animal ------------
22       def __init__(self,name='狗',age=2.0,sex='雄性',sense='嗅觉灵敏'):
23           super(Dog,self).__init__(name,age,sex)   #调用父类构造方法,进行初始化
24           self.setSense(sense)             # 对扩展的属性,只能调用自己的方法,进行初始化
25       def setSense(self,sense):            # 子类中,增加自己的方法
26           self.__sense=sense
```

```
27          def show(self):                   # 覆盖从父类中继承来的方法
28              super(Dog,self).show()       # 调用父类的同名方法,显示从父类中继承来的数据成员
29              print(self.__sense)          # 输出子类中的私有数据成员
30
31  if __name__ == '__main__':
32      dog1 = Dog('Hami',2.5)               # 创建子类实例对象1
33      dog1.show()
34      print('-'*20)
35
36      dog2 = Dog('狗儿',1.5,'雌性','嗅觉1级灵敏')   # 创建子类实例对象2
37      dog2.setAge(2.0)                     # 调用继承的方法修改年龄
38      dog2.show()
39      print('Dog 是 Animal 的子类吗? ',issubclass(Dog,Animal))
                                             # 内置函数 issubclass()的使用
```

运行结果:Hami,2.5,雄性

　　　　嗅觉灵敏

　　　　狗儿,2.0,雌性

　　　　嗅觉1级灵敏

　　　　Dog 是 Animal 的子类吗? True

9.5 特殊方法

Python 类有大量的特殊方法,其中比较常见的是构造函数和析构函数。

(1) Python 中类的构造函数是__init__(),一般用来为数据成员设置初值或进行其他必要的初始化工作,在创建对象时被自动调用和执行。如果用户没有设计构造函数,Python 将提供一个默认的构造函数用来进行必要的初始化工作。

(2) Python 中类的析构函数是__del__(),一般用来释放对象占用的资源,在 Python 删除对象和收回对象空间时被自动调用和执行。如果用户没有编写析构函数,Python 将提供一个默认的析构函数进行必要的清理工作。

Python 还支持大量的特殊方法,运算符重载就是通过重写特殊方法实现的,具体可参考网址:https://docs.python.org/3/reference/datamodel.html#special-mothod-names。

Python 类的一些特殊方法如表 9-1 所示。

表 9-1　Python 类的特殊方法

序号	方　法	功 能 说 明
1	__new__()	类的静态方法,用于确定是否要创建对象
2	__init__()	构造方法,创建对象时自动调用
3	__del__()	析构方法,释放对象时自动调用
4	__add__()	+
5	__sub__()	−

（续）

序号	方　　法	功　能　说　明
6	__mul__()	*
7	__truediv__()	/
8	__floordiv__()	//
9	__mod__()	%
10	__pow__()	**
11	__eq__()、__ne__()、 __lt__()、__le__()、 __gt__()、__ge__()	==、!=、 <、<=、 >、>=
12	__lshift__()、__rshift__()	<<、>>
13	__and__()、__or__()、 __invert__()、__xor__()	&、|、 ~、^
14	__iadd__()、__isub__()	+=、-=，很多其他运算符也有与之对应的复合赋值运算符
15	__pos__()	一元运算符 +，正号
16	__neg__()	一元运算符 -，负号
17	__contains__()	与成员测试运算符 in 对应
18	__radd__()、__rsub__	反射加法、反射减法，一般与普通加法和减法具有相同的功能，但操作数的位置或顺序相反，很多其他运算符也有与之对应的反射运算符
19	__abs__()	与内置函数 abs() 对应
20	__bool__()	与内置函数 bool() 对应，要求该方法必须返回 True 或 False
21	__bytes__()	与内置函数 bytes() 对应
22	__complex__()	与内置函数 complex() 对应，要求该方法必须返回复数
23	__dir__()	与内置函数 dir() 对应
24	__divmod__()	与内置函数 divmod() 对应
25	__float__()	与内置函数 float() 对应，要求该该方法必须返回实数
26	__hash__()	与内置函数 hash() 对应
27	__int__()	与内置函数 int() 对应，要求该方法必须返回整数
28	__len__()	与内置函数 len() 对应
29	__next__()	与内置函数 next() 对应
30	__reduce__()	提供对 reduce() 函数的支持
31	__reversed__()	与内置函数 reversed() 对应
32	__round__()	对内置函数 round() 对应
33	__str__()	与内置函数 str() 对应，要求该方法必须返回 str 类型的数据
34	__repr__()	打印、转换，要求该方法必须返回 str 类型的数据
35	__getitem__()	按照索引获取值
36	__setitem__()	按照索引赋值
37	__delattr__()	删除对象的指定属性
38	__getattr__()	获取对象指定属性的值，对应成员访问运算符 "."

154

（续）

序号	方　　法	功　能　说　明
39	__getattribute__()	获取对象指定属性的值，如果同时定义了该方法与__getattr__()，那么__getattr__()将不会被调用，除非在__getattribute__()中显式调用__getattr__()或者抛出 AttributeError 异常
40	__setattr__()	设置对象指定属性的值
41	__base__	该类的基类
42	__class__	返回对象所属的类
43	__dict__	对象所包含的属性与值的字典
44	__subclasses__()	返回该类的所有子类
45	__call__()	包含该特殊方法的类的实例可以像函数一样调用
46	__get__()	定义了这三个特殊方法中任何一个的类称作描述符（descriptor），描述符对象一般作为其他类的属性来使用，这三个方法分别在获取属性、修改属性值或删除属性时被调用
47	__set__()
48	__delete__()

9.6　综合案例解析

例 9-11　编写一个类，对明文实现凯撒加密、解密。

基本思路：将密钥定义为类的私有变量，达到封装效果。

```
1    class CaesarPass:  # ----------------凯撒加密、解密类 -----------------------------
2        __key = "中"                       # 密钥:类的私有变量,外界、后代不能访问
3        def __init__(self,strKey = __key):  # 构造器:strKey 为默认参数
4            self.__key = strKey
5        def enCode(self,strPlain):          # 加密函数:将明文 strPlain 输出加密后的密文
6            iLen = len(strPlain)            # 明文 strPlain:必需参数
7            strPass = ""                    # 密文
8            for i in range(iLen):
9                char = strPlain[i]
10               uniCode = ord(char) + ord(self.__key)  # 将 i 位上的单个字符转为 Unicode
11               strPass = strPass + chr(uniCode)        # 将加密后的 Unicode,转为字符
12           return strPass                  # 返回:加密后的凯撒密文
13       def unCode(self,strPass):           # 解密函数:将加密后的凯撒密文解密为明文
14           iLen = len(strPass)             # 密文 strPass:必需参数
15           strPlain = ""
16           for i in range(iLen):
17               num = ord(strPass[i]) - ord(self.__key)
18               strPlain = strPlain + chr(num)
19           return strPlain
20   def main():                             # ---------------定义主函数 -----------------------------
21       str1 = "中华人民共和国,OK"           # 明文
22       a = CaesarPass('A')                 # 类初始化,密钥:'A'
23       b = a.enCode(str1)
```

155

```
24        print("明文:"+str1)
25        print("密文:"+b)                        # 密文:翌厈任汇冲响圾 m
26        print("解密后的明文:"+a.unCode(b))      # 中华人民共和国,OK
27   if __name__=='__main__':  # --------------调用主函数------------------------
28        main()
```

例 9-12 Python 项目实战：利用面向对象思想实现搜索引擎。

一个搜索引擎由搜索器、索引器、检索器和用户接口 4 个部分组成。

搜索器，俗称爬虫（scrawler），它能在互联网上快速爬取各类网站的内容，送给索引器。索引器拿到网页和内容后，会对内容进行处理，形成索引（index），存储于内部的数据库，等待检索。

用户接口（User Interface，UI），是指网页和应用软件前端界面，如百度和谷歌的搜索页面。用户通过 UI，向搜索引擎发出询问（query），询问被解析后，送达检索器；检索器高效检索后，将结果返回给用户。

为了方便，下面提供 5 个文件的检索，各文件的内容分别如下：

1. txt

Python 菜鸟教程网

2. txt

https://www.runoob.com/python3/python3-tutorial.html

3. txt

「Python 菜鸟教程网」是一个在线学习编程的网站。

4. txt

Python 菜鸟教程网成立于 2015 年初，目前已经运营了将近 5 年。

5. txt

人生苦短，我学 Python！

先定义一个 SearchEngineBase 基类，再定义一个派生类 SimpleEngine。

```
1    class SearchEngineBase(object):  # -----定义搜索引擎父类 SearchEngineBase------
2        def __init__(self):
3            pass                                # 空语句,什么也不做
4        def add_text(self,file_path):  # ---定义实例方法:根据文件名及路径,增加语料---
5            with open(file_path,'r') as fp:
6                text=fp.read()
7            self.process_text(file_path,text)
8        def process_text(self,id,text):            # -----搜索器,交给派生类执行
9            raise Exception('父类不执行搜索器。')
10       def search(self,query):                     # -----内容检索器,交给派生类执行
11           raise Exception('父类不执行内容检索。')
12
13   class SimpleEngine(SearchEngineBase):  # ----定义搜索引擎子类:SearchEngine----
14       def __init__(self):
15           super(SimpleEngine,self).__init__()
16           self.__id_to_texts={}                  # 定义一个私有属性:空字典,保存所有搜索内容
17       def process_text(self,id,text):            # ----继承并实现基类的方法:增加语料
```

```
18              self.__id_to_texts[id]=text      # 将要搜索的内容增加到字典中
19       def search(self,query):              # --继承并实现基类的方法:在语料库中,查找检索内容
20              results =[]
21              for id,text in self.__id_to_texts.items():
                                              # 将要检索的内容在索引字典中,进行迭代
22                  if query in text:
23                      results.append(id)    # 将查找成功的 ID,添加到列表中
24              return results
```

SearchEngineBase 类可以被继承,继承的类分别代表不同的算法引擎。每一个引擎都应该实现 process_text( ) 和 search( ) 两个函数,对应刚刚提到的索引器和检索器。

具体看第 4 行代码:add_text( ) 函数负责读取文件内容,将文件路径作为 ID,连同内容一起送到 process_text 中;process_text 需要对内容进行处理,然后文件路径为 ID,将处理后的内容存下。处理后的内容,称为索引 (index);search 则给定一个询问,处理询问,再通过索引检索,然后将结果返回。

main( ) 函数提供搜索器和用户接口,一个简单的搜索引擎基本实现。

```
25    def main(search_engine):          # -------------- 主函数 -------------------
26        for file_path in['1.txt','2.txt','3.txt','4.txt','5.txt']:
27                                                    # 对所有要检索的文件,进行迭代
              fp ="d:\\" + file_path        # 在文件名前,加上绝对路径
28            search_engine.add_text(fp)# 用子类的实例化对象,调用父类的方法 add_text( )
29        while True:
30            query = input('请输入检索内容:')
31            results =search_engine.search(query)
                                          # 用子类的实例化对象,调用子类的方法 search()
32            print('found{}result(s):'.format(len(results)))
33            for result in results:
34                print(result)
35
36    search_engine =SimpleEngine()        # 子类对象实例化
37    main(search_engine)                  # 调用主函数
```

运行结果为:Python 菜鸟教程网
```
        found 3 result(s):
        1.txt
        3.txt
        4.txt
```

短短 30 多行代码就可以实现一个基础的搜索引擎。下面分析主要的编程思想:

(1) SimpleEngine 是 SearchEngineBase 的一个子类,继承并实现了父类的 process_text 和 search 接口,也继承了 add_text 函数,因此可以在 main( ) 函数中直接调取。

(2) 在新的构造函数中,self.__id_to_texts = {} 初始化了自己的私有变量,也就是用这个存储文件名到文件内容的字典中。

(3) process_text( ) 函数直接将文件内容插入到字典中。这里注意,ID 需要是唯一的,

不然相同 ID 的新内容会覆盖掉旧的内容。

（4）search 直接枚举字典，从中找到要搜索的字符串。如果能够找到，则将 ID 放到结果列表中，最后返回。

整个过程非常简单，贯穿着面向对象的思想。

习题

9-1　什么是类？什么是对象？类和对象是什么关系？

9-2　面向对象程序设计有哪三大特征？

9-3　定义一个等腰梯形类 Ladder，实例变量有：上底 up、高 high（默认值1），两个实例方法：求梯形的面积 Area、梯形的周长 Long。

9-4　先运行下面程序，查看结果；再注释掉第5行代码，运行程序，看有什么区别？

```
1    class MyClass():
2        def __init__(self):
3            print("这是 init(),self = ",self)
4        def __new__(cls):
5            print("这是 new() 方法,id = ",id(cls))
6            return object.__new__(cls)
7
8    A = MyClass()
```

9-5　定义一个父类 Father，其中包含一个公有属性 name、一个私有属性 age，包含两个实例属性，分别实现对私有属性 age 的读写。再定义 Father 的一个子类 Son，通过子类 Son 的实例化，输出其 name、age。

第 10 章

NumPy 库

NumPy（Numerical Python）是 Python 语言的一个扩展程序库，支持大量的多维数组与矩阵运算，此外也为数组运算提供了大量的数学函数库。

NumPy 提供了两种基本的对象：ndarray（N-dimensional array object）和 ufunc（universal function object）。ndarray 为多维数组；ufunc 为对数组进行处理的函数。

NumPy 是 Python 科学计算中的基础包之一，它的功能包括多维数组、高级数学函数（比如线性代数运算和傅里叶变换），以及随机数生成器。

NumPy 由其官网：http://www.numpy.org/负责维护。另外，从本章开始，上机环境全部改为：Spyder（或 Jupyter Notebook），在 Python IDEL 环境下安装的第三方库，Spyder 环境下无法直接调用，需要在 Anaconda 环境下重新安装。

本章学习要点：

- 数组对象 ndarray
- NumPy 通用函数对象 ufunc 的使用
- NumPy 的矩阵运算
- NumPy 读文件的方法

10.1 NumPy 数组对象 ndarray

10.1.1 创建数组

1. 数组属性

ndarray（数组）是存储单一数据类型的多维数组，如表 10-1 所示。

表 10-1　ndarray 常用属性说明

序号	属　　性	说　　　明
1	ndim	返回 int，表示数组的维数
2	shape	返回 tuple，表示数组的尺寸，对于 n 行 m 列的矩阵，形状为（n, m）
3	size	返回 int，数组的元素总数等于数组形状的乘积，对于 n 行 m 列的矩阵，为 n*m
4	dtype	返回 data-type，描述数组中元素的类型
5	itemsize	返回 int，表示数组的每个元素的大小（以字节为单位）

2. 数组创建

语法：numpy. array(object , dtype = None , copy = True , order = 'K' , subok = False , ndmin = 0)：创建一维或多维数组，如表 10-2 所示。

表 10-2　numpy. array 创建数组参数说明

序号	参数名称	说　　明
1	object	接收 array，表示想要创建的数组。无默认
2	dtype	接收 data-type，表示数组所需的数据类型。如果未给定，则选择保存对象所需的最小类型。默认为 None
3	ndmin	接收 int，指定生成数组应该具有的最小维数。默认为 None

例 10-1　创建数组并查看数组属性。

```
1    import numpy as np                              # 导入 Numpy 库
2    arr1 = np. array([1,2,3,4])                     # 创建的一维数组,参数为列表
3    print("变量类型:",type(arr1))                    # <class 'numpy. ndarray'>
4    print("维数:",arr1. ndim)                        # 1
5    print("数组的尺寸:",np. shape(arr1))             # (4,)这是只有一个元素的元组,表示是一维数组
6    arr2 = np. array([[1,2,3,4],[4,5,6,7],[7,8,9,10]])    # 创建二维数组
7    print('数组的尺寸:',np. shape(arr2))             # 输出 2 个元素的元组:(3,4)
8    arr2. shape[0]                                   # 返回二维数组的行数:3
9    arr2. shape[1]                                   # 返回二维数组的列数:4
```

```
arr2 = [[1  2  3  4]
        [4  5  6  7]
        [7  8  9 10]]
```

NumPy 提供了很多专门用来创建数组的函数（8 个函数），如表 10-3 所示。

表 10-3　NumPy 创建数组的 8 个函数

序号	函　数　名	说　　明	举　　例
1	arange(a,b,x)	创建含开始值 a、不含终值 b，步长 x 的一维数组	np. arange(0,1,0.2) == [0. 0.2 0.4 0.6 0.8]
2	linspace(a,b,n)	创建含开始值 a、含终值 b 和等分个数 n 的一维数组	np. linspace(0,10,5) == [0. , 2.5 , 5. , 7.5 , 10.]
3	logspace(a,b,n)	生成 10 的 a 次方到 10 的 b 次方的 n 个元素的等比数列	np. logspace(0,2,5) == [1. 3.162 10. 31.62 100.]
4	zeros(m) zeros((m,n))	**zeros(m)** 创建元素全为 0 的一维数组 **zeros((m,n))** 创建元素全为 0 的二维数组	np. zeros(3) np. zeros((2,3))
5	ones(m) ones((m,n))	**ones(m)** 创建元素全为 1 的一维数组 **ones((m,n))** 创建元素全为 1 的二维数组	np. ones(3) np. ones((2,3))
6	eye(n)	创建 n 阶单位二维数组（对角线上元素为 1）	np. eye(2)
7	diag( )	创建对角二维数组	np. diag([2,5,-1])
8	full([x,y],z)	生成 x 行 y 列元素全为 z 的二维数组	np. full([2,3],5)

例如：np. diag([2,5,-1]) = [[2 0 0]
　　　　　　　　　　　　　　　[0 5 0]
　　　　　　　　　　　　　　　[0 0 -1]]
　　　　np. full([2,3],5) = [[5 5 5]
　　　　　　　　　　　　　　　[5 5 5]]

3. 构造复杂数组

（1）重复数组 tile( )，如：

```
a = np. arange(5)          # a = [0 1 2 3 4]
b = np. tile(a,2)          # b = [0 1 2 3 4 0 1 2 3 4]
c = np. tile(a,(3,2))      # 对 a 行重复 3 次,列重复 2 次
```

（2）重复元素 repeat( )，如：

```
d = a. repeat(2)           # d = [0 0 1 1 2 2 3 3 4 4]
```

4. NumPy 中的特殊值

NumPy 中有两个特殊值：np. nan 和 np. inf，inf 和 nan 都是 float 类型，nan 是不合法数字（Not A Number）的缩写。NumPy 中会出现 nan：

（1）当读取本地的文件为 float 时，如果有缺失，就会出现 nan；

（2）当做了一个不合适的计算时（比如无穷大（inf）减去无穷大）。

inf 是无穷大（Infinite）的缩写。inf(-inf,inf)：infinity，inf 表示正无穷；-inf 表示负无穷。什么时候会出现 inf 包括（-inf，+inf）？比如一个数字除以 0，Python 中直接会报错，NumPy 中是一个 inf 或者-inf，不会报错。如：

```
a = np. arange(1,3)        # a = [1 2]
b = a/0                    # [inf inf]
```

10.1.2　生成随机数

在 numpy. random 子模块中，提供了多个与随机数相关函数，如表 10-4 所示。

表 10-4　numpy. random 模块常用随机数相关函数

序号	函 数 名	说 明	举 例
1	**random(n)**	返回 n 个随机数的一维数组，这些数为 [0,1) 之间的浮点数，服从均匀分布	np. random. random(3)
2	**rand(x,y)**	生成 x 行 y 列二维数组，其元素为区间 [0,1) 上的均匀分布的随机浮点数	np. random. rand(2,3)
3	**rand(m,x,y)**	生成三维数组，共有 m 个 x 行 y 列二维数组，其元素为区间 [0,1) 上的均匀分布的随机浮点数	np. random. rand(3,2,2)
4	**randn(x,y)**	生成 x 行 y 列二维数组，其元素为标准正态分布的随机浮点数	np. random. randn(3,3)
5	**randint(low,high, (shape))**	创建一个最小值不低于 low、最大值不高于 high 整数随机数组	np. random. randint(2, 10 ,size = [2,5])
6	**seed( )**	确定随机数生成器的种子	
7	choice(a)	参数 a 为列表，或数组，从 a 中随机取一个元素	

（续）

序号	函 数 名	说 明	举 例
8	y = permutation(x)	将序列 x 随机打乱，返回给 y，此时 x 的值不变。如果 x 是多维数组，则沿其第一个坐标轴的索引随机排列数组	
9	shuffle(x)	直接对序列 x 进行随机打乱排序。	
10	binomial(n,p,size)	随机产生 size 个整数，这些整数服从（n,p）上的二项分布，其中概率：$0 < p < 1$	
11	normal(u,v,n)	生成 n 个，均值为 u，方差为 v 的高斯分布随机浮点数	
12	beta	产生 beta 分布的随机数	
13	chisquare	产生卡方分布的随机数	
14	gamma	产生 gamma 分布的随机数	
15	uniform(a,b,(n,m))	产生在（a,b）中均匀分布的二维随机数数组	

np. random. seed(n) 作用：使得随机数据可预测，即只要 seed 的值一样，后续生成的随机数都一样。n 可以任取一个整数。

设置相同的 seed，每次生成的随机数相同。若不设置 seed，则每次会生成不同的随机数。

```
1    import numpy as np
2    np. random. seed(8)
3    A = np. random. rand(4)              # A = array([0.55,0.72,0.6,0.54])
4    np. random. seed(8)
5    A = np. random. rand(4)
6    # A = array([0.55,0.72,0.6,0.54])    # 若不设种子,这个数组每次都会不同
7    a = [i for i in range(20)]
8    b = np. random. choice(a)            # 从 a 中随机返回一个元素
```

函数 shuffle 与 permutation 都可以打乱数组元素顺序，区别在于 shuffle 直接在原来的数组上进行操作，而 permutation 不直接在原来的数组上进行操作，会返回一个新的打乱顺序的数组。

```
9    x = np. array([1,2,3,4,5,6,7,8,9])
10   y = np. random. permutation(x)       # x 的数据不动,把随机打乱后的数据返给 y
11   np. shuffle(x)                       # 直接随机打乱数组 x 的数据
12   print(x)
```

例 10-2 绘制：随机生成 10000 数据，服从均值为 0，方差为 1 的正态分布的直方图（间隔个数：50）。结果如图 10-1 所示。

基本思路：求出这 10000 个随机数中的最小数、最大数，将这最小数、最大数等分为 50 个间隔，这 10000 个数中落在每个间隔的个数，即为直方图的高度。

```
1    import numpy as np
2    import matplotlib. pyplot as plt     # 引入 matplotlib 下的子库 pyplot,用于绘图
3    np. random. seed(0)
4    data = np. random. normal(0,1,10000) # 生成 10000 个均值为 0 方差为 1 的高斯分布数据
5    print(min(data),max(data))           # 最小数、最大数
```

```
6    n,bins,patches =plt. hist (data,50,facecolor = 'red',edgecolor = 'white')
                                                              # 直方图函数
7    plt. grid (True)                                         # 设置显示网格
8    plt. show ()                                             # 显示绘图
```

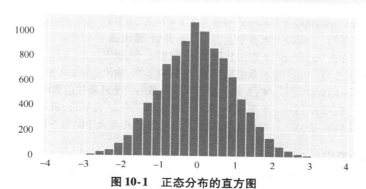

图 10-1　正态分布的直方图

直方图函数：plt. hist( ) 有 3 个返回值，前 2 个为：

（1） n 为每个小区间所含数据的个数（即频数）；

（2） bins 相当于：bins = np. linspace(min(data) , max(data) ,50)，即将 10000 个数中最小数、最大数等分为 50 个数（含端点）。

例 10-3　绘制：随机生成 10000 数据，区间（2,8）上服从均匀分布的直方图（间隔个数：30）。结果如图 10-2 所示。

基本思路：求出这 10000 个随机数中的最小数、最大数，将这最小数、最大数等分为 50 个间隔，这 10000 个数中落在每个间隔的个数，即为直方图的高度。

```
1    import numpy as np
2    import matplotlib. pyplot as plt
3    np. random. seed (0)
4    #生成 10000 个服从区间(2,8)上的均匀分布数据
5    data = np. random. uniform (2,8,10000)
6    print (min (data),max (data))
7    n,bins,patches =plt. hist (data,30,facecolor = 'blue',edgecolor = 'white',alpha =
     0.8)
8    plt. show ()
```

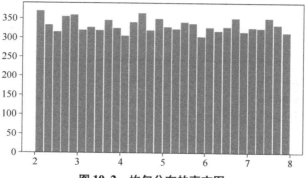

图 10-2　均匀分布的直方图

10.1.3　通过索引访问数组

1. 一维数组的索引

与 Python 中的 list 的索引方法一致。

```
1    arr = np. arange(10)          # arr = [0 1 2 3 4 5 6 7 8 9]
2    print(arr[5])                 # 首个索引号从 0 开始,输出:5
3    print(arr[3:5])               # 索引从第 3 个,到第 4 个,输出:[3  4]
4    print(arr[:5])                # 索引从第 0 个,到第 4 个,输出:[0 1 2 3 4]
5    print(arr[-1])                # -1 表示数组下标从最后一个开始往前数的第一个元素:9
6.   print(arr[6:-1:2])            # 索引从第 6 个,到最后一个,2 为步长,表示每隔一个元素:[6 8]
7    print(arr[5:1:-2])            # 步长为负数时,开始下标必须大于结束下标,输出:[5 3]
```

2. 多维数组的索引

多维数组的每一个维度都有一个索引，索引号从 0 开始，各个维度的索引之间用逗号隔开。

```
>>>arr = np. array([[1,2,3,4,5],[4,5,6,7,8],[7,8,9,10,11]])
   [[ 1  2  3  4  5]
    [ 4  5  6  7  8]
    [ 7  8  9 10 11]]
>>>print(arr[2,3])          # 索引第 2 行第 3 列的元素,输出:10
>>>print(arr[0,3:5])        # 索引第 0 行中第 3 和 4 列的元素,输出:[4 5]
>>>print(arr[1:,2:])        # 逗号前的数,表示取行,逗号后的数,表示取列,即索引第 1
行、第 2 列后面所有元素。输出:
   [[ 6  7  8]
    [ 9 10 11]]
>>>print(arr[2:])           # 输出索引第 2 行:[[ 7  8  9 10 11]]
>>>print(arr[:,2])          # 输出索引第 2 列:[3  6  9]
```

二维数组也支持如下操作：

```
>>>print(arr[1][2])          # 输出索引第 1 行,第 2 列:6
```

3. 数组的迭代

数组是一种可迭代对象。

（1）一维数组的迭代：与列表的迭代机制一致，即迭代数组中的每一个元素。

```
1    import numpy as np
2    a = np. arange(2,8,2)
3    for i in a:
4        print(i,end = ',')          # 2,4,6
5    for i in enumerate(a):
6        print(i,i[0],i[1])
```

输出:(0,2) 0 2
　　　(1,4) 1 4
　　　(2,6) 2 6

（2）二维数组的迭代：与多维列表的机制一致，它只对数组的第一维进行迭代，返回的是数组的一行。

```
7    b = np.array([[1,2,3,4],[4,5,6,7],[7,8,9,10]])
8    for i in b:                    # 一行一行进行迭代
9        print(i)
```

在 Spyder 中如何查询帮助?

（1）查看模块的作用说明、简介，可在交互区直接输入，print(模块名.__doc__)，如:

```
>>>import numpy as np
>>>print(np.random.__doc__)
```

（2）查看某个函数的用法，help（函数名），如:

```
>>>import numpy as np
>>>help(np.random.permutation)
```

10.2　NumPy 通用函数及数组之间的运算

全称通用函数（universal function）是一种能够对数组中所有元素进行操作的函数。ufunc 函数是针对数组进行操作的，且使用 ufunc 函数比使用 math 库中的函数效率要高很多。

10.2.1　四则运算

1. 数组间的四则运算

数组间的四则运算：加（+）、减（-）、乘（*）、除（/）、幂（**）包括一维与一维、二维与二维之间的四则运算，表示对每个数组中的对应元素分别进行四则运算，所以形状必须相同。

```
1    x = np.array([1,2,3]);  y = np.array([4,5,6]);  z = np.array("1,2,3")
2    x + y                    # 数组元素对应相加,结果为:[5 7 9]
3    x - y                    # 数组元素对应相减,结果为:[-3 -3 -3]
4    x * y                    # 数组元素对应相乘,结果为:[4 10 18]
5    x/y                      # 数组元素对应相除,结果为:[0.25  0.4  0.5]
6    x ** y                   # 数组元素对应幂运算,结果为:[1  32  729]
7    print(z.dtype)           # z 的数据类型:<U5
8    print(z.ndim)            # z 的维数:0
9    x + z                    # 报错,数据形状不一样,不能进行运算
```

2. 一个数与数组的四则运算

表示这个数与数组的所有元素进行运算。

```
1    a = np.array([[1,2,3,4],[4,5,6,7],[7,8,9,10]])
2    b = 2 * a
```

```
b = [[2  4  6  8]
     [8 10 12 14]
     [14 16 18 20]]
```

165

3. 比较运算

比较运算：>、<、= =、> =、< =、! = 返回的结果是一个布尔数组，每个元素为每个数组对应元素的比较结果。

```
1    x = np.array([1,3,5]);  y = np.array([2,3,4])
2    print(x < y)                         # 输出:[True  False  False]
3    print(x > = y)                       # 输出:[False  True  True]
4    print(x = = y)                       # 输出:[False  True  False]
5    print(x! = y)                        # 输出:[True  False  True]
```

4. 逻辑运算

np.any 函数表示逻辑"or"，np.all 函数表示逻辑"and"。运算结果返回布尔值。

```
6    print(np.all(x = = y))              # 输出:False
7    print(np.all(x! = y))               # 输出:False
8    print(np.any(x! = y))               # 输出:True
```

5. 数组的转置

一维数组的转置还是自己；二维数组的转置，行列互换。

```
1    a = np.array([1,2,3,4])             # np.shape(a) = (4,) 表示一维数组
2    b = np.array([[1,2,3,4],[4,5,6,7],[7,8,9,10]])
                                         # np.shape(b) = (3,4) 表示二维数组
3    c = np.transpose(a)                 # 一维数组 a 的转置:np.shape(c) = (4,)
4    d = np.transpose(b)                 # 二维数组 b 的转置:np.shape(d) = (4,3)
```

6. 数组的点积运算

其运算机制相当于两个矩阵的乘法运算。第一个数组的列数必需等于第两个数组的行数。

```
5    e = np.dot(b,a)                     # (3,4) 与 (4,) 点积运算
6    print(np.shape(e),e)                # (3,)[30 60 90]
7    e = np.dot(a,b)                     # 报错:ValueError:shapes(4,) and(3,4) not
                                           aligned:4(dim 0) !=3(dim 0)
```

10.2.2 ufunc 函数的广播机制 (慎用)

广播（broadcasting）是指不同形状的数组之间执行算术运算的方式。当使用 ufunc 函数进行数组计算时，ufunc 函数会对两个数组的对应元素进行计算。进行这种计算的前提是两个数组的 shape 一致。若两个数组的 shape 不一致，则 NumPy 会进行广播机制。由于 NumPy 会进行广播机制并不容易理解，特别是在进行高维数组计算的时候，所以为了更好地理解广播机制，需要遵循 4 个原则：

（1）让所有输入数组都向其中 shape 最长的数组看齐，shape 中不足的部分都通过在前面加 1 补齐；

（2）输出数组的 shape 是输入数组 shape 的各个轴上的最大值；

（3）如果输入数组的某个轴和输出数组的对应轴的长度相同或者其长度为 1，则这个数

组能够用来计算，否则出错；

（4）当输入数组的某个轴的长度为 1 时，沿着此轴运算时都用此轴上的第一组值。

一维数组的广播机制，如：

```
>>>arr1 =np.array([[0,0,0],[1,1,1],[2,2,2],[3,3,3]])        # arr1.shape:(4,3)
>>>arr2 =np.array([1,2,3])                                  # arr2.shape:(3,)
>>>print(arr1 +arr2)
```

$$
\begin{bmatrix} 0 & 0 & 0 \\ 1 & 1 & 1 \\ 2 & 2 & 2 \\ 3 & 3 & 3 \end{bmatrix} + \begin{bmatrix} 1 & 2 & 3 \end{bmatrix} \rightarrow \begin{bmatrix} 0 & 0 & 0 \\ 1 & 1 & 1 \\ 2 & 2 & 2 \\ 3 & 3 & 3 \end{bmatrix} + \begin{bmatrix} 1 & 2 & 3 \\ 1 & 2 & 3 \\ 1 & 2 & 3 \\ 1 & 2 & 3 \end{bmatrix} = \begin{bmatrix} 1 & 2 & 3 \\ 2 & 3 & 4 \\ 3 & 4 & 5 \\ 4 & 5 & 6 \end{bmatrix}
$$

二维数组的广播机制，如：

```
>>>arr1 =np.array([[0,0,0],[1,1,1],[2,2,2],[3,3,3]])        # arr1.shape:(4,3)
>>>arr2 =np.array([1,2,3,4]).reshape((4,1))                 # arr2.shape:(4,1)
```

$$
\begin{bmatrix} 0 & 0 & 0 \\ 1 & 1 & 1 \\ 2 & 2 & 2 \\ 3 & 3 & 3 \end{bmatrix} + \begin{bmatrix} 1 \\ 2 \\ 3 \\ 4 \end{bmatrix} \rightarrow \begin{bmatrix} 0 & 0 & 0 \\ 1 & 1 & 1 \\ 2 & 2 & 2 \\ 3 & 3 & 3 \end{bmatrix} + \begin{bmatrix} 1 & 1 & 1 \\ 2 & 2 & 2 \\ 3 & 3 & 3 \\ 4 & 4 & 4 \end{bmatrix} = \begin{bmatrix} 1 & 1 & 1 \\ 3 & 3 & 3 \\ 5 & 5 & 5 \\ 7 & 7 & 7 \end{bmatrix}
$$

10.2.3　利用 NumPy 进行统计分析

二维数组可以通过参数 axis 指定操作的维度，axis = 0 表示对行操作，axis = 1 表示对列操作，如图 10-3 所示。

三维数组的轴如图 10-4 所示。

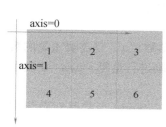
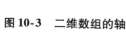

图 10-3　二维数组的轴

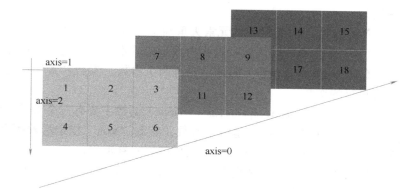

图 10-4　三维数组的轴

如果没有给出参数 axis，则表示对数组所有元素操作，一维数组不需要指定参数 axis，如：

```
>>>arr =np.arange(20).reshape(4,5)
                            #将 0 到 19 共 20 个整数，重组为 4 行、5 列的二维数组
[[0  1  2  3  4]
 [5  6  7  8  9]
 [10  11  12  13  14]
 [15  16  17  18  19]]
```

NumPy 常用的统计函数有：

(1) arr. sum( ) 计算数组的所有元素的和，输出：190。

(2) arr. sum(axis =0) 按行求和（固定列），输出：[30 34 38 42 46]。

(3) arr. sum(axis =1) 按列求和（固定行），输出：[10 35 60 85]。

(4) arr. mean( ) 计算数组的均值，输出：9.5。

(5) arr. std( ) 计算数组的标准差，输出：5.766。

(6) arr. var( ) 计算数组的方差，输出：33.25。

(7) arr. min( ) 计算数组的最小值，输出：0。

(8) arr. max( ) 计算数组的最大值，输出：19。

(9) arr. argmin( ) 返回数组最小元素的索引，输出：0。

(10) arr. argmax( ) 返回数组最大元素的索引，输出：19。

(11) arr. argmin(axis =0) 按行返回数组最小元素的索引，输出：[0 0 0 0 0]。

(12) arr. argmax(axis =1) 按列返回数组最大元素的索引，输出：[4 4 4 4]。

(13) arr. cumsum( ) 计算所有元素的累计和，输出：[0 1 3 6 10 15 21 28 36 45 55 66 78 91 105 120 136 153 171 190]。

(14) arr. cumprod( ) 计算所有元素的累计积。

(15) np. prod(arr) 求所有元素的积，输出：0。

(16) np. ptp(arr,axis =0) 按行求最大元素与最小元素的差，输出：[15 15 15 15 15]。

NumPy 可以对数组中的元素进行直接排序。sort 函数是最常用的排序方法，用法为：arr. sort( )。sort 函数也可以指定一个 axis 参数，使得 sort 函数可以沿着指定轴对数据集进行排序。axis =1 为沿横轴排序；axis =0 为沿纵轴排序。

NumPy 也可以对数组中的元素进行间接排序。argsort 函数返回值为重新排序值的下标，用法为：arr. argsort( )。

NumPy 可以对数组中的元素去重与重复数据。包括：

(1) 通过 unique 函数可以找出数组中的唯一值并返回已排序的结果；

(2) np. tile(A,reps) 函数主要有两个参数，参数 "A" 指定重复的数组，参数 "reps" 指定重复的次数；

(3) np. repeat(a,repeats,axis = None) 函数主要有三个参数，参数 "a" 是需要重复的数组元素，参数 "repeats" 是重复次数，参数 "axis" 指定沿着哪个轴进行重复，axis =0 表示按行进行元素重复；axis =1 表示按列进行元素重复。

这两个函数的主要区别在于，tile 函数是对数组进行重复操作；repeat 函数是对数组中的每个元素进行重复操作。

10.2.4 在数组中插入一行（或一列）

1. 插入行

在数组 a_array 的第 row_m 行前，插入一行，值为 b_array。

语法：np. insert(a_array,row_m,values = b_array,axis =0)

```
1    import numpy as np
2    a_array = np. array([[1,2,3],[4,5,6],[7,8,9]])
3    n,m = np. shape(a_array)
```

```
4        b_array = np.ones(3)
5        c1 = np.insert(a_array,0,values = b_array,axis = 0)      # 在第 0 行前插入一行
6        c2 = np.insert(a_array,1,values = b_array,axis = 0)      # 在第 1 行前插入一行
7        c3 = np.insert(a_array,n,values = b_array,axis = 0)      # 在最后一行后插入一行
```

插入后的结果：

a_array = [[1 2 3]	c1 = [[1 1 1]	c2 = [[1 2 3]	c3 = [[1 2 3]
[4 5 6]	[1 2 3]	[1 1 1]	[4 5 6]
[7 8 9]]	[4 5 6]	[4 5 6]	[7 8 9]
b_array = [1. 1. 1.]	[7 8 9]]	[7 8 9]]	[1 1 1]]

2. 插入列

在数组 a_array 的第 col_m 列前，插入一列，值为 b_array。

语法：np.insert(a_array,col_m,values = b_array,axis = 1)

```
1        a_array = np.array([[1,2,3],[4,5,6],[7,8,9]])
2        n,m = np.shape(a_array)
3        b_array = np.ones(3)
4        c4 = np.insert(a_array,0,values = b_array,axis = 1)      # 在第 0 列前插入一列
5        c5 = np.insert(a_array,1,values = b_array,axis = 1)      # 在第 1 列前插入一列
6        c6 = np.insert(a_array,m,values = b_array,axis = 1)      # 在最后一列后插入一列
```

插入后的结果：

a_array = [[1 2 3]	c4 = [[1 1 2 3]	c5 = [[1 1 2 3]	c6 = [[1 2 3 1]
[4 5 6]	[1 4 5 6]	[4 1 5 6]	[4 5 6 1]
[7 8 9]]	[1 7 8 9]]	[7 1 8 9]]	[7 8 9 1]]
b_array = [1. 1. 1.]			

10.3 NumPy 矩阵运算

NumPy 对于多维数组的运算，默认情况下并不进行矩阵运算。如果要对数组进行矩阵运算，则可调用相应的函数。

10.3.1 创建 NumPy 矩阵

在 NumPy 中，数组和矩阵有着重要的区别。NumPy 提供了两个基本的对象：一个 N 为数组对象 ndarray 和一个通用函数对象。其他对象都是在它们之上构建的。矩阵是继承自 NumPy 数组对象的二维数组对象，是 ndarray 的子类。本节讲解用 mat、matrix、bmat 函数来创建矩阵。

调用 mat 函数或 matrix 函数创建矩阵是等价的。

（1）使用 mat 函数创建矩阵，如：

```
matr1 = np.mat("1 2 3;4 5 6;7 8 9")        # 也可以下面这样,效果一样
matr1 = np.mat([[1,2,3],[4,5,6],[7,8,9]])
```

（2）使用 matrix 函数创建矩阵，如：

```
matr2 = np.matrix([[1,2,3],[4,5,6],[7,8,9]])    # 也可以下面这样,效果一样
matr2 = np.matrix("1 2 3;4 5 6;7 8 9")
```

（3）使用 bmat 函数合成矩阵，如：

```
matr3 = np.bmat("matr1 matr2;matr1 matr2")      # 也可以下面这样,效果一样
matr3 = np.bmat("matr1 matr2")
```

10.3.2　NumPy 矩阵运算

在 NumPy 中，矩阵计算是针对整个矩阵中的每个元素进行的。与使用 for 循环相比，其运算速度更快。例如：

```
1    import numpy as np
2    matr1 = np.matrix("1 2 3;0 5 6;0 0 9")
3    matr2 = matr1 * 3                    # 矩阵数乘
4    matr3 = matr1 + matr2               # 矩阵加法
5    matr4 = matr1 - matr2               # 矩阵减法
6    matr5 = matr1 * matr2               # 矩阵相乘
7    matrB = np.multiply(matr1,matr2)    # 矩阵对应元素相乘
8    matr6 = matr1.T                     # 矩阵的转置
9    matr8 = matr1.H                     # 矩阵的共轭转置
10   matr9 = matr1.I                     # 矩阵的逆
11   arr = np.arange(6).reshape(2,3)     # 将一维向量重置为 2×3 矩阵
12   print(arr+2)                        # 矩阵中的每个元素都加 2,输出:[[2 3 4]
                                         #                            [5 6 7]]
13   print(arr/0)                        # 数组中的每个元素都除以 0,输出:[[nan inf inf]
                                         #                              [inf inf inf]]
```

在 NumPy 中，/0 并不会报错，其中 nan（not a number）代表未定义或不可表示的值；inf（infimum）表示无穷。

10.3.3　NumPy 下的线性代数运算

（1）求方阵的逆矩阵：np.linalg.inv(A)。
（2）求广义逆矩阵：np.linalg.pinv(A)。
（3）求矩阵的行列式：np.linalg.det(A)。
（4）求矩阵的特征值：np.linalg.eigvals(A)。
（5）求特征值和特征向量：np.linalg.eig(A)。
（6）svd 分解（矩阵的奇异值分解）：np.linalg.svd(A)。

例 10-4　数组、矩阵之间的线性代数运算。

```
1    import numpy as np
2    x = np.array([[1,2,3],[0,1,-1],[1,0,0]])    # x 为二维数组:形状为 (3,3)
3    print(np.linalg.det(x))                     # x 对应矩阵的行列式,输出:-5
4    y = np.linalg.inv(x)         # x 对应矩阵的逆,此时的 y 为二维数组:形状为 (3,3)
5    a = np.dot(x,y)              # 数组 x 与 y 做点积运算,等价于两个矩阵相乘
```

```
6    b = np.mat(x)*np.mat(y)    #将数组 x 与 y 转为矩阵,再做矩阵乘法,等价于 np.dot(x,y)
7    c = x*y                    #数组 x 与 y 相乘,即两个数组对应元素相乘,注意:不同于 np.dot(x,y)
8    print(a==b)  #完全相同,全为 True
9    d = np.linalg.eigvals(x)        #x 对应矩阵的特征值,返回的 d 为列表
10   print(d)  #[-1.51154714 +0.j  1.75577357 +0.47447678j  1.75577357-0.47447678j]
11   e = np.linalg.eig(x)            #x 对应矩阵的特征值及特征向量,返回的 e 为元组
12   print(e[0],e[1])               #e[0]为 x 的特征值,e[1]为 x 的特征向量
```

求数组 x 的范数语法：x_norm = np.linalg.norm(x, ord = None, axis = None, keepdims = False)，其中 x 为矩阵（或向量），ord 为范数类型。参数 ord 取值如表 10-5 所示。

表 10-5　范数参数 ord 取值类型

序号	参　　数	说　　明	计 算 方 法
1	默认	2- 范数	$\sqrt{x_1^2 + x_2^2 + \cdots + x_n^2}$
2	ord = 2	2- 范数	同上
3	ord = 1	1- 范数	$\mid x_1 \mid + \mid x_2 \mid + \cdots + \mid x_n \mid$
4	ord = np.inf	无穷大范数	$\max \mid x_i \mid$

例如：

```
x = np.array([3,4])
>>>np.linalg.norm(x)                # 向量 x 的范数(默认为2),输出 5
>>>np.linalg.norm(x,ord =2)         # 向量 x 的 2 范数,输出 5
>>>np.linalg.norm(x,ord =1)         # 向量 x 的 2 范数,输出 7
>>>np.linalg.norm(x,ord =np.inf)    # 向量 x 的无穷大范数,输出 4
```

10.3.4　Python 中列表、矩阵、数组之间的转换

1. 将列表转为数组、矩阵：np.array(list)、np.mat(list)

```
>>>import numpy as np
>>>list1 =[[1,2,3],[4,5,6]]          #列表
>>>list1
    [[1,2,3],[4,5,6]]
>>>arr2 =np.array(list1)             #列表 → 数组
>>>arr2
    array([[1,2,3],[4,5,6]]) >
>>mat3 =np.mat(list1)                #列表 → 矩阵
>>>mat3
    matrix([[1,2,3],[4,5,6]])
>>>mat4 =mat3[:,0:2]                 # 对矩阵的操作,选取其前两列的数据
>>>mat4
    matrix([[1,2],[4,5]])
```

2. 将矩阵、数组转为列表：矩阵变量.tolist( )、数组变量.tolist( )

```
>>>list2 =mat3.tolist()             #矩阵 → 列表
```

171

```
>>>list2
    [[1,2,3],[4,5,6]]
>>>list2 == list1                    # 输出:True
>>>list3 = list(arr2)                # 数组 → 列表
>>>list3
    [array([1,2,3]),array([4,5,6])]
>>>list4 = arr2.tolist()             # 数组 → 列表,内部数组也转换成列表
>>>list4
    [[1,2,3],[4,5,6]]
>>>arr3 = np.array(mat3)             # 矩阵 → 数组
>>>arr3
    array([[1,2,3],[4,5,6]])
>>>mat5 = np.mat(arr2)               # 数组 → 矩阵
>>>mat5
    matrix([[1,2,3], [4,5,6]])
```

注意：（1）在一维情况下，矩阵 → 数组 → 矩阵结果不同。

（2）在一维情况下，列表 → 矩阵 → 列表结果不同。

```
>>>a1 = [1,2,3,4,5,6]               # 列表
>>>a1
[1,2,3,4,5,6]
>>>a3 = np.mat(a1)                  # 列表 → 矩阵
>>>a3
    matrix([[1,2,3,4,5,6]])
>>>a4 = a3.tolist()                 # 矩阵 → 列表
>>>a4
    [[1,2,3,4,5,6]]
>>>a4[0]
    [1,2,3,4,5,6]
>>>a5 = np.mat(np.array(a1))        # 数组 → 矩阵
>>>a5
    matrix([[1,2,3,4,5,6]])
>>>a6 = np.array(a5)                # 矩阵 → 数组
>>>a6
    array([[1,2,3,4,5,6]])
```

10.4 NumPy 读写文件

NumPy 提供了 load( )、loadtxt( )、save( )、savetxt( ) 等函数，对两种格式的文件进行读写：

（1）用 load( )、save( ) 读写 *.npy 或 *.npz 文件。这是 NumPy 数组专用的二进制文件，其中 npz（NumPy Zipped Data）属于 NumPy 数据压缩文件。

（2）用 loadtxt( )、savetxt( ) 读写 *.txt 或 *.csv 文本文件。其中，*.csv 是一种通过逗号分隔的文本文件。

函数 genfromtxt( ) 和函数 loadtxt( ) 相似，区别在于它面向的是结构化数组和缺失数据。另外，NumPy 本身不能读写 Excel 文件。

10.4.1　用 np. load( )、np. save( )读写 npy 或 npz 文件

函数 np. load( ) 以读写模式打开 npy 或 npz 二进制文件，语法格式如下，参数如表 10-6 所示。

np. load (file, mmap＿mode = None, allow＿pickle = True, fix＿imports = True, encoding = 'ASCII')

表 10-6　函数 np. load( ) 参数说明

序号	参 数 名	参 数 说 明
1	file	要打开的文件名，含文件路径
2	mmap_mode	文件打开模式，可以取 None、'r +'、'r'、'w +'、'c'，默认 None；如果不选择 None，则进行 memory- map 文件，memory- map 文件还存储在磁盘上，却可以被访问，memory mapping 对于读取大文件的小部分数据特别有用
3	allow_pickle	是否允许读取 pickled 对象，默认 True；pickled 是序列化数据对象
4	fix_imports	默认 True，使用 Python 3 读取 Python2 存储的 pickled 文件时有用
5	encoding	字符编码格式，默认 ASCII；使用 Python 3 读取 Python2 存储的 pickled 文件时有用

函数 np. save( ) 将一个数组以 . npy 格式保存二进制文件，语法格式如下，参数如表 10-7 所示。

np. save(file, array, allow_pickle = True, fix_imports = True)

表 10-7　函数 np. save( ) 参数说明

序号	参 数 名	参 数 说 明
1	file	要保存的文件名，含文件路径
2	array	要存储的数组
3	allow_pickle	是否允许读取 pickled 对象，默认 True；pickled 是序列化数据对象
4	fix_imports	默认 True，是否让 Python3 保存成 Python2 兼容的 pickled 文件

函数 np. savez( ) 将多个数组保存到一个非压缩的 . npz 格式的二进制文件中，语法格式如下，参数如表 10-8 所示。

np. savez(file, ＊args, ＊＊kwds)

表 10-8　函数 np. savez( ) 参数说明

序号	参 数 名	参 数 说 明
1	file	要保存的文件名，含文件路径
2	args	存储到文件中的数组的名称，如果不指定，则为 "arr_0"，"arr_1"…
3	kwds	存储的数组，对应与 keyword 的名称

说明：

1) npy 文件可以保存任意维度的 numpy 数组，不限于一维和二维；

2) npy 保存了 numpy 数组的结构，保存的时候是什么 shape 和 dtype，取出来时就是什

么样的 shape 和 dtype；

3）np. save( ) 只能保存一个 numpy 数组；np. savez( ) 可以保存多个数组，读写通过键名 keyword 进行标识。每次保存会覆盖掉之前文件中存在的内容。

函数 np. savez_compressed(file, * args, * * kwds) 将多个数组存储成压缩的 . npz 格式文件保存，参数如表 10-8 所示。

保存一个数组代码如下：

```
1    import numpy as np
2    arr =np. array([[1,2,3],[2,3,4],[3,4,5],[4,5,6]])
3    print (arr)                                # np. save()只能保存一个数组
4    np. save("save_arr",arr)                   #保存时,没写扩展名,默认为npy(也可以写扩展名npy)
5    load_arr =np. load("save_arr. npy")        #打开时,必须有扩展名(若没写路径,默认为当前路径下)
6    print (load_arr)                           #返回的是 'numpy. ndarray'
```

保存多个数组代码如下：

```
1    import numpy as np
2    x =np. array(range(20)). reshape((2,2,5))   #将0-19共20个数,生成一个三维数组:(2,2,5)
3    y =np. array(range(10,34)). reshape(2,3,4)  #将10-33共24个数,生成一个三维数组:(2,3,4)
4    print ('x:\n',x)
5    print ('y:\n',y)
6    filename ='d:\\test. npz'
7    #写文件,如果不指定key,那么默认key为'arr_0'、'arr_1',一直排下去
8    np. savez(filename,x,key_y =y)   #数组 x 没有指定键名,访问时用 arr_0,数组 y 指定了键名
9    c =np. load(filename)             #读文件:多个数组,通过键名访问
10   print ('keys of NpzFile c:\n',c. keys())
11   print ("c['arr_0']:\n",c['arr_0'])
12   print ("c['key_y']:\n",c['key_y'])
```

如果数组的数据比较多，则可压缩，如将上面第 8 行修改为如下，其他不变：

```
     np. savez_compressed(filename,x,key_y =y)
```

10.4.2　用 np. loadtxt( )、np. savetxt( )读写 txt 或 csv 文本文件

csv 文件是通过逗号分隔的文本文件，可用记事本或 Excel 直接读取。

函数 np. loadtxt( ) 以读写模式打开 txt 或 csv 文本文件，格式如下，参数如表 10-9 所示。

numpy. loadtxt(file,dtype = np. float,comments = '#',delimiter = None,skiprows = 0, usecols = None, unpack = False, ndmin = 0, encoding = 'bytes')

表 10-9　函数 np. loadtxt( ) 参数说明

序号	参　数　名	参　数　说　明
1	file	要打开的文件名，含文件路径
2	dtype	np 支持的数据类型，默认 float；如果是 structured 数据类型，返回的组是一维的，每行解释为数组的一个元素，因此，列数应该和数据类型的成员一样
3	comments	注释标识符，默认：#

（续）

序号	参　数　名	参 数 说 明
4	delimiter	数据分隔符，默认：''；txt 文件为空格，csv 文件为逗号
5	skiprows	跳过的行数，默认为 0
6	usecols	读取哪些列，为列表或元组，如：usecols = (x,y,z)获取第 x,y,z 列数据
7	unpack	默认 False，如果为 True，则会返回单个列

函数 np. savetxt( ) 将一个数组以 txt 或 csv 格式保存为文本文件，格式如下，参数如表 10-10 所示。

np. savetxt(file,X,fmt = '%. 18e',delimiter = ' ',newline = '\n',header = ' ',footer = ' ',comments = '# ',encoding = None)

表 10-10　函数 np. savetxt( ) 参数说明

序号	参　数　名	参 数 说 明
1	file	要打开的文件名，含文件路径
2	X	要存储的一维或二维数组（只能保存一个数组）
3	comments	注释标识符，默认：#
4	delimiter	数据分隔符，默认：''；txt 文件为空格，csv 文件为逗号
5	newline	新行的标识，默认为换行符：\n
6	header	写在文本的前面，默认：''
7	footer	写在文本的后面，默认：''

说明：csv 和 txt 只能用来存一维或二维 numpy 数组；当 numpy 数组很大时，最好使用 hdf5 文件，hdf5 文件相对更小。因为若 numpy 数组很大，对整个 numpy 数组进行运算容易发生 MemoryError，那么此时可以选择对 numpy 数组切片，将运算后的数组保存到 hdf5 文件中，hdf5 文件支持切片索引。

下面代码，保存一个二维整数数组，首行加了标题；加载时，跳过第 1 行。

```
1    import numpy as np
2    X = np. array(range(1,10)). reshape((3,3))    #将1-9共9个数,生成一个二维数组:(3,3)
3    np. savetxt('d:\\test. txt',X,fmt = '%i',header = 'A B C')
4    y = np. loadtxt('d:\\test. txt',dtype = int,skiprows=1)
5    print(y)
```

下面代码，用 h5py 保存两个数组。

```
1    import numpy as np
2    import h5py
3    a = np. array(range(20)). reshape((2,2,5))
4    b = np. array(range(20)). reshape((1,4,5))
5    filename = 'd://data. h5'
6    h5f = h5py. File(filename,'w')                #写文件
7    h5f. create_dataset('a',data = a)
8    h5f. create_dataset('b',data = b)
```

175

```
9      h5f.close()
10     h5f=h5py.File(filename,'r')              #读文件
11     print(type(h5f))
12     print(h5f['a'][:])                       #通过切片得到numpy数组
13     print(h5f['b'][:])
14     h5f.close()
```

例 10-5 文件"历年总人口.xls"和"历年新生人口和死亡人口.xls"收录了我国部分地区 1949 年至 2019 年，历年的总人口、新生人口及死亡人口。编写程序，将这 3 个列数据，及对应的年份读取出来，保存在文件"历年总人口、新生人口和死亡人口.csv"中。

基本思路：用 xlrd 库打开 Excel 文件，分三步：1）打开文件，返回 workbook 对象；2）通过索引号，或 sheet 名称，获得 sheet；3）操作 sheet 下的列、行，获取行、列数据，返回给列表，然后对列表进行切片操作，获得所需要的数据。

最后，将 5 个列表的数据，转变为一个二维数组，保存为 csv 文件。

```
1      import numpy as np
2      import xlrd
3      wb=xlrd.open_workbook("d:\\历年总人口.xls")
4      sheet=wb.sheet_by_index(0)               #通过索引号0获取整个sheet数据
5      col_0=sheet.col_values(0)                #第0列数据,返回一个列表:年度
6      col_1=sheet.col_values(1)                #第1列数据,返回一个列表:总人口
7      year=col_0[1:]                           #年份:从第1个元素开始,到最后一个元素
8      total=col_1[1:]                          #总人口:从第1个元素开始,到最后一个元素
9      year=[int(c) for c in year]              #用列表推导式,把每个元素转为整数
10     total=[int(c) for c in total]            #用列表推导式,把每个元素转为整数
11
12     wb=xlrd.open_workbook("d:\\历年新生人口和死亡人口.xls")
13     sheet=wb.sheet_by_index(0)               #通过索引号0获取整个sheet数据
14     col_1=sheet.col_values(1)                #通过列索引号1获取列内容:新生人口
15     col_2=sheet.col_values(2)                #通过列索引号2获取列内容:死亡人口
16     add=col_1[1:]                            #出生人口:从第1个元素开始,到最后一个元素
17     die=col_2[1:]                            #死亡人口:从第1个元素开始,到最后一个元素
18     add=[int(c[0:-1]) for c in add]          #用列表推导式,把最后一个'万'字去掉
19     die=[int(c[0:-1]) for c in die]          #用列表推导式,把最后一个'万'字去掉
20     y=np.array(add)-np.array(die)            #将两个列表变成数组相减,生成每年净增人口
21     m=len(year)
22     arr=np.array(year).reshape(m,1)          #将年份的列表转为数组,形状调整为:(m,1)
23     arr=np.insert(arr,1,values=total,axis=1) #在第1列后面插入1列
24     arr=np.insert(arr,2,values=add,axis=1)   #在第2列后面插入1列
25     arr=np.insert(arr,3,values=die,axis=1)   #在第3列后面插入1列
26     arr=np.insert(arr,4,values=y,axis=1)     #在第4列后面插入1列
27     file='d:\\历年总人口、新生人口和死亡人口.csv'
28     np.savetxt(file,arr,fmt='%i',delimiter=',',comments='',header='年份,总人口,
       出生人口,死亡人口,净增人口')
29     x=np.loadtxt(file,dtype=np.int,delimiter=',',skiprows=1)
30     print(x)
```

```
[[  1949  54167  1950  1083   867]
 [  1950  55196  2042   994  1048].......
```

例 10-6　读"testSet. txt"文件。"testSet. txt"是机器学习中的一个经典数据集，共 100 行、3 列，里面包含了对二维随机变量（x,y）的 100 次观察数据，这些样本数据被分成了两类：0 或 1。数据如图 10-5 所示。

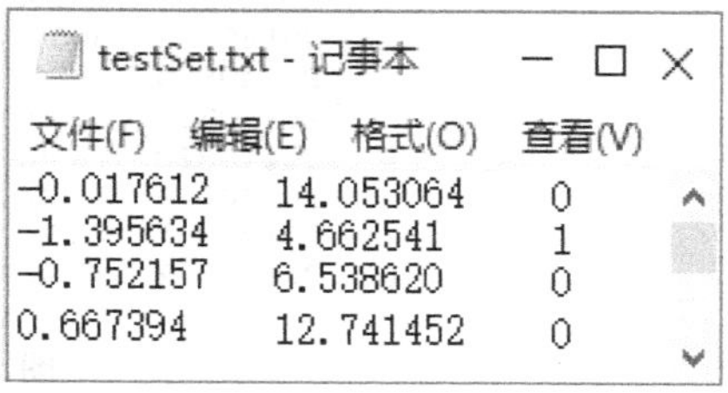

基本思路：用 np. loadtxt( ) 读取文件，返回一个二维数组，形状为（100,3），按默认的换行符拆分行与行之间的数据，每行的数据按空格字符拆分为 3 个数。

图 10-5　"testSet. txt"文件数据

```
1    import numpy as np
2    f = np. loadtxt('d:\\testSet. txt')                    #打开文本文件
3    print('返回的二维数组 f 的形状:',np. shape(f))
4    print(f)
```

返回的二维数组 f 的形状: (100,3)
```
[[-1.7612000e-02  1.4053064e+01  0.0000000e+00]
 [-1.3956340e+00  4.6625410e+00  1.0000000e+00]
 [-7.5215700e-01  6.5386200e+00  0.0000000e+00]
 [-1.3223710e+00  7.1528530e+00  0.0000000e+00]
 ......
 [3.1702900e-01  1.4739025e+01  0.0000000e+00]]
```

习题

10-1　用 np. random. randint(low,high,(shape)) 随机生成一个：3 行、5 列的二维数组，并分别统计各行（axis =0）、各列（axis =1）元素的和、平均值、最大值、最小值、方差、标准差；输出该数组最小元素、最大元素所在的索引。

10-2　用 np. arange(a,b,x) 创建一个含 15 个元素的一维数组，再用函数 reshape( ) 将该数组变为 3 行、5 列的二维数组，然后用 np. linspace(a,b,n) 创建一个含 5 个元素的一维数组，并将这个一维数组插入到上面二维数组的第一行前。

10-3　用 NumPy 生成两个二维数组 A、B，形状均为（2,3），计算：

（1）A 与 B 的点积；

（2）A 与 B 的乘法；

（3）将 A 与 B 转为两个矩阵，再计算这两个矩阵的乘法。

10-4　文件"深指日交易数据 . csv"收集了深圳股市综合指数 2014. 08. 21 至 2014. 09. 02 期间的日交易数据，包括：开盘数、最高数、最低数、收盘数、涨跌幅，数据如图 10-6 所示。用 np. loadtxt( ) 读取该文件内容，并输出交易日期、收盘数、涨幅。

	A	B	C	D	E	F
1	cDay	mOpen	mHigh	mLow	mClose	dcRate
2	20140821	8021.15	8024.65	7904.07	8010.71	-0.15
3	20140822	8003.53	8074.42	7997.59	8059.4	0.61
4	20140825	8054.88	8056.21	7925.22	7934.81	-1.55
5	20140826	7915.33	7946.39	7786.23	7813.98	-1.52
6	20140827	7809.52	7881.25	7809.52	7841.07	0.35
7	20140828	7840.39	7854.28	7735.68	7743.54	-1.24
8	20140829	7758.36	7841.7	7755.47	7841.7	1.27
9	20140901	7852.91	7944.15	7852.87	7941.16	1.27
10	20140902	7958.85	8046.71	7923.98	8043.31	1.29

图 10-6　　深指日交易数据

10-5　用库 xlrd 读取文件："历年总人口．xls" 中从 2001—2016 年期间的年末总人口、男性人口、女性人口，并输出。

10-6　文件"人均国民收入．xls"收录了我国部分地区 1991—2000 年人均国民收入及人均消费金额数据。数据如图 10-7 所示。用 np. loadtxt( ) 读取该文件内容，并保存为 csv 格式文件。

	A	B	C	D
1	序号	年份	人均国民收入	人均消费金额
2	1	1991	1884	932
3	2	1992	2299	1116
4	3	1993	2975	1393
5	4	1994	4014	1833
6	5	1995	4938	2355
7	6	1996	5731	2789
8	7	1997	6314	3002
9	8	1998	6655	3159
10	9	1999	7037	3346
11	10	2000	7732	3632
12	11	2001	8468	3887

收入与消费

图 10-7　　人均国民收入及人均消费金额数据

第 11 章

Matplotlib 库与数据可视化

Matplotlib 是 Python 的第三方库，包括 pyplot 等绘图模块，提供大量用于字体、颜色、线型、点型等的绘图元素。它与 NumPy 库结合，广泛应用于数据的可视化。

本章学习要点：

- 折线图 plot( )、散点图 scatter( )、直方图 hint( )、条形图 bar( )、饼图 pie( ) 等五大图的绘制
- 坐标轴属性的设置
- 画布、图例、标题的属性设置
- 多个子图的设置

11.1　初识 Matplotlib

例 11-1　给定 11 个点坐标，绘制简单折线图（x,y），如图 11-1 所示。

```
1    import numpy as np
2    import matplotlib.pyplot as plt          #引入绘图库
3    x = np.arange(11)                          #从 0 开始,步长为 1 的 11 个整数
4    y = np.array([0.15,0.16,0.14,0.17,0.12,0.16,0.1,0.08,0.05,0.07,0.06])  #取 11 个数
5    plt.plot(x,y,color = 'red',marker = 'o')   #绘制 11 个点的折线图,红色、实点型
6    plt.show()
```

例 11-2　绘制散点图 y = sin(x)，如图 11-2 所示。

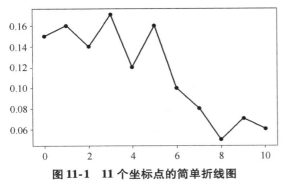

图 11-1　11 个坐标点的简单折线图

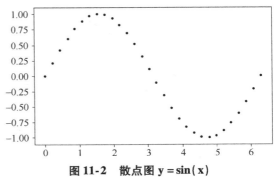

图 11-2　散点图 y = sin(x)

```
1    import matplotlib.pyplot as plt;import numpy as np
2    x = np.linspace(0,2 * np.pi,30)            #将[0,2 * PI]等分为 30 份的一维数组
3    y = np.sin(x)
```

```
4    plt.scatter(x,y,marker = '.',color = 'blue')          # 点型,蓝色
5    plt.show()
```

11.2   掌握 pyplot 基础语法

画图分 3 步：创建画布（有默认，可不写）、添加画布内容、保存与展示图形。

11.2.1   创建画布与创建子图

首先创建一张空白的画布，设置画布的大小，然后选择是否将整个画布划分为多个部分，方便在同一幅图上绘制多个子图。

1. 创建画布

语法如下：

```
fig = plt.figure(figsize = (w,h),dpi = dpi)
```

参数：

1）figsize 为元组，设置图形的大小，w 为图形的宽，h 为图形的高，单位为英寸。

2）dpi 为设置图形每英寸的点数，图形尺寸相同的情况下，dpi 越高，图像的清晰度越高。如 figsize = (8,4)，dpi = 150。

3）fig.set_facecolor((r,g,b))，设置坐标轴的颜色，其中 r、g、b 取 [0,1] 之间的浮点数。

2. 创建子图

语法如下：

```
fig.add_subplot(row,col,k)
```

创建并选中子图，可以指定子图的行数、列数，则绘制子图的个数为：row * col，并选中图片编号 k，其中 1≤k≤row * col。

例 **11-3**   绘制 4 个子图，如图 11-3 所示。

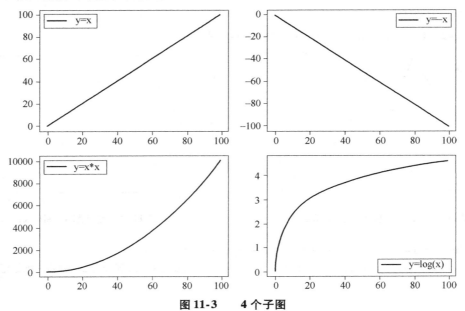

图 11-3   4 个子图

基本思路：将画布分为 4 块，其中：行 row = 2，列 col = 2，依次增加 4 个子图。

```
1   import numpy as np
2   import matplotlib. pyplot as plt
3   x = np. arange(0,100)                                # 创建 0-99 之间整数的一维数组
4   fig = plt. figure(figsize = (8,6),dpi =80)          # 创建画布
5   ax1 = fig. add_subplot(2,2,1)    # (2,2)表示将画布分成 2 行,2 列,可画 4 个子图
6   ax1. plot(x,x)                   # (2,2,1)表示是第 1 个子图:直线 y = x(默认浅蓝色)
7   ax1. legend(['y = x'])
8   ax2 = fig. add_subplot(2,2,2)                        # (2,2,2)表示是第 2 个子图
9   ax2. plot(x,-x,'r')                                  # 画折线图:y = -x(红色 red)
10  ax2. legend(['y = -x'])                              # 第 2 个子图添加图例 y = -x
11  ax3 = fig. add_subplot(2,2,3)                        # (2,2,3)表示是第 3 个子图
12  ax3. plot(x,x ** 2,'b')                              # 画折线图:y = x * x(蓝色 blue)
13  ax3. legend(['y = x * x'])                           # 第 3 个子图添加图例
14  ax4 = fig. add_subplot(2,2,4)                        # (2,2,4)表示是第 4 个子图
15  ax4. plot(x,np. log(x),'g')                          # y = log(x)(绿色 green)
16  ax4. legend(['y = log(x)'],loc = 'lower right')      # 图例在右下方
17  plt. show()
```

11.2.2　添加画布内容：标题、坐标轴、图例

这是绘图的主体部分，其中添加标题、坐标轴名称、绘制图形等步骤是并列的，没有先后顺序，可以先绘制图形，也可以先添加各类标签，但是添加图例一定要在绘制图形之后。画布常见属性如表 11-1 所示。

表 11-1　画布常见属性

序号	函　　数	说　　明
1	plt. title('标题')	在当前图形中添加标题，可以指定标题的名称、位置、颜色、字体大小等参数
2	plt. xlabel('x 轴')	在当前图形中添加 x 轴名称，可以指定位置、颜色、字体大小等参数
3	plt. ylabel('y 轴')	在当前图形中添加 y 轴名称，可以指定位置、颜色、字体大小等参数
4	plt. xlim(a,b)	指定当前图形 x 轴的范围，只能确定一个数值区间（a,b），而无法使用字符串标识
5	plt. ylim	指定当前图形 y 轴的范围，只能确定一个数值区间，而无法使用字符串标识
6	plt. xticks	指定 x 轴刻度的数目与取值
7	plt. yticks	指定 y 轴刻度的数目与取值
8	plt. legend(x,**loc =** **'lower left'**)	指定当前图形的图例，列表 x 为图例的标签内容；loc 为图例的位置，可取：lower left，lower right，up left，up right，upper center，lower center，center left，center right

11.2.3　保存与展示图形

保存与显示图形，如：

```
plt. grid(True)                               # 是否显示网格线,默认为 False
plt. show                                     # 在本机显示图形。
plt. savafig('d:\\filename. png',dpi = 48)    # 保存绘制的图片,dpi = 48 为每英寸 48 个点
```

由于默认的 pyplot 字体并不支持中文字符的显示，需要通过设置 font. sans- serif 参数改变绘图时的字体，使得图形可以正常显示中文。同时，由于更改字体后，会导致坐标轴中的部分字符无法显示，因此需要同时更改 axes. unicode_minus 参数。若要显示中文，则需下面两行代码：

```
plt.rcParams['font. sans-serif']='SimHei'        # 设置中文显示
plt.rcParams['axes. unicode_minus']=False        # 是否字符显示
```

11.3　绘制折线图 plt. plot( )

散点图和折线图是数据分析最常用的两种图形。这两种图形都能够分析不同数值型特征间的关系。其中，散点图主要用于分析特征间的相关关系，折线图则用于分析自变量特征值和因变量特征值之间的趋势关系。

折线图是一种将数据点按照顺序连接起来的图形，可以看作是将散点图，按照 x 轴坐标顺序连接起来的图形。

折线图的主要功能是查看因变量 y 随着自变量 x 改变的趋势，最适合用于显示随时间（根据常用比例设置）而变化的连续数据，还可以看出数量的差异，增长趋势的变化。

11.3.1　折线图 plot 函数完整语法

语法格式：plt. plot(x,y,format_string, ∗ ∗ kwargs)

参数：

1）x, y：x 轴数据，y 轴数据。

2）format_string：是一个字符串来定义图的基本属性，如颜色（color）、点型（marker）、线型（linestyle）、线宽（linewidth）、点型大小（markersize）、透明度（alpha）。

具体形式 fmt ='[color][marker][line]'，fmt 接收的是每个属性的单个字母缩写，如：

```
plot(x,y,'bo-')        #蓝色圆点实线
```

若属性用全名，则不用 ∗ fmt ∗ 参数来组合赋值，一般用关键字参数对单个属性赋值，这样可读性强，如：

```
plot(x,y,color='red',marker=',',linestyle='-',linewidth=1,markersize=
6,alpha=0.6)
```

11.3.2　设置 plot 的风格和样式

plt. plot( ) 函数 format- string 参数说明如下：

（1）颜色。参数 color 或 c，如表 11-2 所示。

表 11-2　颜色参数

颜色	别名	HTML 颜色	颜色	别名	HTML 颜色
蓝色	b	blue	绿色	g	green
红色	r	red	黄色	y	yellow

（续）

颜色	别名	HTML 颜色	颜色	别名	HTML 颜色
青色	c	cyan	黑色	k	black
洋红色	M	magenta	白色	w	white

（2）点型。marker 设置点型，默认为 ','（像素），如表 11-3 所示。

表 11-3　点型参数

标　记	描　述	标　记	描　述
's'	正方形	'p'	五边形
'h'	六边形 1	'H'	六边形 2
'8'	八边形	','	像素
'.'	点	'x'	X
'*'	星号	'+'	加号
'o'	圆圈	'D'	菱形
'd'	小菱形	'None','', None	无
'1'	一角朝下的三脚架	'3'	一角朝左的三脚架
'2'	一角朝上的三脚架	'4'	一角朝右的三脚架

（3）线型。参数 linestyle 或 ls，默认为 '-'（实线），如表 11-4 所示。

表 11-4　线型参数

线 条 风 格	描　述	线 条 风 格	描　述
'-'	实线	':'	虚线
'_'	破折线	'steps'	阶梯线
'-.'	点划线	'None' / ','	什么都不画

（4）线宽。linewidth 或 lw 参数，默认为 1.5，如：

```
plt.plot(x,y,marker = 'o',ls = 'steps',lw = 5)
```

（5）markersize 设置点型大小，取 0～10 之间的数值，默认为 1。

（6）透明度。alpha 参数，在 0～1 之间，越大，颜色越深；如：

```
plt.plot(x,y,c = 'r',alpha = 0.8)
```

（7）fontsize。设置字体大小，只要字符串出现的函数，均可设置字体大小，如：

```
plt.title('标题',fontsize = 16)
plt.ylabel('坐标轴标签',fontsize = 12)
plt.legend(['sin','cos'],fontsize = 10)
```

（8）plt.text() 函数用于画布上，在点（x,y）位置添加文字说明，语法如下：

```
plt.text(x,y,string,fontsize = 15,color,verticalalignment = "top",horizon-
talalignment = "right")
```

参数：

183

1）x,y：表示点的坐标；2）string：表示说明文字；3）fontsize：表示字体大小；4）color 为颜色；5）verticalalignment：垂直对齐方式；6）horizontalalignment：水平对齐方式。

例 11-4 用画布的各种设置，绘制折线图：$y = \sin(x)$，$z = \cos(x)$，如图 11-4 所示。

```
1    import matplotlib.pyplot as plt
2    import numpy as np
3    plt.rcParams['font.sans-serif']='SimHei'          # 设置中文显示
4    plt.rcParams['axes.unicode_minus']=False
5    x=np.arange(0,2*np.pi,0.1)
6    y=np.sin(x)
7    f=plt.figure(figsize=(8,4),dpi=80)                # 画布大小:宽8英寸,高4英寸
8    f.set_facecolor((0.92,0.92,0.96))                 # 设置坐标轴颜色
9    plt.title('正弦、余弦函数图形',fontsize=12)        # 标题,字体大小:12
10   plt.xlabel('x变量',fontsize=12)                   # x轴标签
11   plt.ylabel('y变量',fontsize=12)
12   plt.xlim((0,6.6))                                 # 确定x轴范围
13   plt.ylim((-1,1))
14   plt.xticks(np.arange(0,6.6,0.4))                  # 确定x轴刻度
15   plt.yticks(np.arange(-1,1,0.2))
16   plt.plot(x,y,marker='o',linestyle='-',linewidth=1.2)
                                                       # 绘制正弦折线图:点型、线型、线宽
17   y=np.cos(x)
18   plt.plot(x,y,color='r',marker=',',linestyle='-',linewidth=1.2)
                                                       # 绘制余弦:颜色、点型、线型、线宽
19   plt.legend(['y=sin(x)','y=cos(x)'],fontsize=12)        # 设置图例
20   plt.text(3.2,np.sin(3.2)+0.08,'y=sin(3.2)',fontsize=12)
                                                       # 在点(3.2,sin(3.2)+0.08)处添加文本
21   plt.show()
```

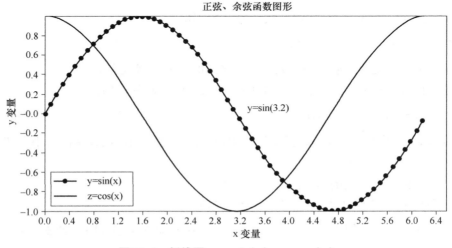

图 11-4 折线图：$y = \sin(x)$，$z = \cos(x)$

例 11-5 文件"sh000001.xls"收录了 A 股沪指 1990.12.19 至 2014.09.02 共 5784 个交易日数据。数据项包括：交易日 cDay，开盘价 mOpen，最高价 mHigh，最低价 mLow，收盘

指数 mClose，成交手 iVol，成交金额 mMoney，涨幅 dcRate，如图 11-5 所示。绘制沪指综合指数收盘数据趋势图，如图 11-6 所示。

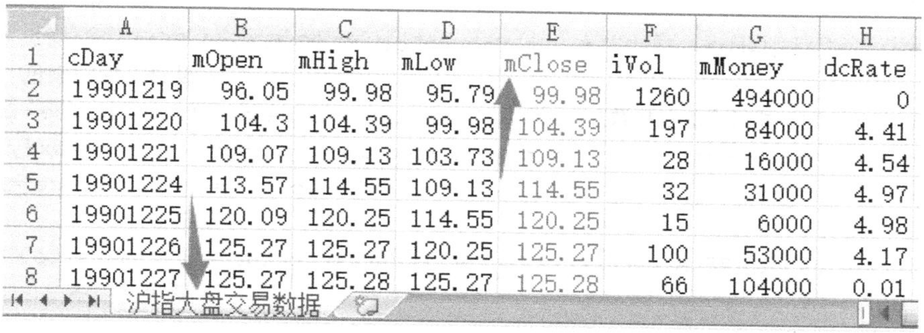

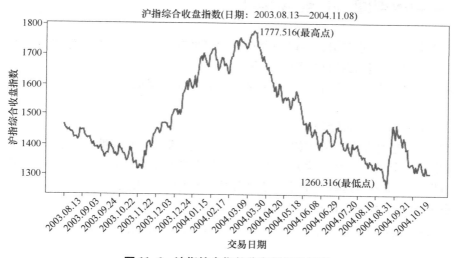

图 11-5　文件"sh000001. xls"部分内容

图 11-6　沪指综合指数收盘数据趋势图

基本思路：连续读取一段时期的收盘指数 mClose，直接绘制折线趋势图。

```
1    import numpy as np
2    import xlrd
3    import matplotlib.pyplot as plt
4    plt.rcParams['font.sans-serif']='SimHei'          # 设置中文显示
5    wb=xlrd.open_workbook("d:/sh000001.xls")          # 沪指综合指数交易数据
6    sheet=wb.sheet_by_index(0)                        # 通过索引获取 sheet 表格
7    d=sheet.col_values(0)[3100:3400]                  # 第 1 列:交易日期
8    y=sheet.col_values(4)[3100:3400]                  # 第 5 列:沪指收盘指数
9    f=plt.figure(figsize=(8,4),dpi=80)                # 设置画布大小
10   plt.xlabel('交易日期',fontsize=12)
11   plt.ylabel('沪指综合收盘指数',fontsize=12)          # 添加纵轴标签
12   x=range(0,len(y));t=[]
13   plt.plot(x,y,marker=',',c='blue')                 # 绘制折线图
14   for i in range(len(d)):                           # 交易日期:年月日之间加点"."
15       a=str(int(d[i]));  b=a[0:4]+"."+a[4:6]+"."+a[6:8]
```

```
16          t. append(b)
17     plt. xticks(range(0,300,15),t[0:300:15],rotation =45)
                                              # rotation =45:旋转 45 度
18     date1 =t[0];date2 =t[-1];f. set_facecolor((0.92,0.92,0.96))
                                              # 设置坐标轴颜色
19     plt. title('沪指综合收盘指数' +'(日期:' +date1 +'-' +date2 +')',fontsize =12)
20     i_min,Min =np. argmin(y),np. min(y);i_max,Max =np. argmax(y),np. max(y)
21     plt. text(i_max +3,Max-10,str(Max) +'(最高点)',color = 'r',fontsize =12)
                                              # 最高点
22     plt. text(i_min-75,Min +6,str(Min) +'(最低点)',color = 'r',fontsize =12)
                                              # 最低点
```

11.4　绘制散点图 plt. scatter( )

散点图又称为散点分布图，是以一个特征为横坐标，另一个特征为纵坐标，利用坐标点（散点）的分布形态反映特征间的统计关系。

值是由点在图表中的位置表示，类别是由图表中的不同标记表示，通常用于比较跨类别的数据。

散点图可以提供两类关键信息：

1）特征之间是否存在数值或数量的关系趋势，关系趋势是线性的，还是非线性的？

2）如果某一个点或几个点偏离大多数点，则这些点是离群集，通过散点图可以一目了然，从而可以进一步分析这些离群集是否在建模分析中产生很大的影响。

散点图 scatter 函数完整语法如下，其参数如表 11-5 所示。

plt. **scatter**(x,y,s =None,c =None,marker =None,alpha =None, ** kwargs)

表 11-5　散点图函数 plt. scatter 主要参数说明

序号	参　数	说　明
1	x, y	接收 array，表示 x 轴和 y 轴对应的数据，无默认
2	s	接收数值或者一维的 array，指定点的大小，若传入一维 array，则表示每个点的大小。默认为 1.5
3	c 或 color	接收颜色或者一维的 array，指定点的颜色，若传入一维 array，则表示每个点的颜色
4	marker	接收特定 string，表示绘制的点的类型
5	alpha	接收 0-1 的小数，表示点的透明度。越大，颜色越深

例 11-6　绘制：y = x ** 3 散点图（16 个点），要求：序号奇数点为蓝色，偶数点为红色，且点的大小随序号而增大，如图 11-7 所示。

基本思路：散点图函数 plt. scatter( ) 有参数 s，可以传入一个列表，表示各点的大小。

```
1     import matplotlib. pyplot as plt
2     import numpy as np
3     x =np. linspace(0,16,10)              # 把[0,16]分为 10 等份
4     y =x ** 3
5     c =[]                                 # 颜色列表
```

```
6        size = [ ]                          # 大小列表
7        for i in range(10):
8            size. append(20 + i ** 3)        # i 越大, 点的形状越大
9            if i % 2 == 0:                    # 能被 2 整除
10               c. append('red')              # 偶数:红色
11           else:
12               c. append('blue')             # 奇数:蓝色
13       plt. scatter(x,y,color = c,s = size)  # 散点图
14       plt. legend(['y = x^3'],fontsize =10)
15       plt. show()
```

例 11-7　为研究我国人均消费金额 y（元）与人均国民收入 x（元）之间的关系，现收集到 1991—2010 年的样本数据，数据来源于 2011 年《中国统计年鉴》（数据文件：人均消费金额与人均国民收入 . xls）。绘制：人均消费金额 y 与人均国民收入 x 之间的散点图。数据文件如图 11-8 所示，绘图结果如图 11-9 所示。从图 11-9 可以看出，人均消费金额 y（元）与人均国民收入 x（元）具有线性关系。

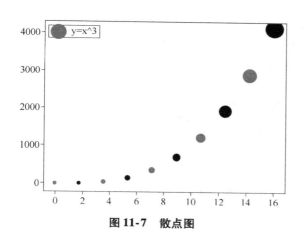

图 11-7　散点图

图 11-8　例 11-7 的部分数据

```
1    import matplotlib. pyplot as plt;import xlrd
2    plt. rcParams['font. sans-serif'] = ['SimHei']
3    plt. rcParams['axes. unicode_minus'] = False
4    wb = xlrd. open_workbook("d:\\人均消费金额与人均国民收入 . xls")
5    sheet = wb. sheet_by_index(0)                # 通过索引获取表格
6    col_1 = sheet. col_values(2)                 # 获取第 2 列内容:人均国民收入
7    col_2 = sheet. col_values(3)                 # 获取第 3 列内容:人均收费金额
8    x = col_1[1:21];  y = col_2[1:21]            # 获取第 1 行至 20 行数据
9    plt. figure(figsize = (8,5))                 # 设置图片大小
10   plt. title('人均国民收入与人均消费金额散点图',fontsize =15)     # 标题
11   plt. xlabel('人均国民收入 x(元)',fontsize =12)   # 设置 x 标签及字体大小
12   plt. ylabel('人均消费金额 y(元)',fontsize =12)   # 设置 y 标签及字体大小
13   plt. scatter(x,y,color = 'blue',marker = 'o')    # 散点图:marker 表示点的形状
14   plt. show()
```

人均国民收入与人均消费金额散点图

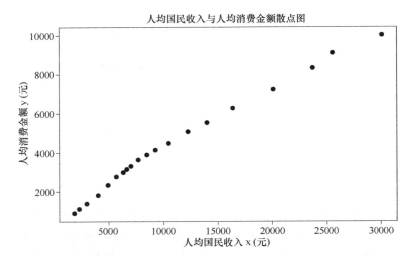

图 11-9　人均国民收入与人均消费金额的散点图

例 11-8　读取 logistic 回归经典二分类数据集（数据文件：testSet. txt）。该数据集，共 100 行、3 列，里面包含了对二维随机变量（x, y）的 100 次观察数据，这些样本数据被分成了两类：0 或 1，如图 11-10 所示。现绘制散点图，不同的分类，显示不同的颜色、不同的形状。

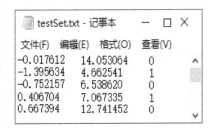

图 11-10　数据文件 testSet. txt

基本思路：函数 scatter( ) 能根据不同的点绘制不同的大小、颜色，但它本身不能改变点的形状。若两种类别的点显示不同的点型，则可以通过 2 次调用函数 scatter( ) 来实现。结果如图 11-11 所示。

```
1    import matplotlib. pyplot as plt
2    def loadDataSet():  # ------------ 定义函数:加载二分类经典数据集 ---------------
3        x1 =[];  y1 =[];  x2 =[];  y2 =[]
4        f =open('d:\\testSet. txt')                      # 打开文本文件
5        for line in f. readlines():                      # 按行迭代读取数据
6            lineList =line. strip(). split()            # 按默认字符(空格)拆分数据
7            if int(lineList[2]) ==0:                     # 类别 0 的点
8                x1. append(float(lineList[0]))
9                y1. append(float(lineList[1]))
10           else:                                         # 类别 1 的点
11               x2. append(float(lineList[0]))
12               y2. append(float(lineList[1]))
13       return x1,y1,x2,y2
14
15   x1,y1,x2,y2 =loadDataSet()                           # 二维点(x,y)的分类:0 或 1
16   plt. rcParams['font. sans-serif'] =['SimHei']       # 绘图时可以显示中文
17   plt. rcParams['axes. unicode_minus'] =False
18   plt. title('二维随机变量(x,y)散点图分类',fontsize =12)    # 标题
19   plt. xlabel('随机变量 x ',fontsize =12)
```

```
20      plt.ylabel('随机变量 y ',fontsize =12)
21      plt.scatter(x1,y1,color ='red',marker ='o')
                                        # 类别为 0 的点:散点图,颜色 red,点型:o
22      plt.scatter(x2,y2,color ='blue',marker =' +')
                                        # 类别为 1 的点:散点图,颜色 blue,点型: +
23      plt.legend(['类别 0','类别 1'],loc ='upper left')    # 设置图例,位置:左上方
24      plt.show()
```

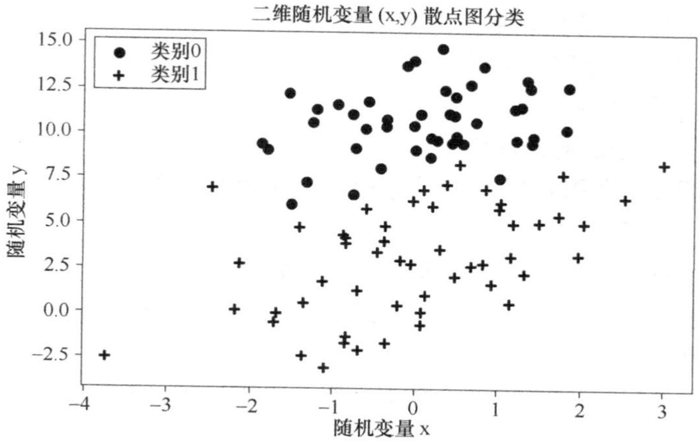

图 11-11　经典二分类数据散点图

11.5　绘制直方图 plt.hist( )

直方图主要用于分析数据内部的分布状态。

11.5.1　直方图的概念及类别

直方图又称为质量分布图,是一种统计报告图,由一系列高度不等的纵向条纹或线段表示数据分布的情况,一般用横轴表示数据所属类别,纵轴表示数量或者占比。

直方图可以比较直观地看出产品质量特性的分布状态,便于判断其总体质量分布情况。直方图可以发现分布表无法发现的数据模式、样本的频率分布和总体的分布。

1. 频数直方图

设一维随机变量 u 有 m 个不同的取值,将 u 的最小数和最大数,等分为 n 个间隔的一维数组（含终值）,即 x = np.linspace(min(u),max(u),n),然后统计 u 的取值落在每个间隔中的个数（即频数）用纵轴来代表频数,即为频数直方图。

2. 频率直方图

将频数直方图中每个间隔的频数除以数据总个数,即为频率直方图。当观测数据充分大时,频率直方图近似地反映了随机变量 u 概率密度曲线的大致形状。

11.5.2　直方图的画法

在 Python 中,绘制直方图是使用 matplotlib.pyplot.hist( ) 函数,语法格式如下:

189

```
(n_arr,bins,patches) =plt. hist (x,n =None,range =None,density =None,color =None,
label =None,stacked =False,normed =None, * ,data =None, ** kwargs)
```

详细参数说明见官方文档：

https://matplotlib. org/api/_as_gen/matplotlib. pyplot. hist. html#matplotlib. pyplot. hist

主要参数说明：

1）x：（n,）array or sequence of(n,) arrays，指定每个箱子分布的数据，对应 x 轴；

2）n：integer or array_like，指定 bin（箱子）的个数，即直方图条数，默认为 10；

3）density：取 0 为频数图，取 1 为频率图，默认为 0；

4）linewidth：直方图之间分隔线的宽度，默认为 0；

5）edgecolor：分隔线的颜色；

6）facecolor：直方图的前景颜色；

7）alpha：透明度，范围 0 到 1，默认为 1，越大表示图像越亮。

返回值：

1）n_arr：为一维数组，表示每一间隔中所含数据的个数；

2）bins 为一维数组，默认为：bins = np. linspace(min(x),max(x),n)，即将 x 的最小数和最大数，等分个数 n 的一维数组（含终值）。

例 11-9　绘制：随机生成 10000 个数据，服从均值为 0，方差为 1 的正态分布的频率直方图（间隔个数：30）。结果如图 11-12 所示。

```
1    import matplotlib. pyplot as plt
2    import numpy as np
3    plt. figure (figsize = (8,4),dpi =80)
4    np. random. seed(0)
5    data =np. random. normal (0,1,10000)          # 生成 10000 个标准正态分布数据
6    n,bins,patches = plt. hist (data,30,density = 1,facecolor = 'blue ',alpha = 0. 8,
     edgecolor ='white',linewidth =1)
7                                                 # 频率直方图:density =1
8    y =np. exp (-0. 5 * bins * bins)/np. sqrt (2 * np. pi)    # 概率密度值
9    plt. plot (bins,y,'r-')                        # 概率密度折线图
10   plt. title (r'Histogram of IQ: $ \mu =0$, $ \sigma =1$ ')
                                                   # 用专用格式化符号,添加标题,r 表示不转义
11   plt. show ()
```

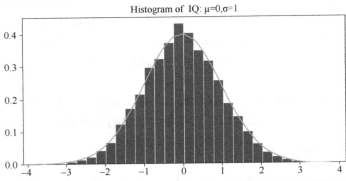

图 11-12　10000 个随机数据，服从标准正态分布的频率直方图（间隔个数：30）

190

例 11-10　文件"高数线代考试成绩.xls"包含了某年级 159 个同学的高等数学考试成绩，如图 11-13 所示。根据这些成绩，绘制频率直方拟合图。由于考试成绩落在 [0，100] 之间，分成 10 个间隔。由数理统计原理，只有样本数据容量足够大，考试成绩近似服从正态分布。

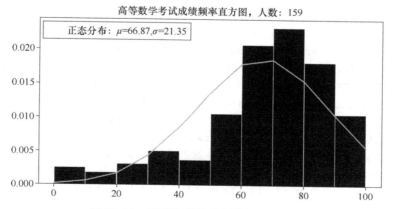

	A	B	C	D
1	班　级	学　号	姓　名	考试成绩
2	090311	09031101	董雅芸	87.00
3	090311	09031102	朱琴	100.00
4	090311	09031103	高***	57.00
5	090311	09031104	刘彬彬	69.00
6	090311	09031105	鲍**	22.00
7	090311	09031106	蔡**	38.00
8	090311	09031107	陈志锋	86.00
9	090311	09031108	邓林龙	85.00

高等数学成绩　线性代数成绩

图 11-13　文件"高数线代考试成绩.xls"部分内容

基本思路：将考试成绩每隔 10 分画一个直方条形，直方图的高即为该分段所占人数的比，从结果图 11-14 可以看出，该考试成绩近似服从正态分布。

```
1   import numpy as np;import xlrd
2   import matplotlib.pyplot as plt
3   wb = xlrd.open_workbook("d://高数线代考试成绩.xls")
4   sheet = wb.sheet_by_index(0)                          # 通过索引获取 sheet 表格
5   col_2 = sheet.col_values(3)                           # 获取第 3 列内容:考试成绩
6   x = np.array(col_2[1:],dtype = float)
7   f = plt.figure(figsize = (8,4),dpi = 80)              # 设置画布大小
8   f.set_facecolor((0.92,0.92,0.96))                     # 设置坐标轴颜色
9   plt.rcParams['font.sans-serif'] = 'SimHei'           # 设置中文显示
10  plt.rcParams['axes.unicode_minus'] = False
11  n,bins,patches = plt.hist(x,10,density = 1,facecolor = 'blue',edgecolor = '
    white',linewidth = 1,alpha = 0.75)
12  mu = np.mean(x)                                       # 平均值
13  sigma = np.std(x)                                     # 标准差
14  y = np.exp(-0.5 * (bins-mu) * (bins-mu)/(sigma ** 2))/(np.sqrt(2 * np.pi) * sig-
    ma)                                                  # 密度值
15  plt.plot(bins,y,'r-')                                 # 概率密度折线拟合图
16  plt.title('高等数学考试成绩频率直方图' + ',人数:' + str(len(x)))
17  plt.legend([r'正态分布:$ \mu =%.2f $,$ \sigma =%.2f $'% (mu,sigma)])
```

图 11-14　高等数学考试成绩频率直方图

11.6　绘制条形图 plt. bar( )

条形图也称为柱状图，是一种以长方形的长度为变量的统计图表，长方形的长度与它所对应的变量数值呈一定比例。条形图分竖放条形图、横放条形图和并列条形图三种。

11.6.1　竖放条形图：plt. bar( )

竖放条形图函数 plt. **bar**( ) 语法如下，参数说明如表 11-6 所示。

```
plt.bar(x,height,width =0.8,bottom =None,hold =None,data =None,** kwargs)
```

表 11-6　竖放条形图函数 plt. bar 主要参数说明

序号	参　数	说　明
1	x	接收 array，表示 x 轴数据。无默认
2	height	接收 array，表示 x 轴所代表数据的数量，即竖放条形图的高度。无默认
3	width	接收 0 ~ 1 之间的 float，指定条形图宽度。默认为 0.8
4	color	元组或列表，条形颜色
5	tick_label	元组、列表、字符串，条形数据的标签
6	edgecolor	条形的边框颜色

例 11-11　根据文件"普通高校毕业生人数 . xls、硕研报考人数 . xls、硕研录取人数 . xls"，如表 11-7 所示，绘制硕研人数的条形图。结果如图 11-15 所示。

表 11-7　普通高校毕业、硕研、硕研录取人数（2016—2020 年）　（单位：万人）

项　　目	2016	2017	2018	2019	2020
普通高校毕业人数	765	795	820	834	874
硕研报考人数	177	201	238	290	341
硕研录取人数	59	72. 2	76. 3	80	111. 4

```
1  import matplotlib. pyplot as plt
2  plt. rcParams['font. sans-serif'] =['SimHei']
3  plt. rcParams['axes. unicode_minus'] =False
4  x = ('2016','2017','2018','2019','2020')        # 条形图标签数据:年份(对应 x 轴)
5  y =[177,201,238,290,341]                        # 硕研报考人数(条形图高度数据)
6  plt. bar(x,y,color ='b',width =0.45,tick_label =x,edgecolor ='k')
                                                    # 条形的边框颜色
7  plt. xticks(fontsize =12);plt. yticks(fontsize =12)      # 坐标轴刻度:字体大小
8  plt. title('硕士研究生报考人数(2016-2020 年)',fontsize =13)
9  for i in range(len(x)):                          # 添加文本数据
10     plt. text(i-0.3,y[i] +12,str(y[i]) +'万人',fontsize =12)
11 plt. show()
```

图 11-15 竖放条形图

11.6.2　横放条形图：plt.barh()

若要生成横放条形图，则可以使用 barh 函数，其语法如下，参数说明如表 11-8 所示。

```
plt.barh(y,width,height =0.8,color,tick_label)
```

表 11-8　横放条形图函数 plt.barh 主要参数说明

序号	参　数	说　明
1	y	接收 array，表示 y 轴数据。无默认
2	width	接收 array，表示 x 轴所代表数据的数量，即横放条形图的宽度。无默认
3	height	接收 0 ~ 1 之间的 float，指定横放条形图高度。默认为 0.8
4	color	元组或列表，条形颜色
5	tick_label	元组、列表、字符串，条形数据的标签

例 11-12　利用例 11-11 中数据，绘制硕研录取人数的横放条形图，如图 11-16 所示。

```
1  import matplotlib.pyplot as plt
2  f =plt.figure(figsize =(5,3),dpi =80)           # 设置画布大小
3  f.set_facecolor((0.92,0.92,0.96))               # 设置坐标轴颜色
4  plt.rcParams['font.sans-serif'] =['SimHei']
5  plt.rcParams['axes.unicode_minus'] =False
6  y =('2016','2017','2018','2019','2020')         # 条形图标签数据:年份(对应 y 轴)
7  w =[59,72.2,76.3,80,111.4]                       # 硕研录取人数(条形图宽度数据)
8  c =['g','r','b','g','b']                         # 条形图的颜色列表
9  plt.barh(y,w,height =0.5,color =c,tick_label =y)  # 横放条形图函数 barh
10 plt.title('我国硕士研究生录取人数(2016-2020 年)',fontsize =13)
11 plt.xticks(fontsize =12);plt.yticks(fontsize =12)
12 plt.xlabel('人数',fontsize =12);plt.ylabel('年份',fontsize =12)
13 for i in range(len(y)):
14     plt.text(w[i] +2,y[i],str(w[i]) +'万人')
15 plt.show()
```

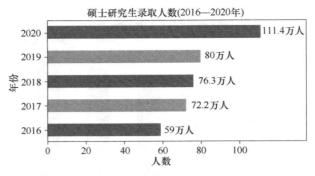

图 11-16　横放条形图

11.6.3　并列条形图：plt. bar( )或 plt. barh( )

多次调用 bar 或 barh 函数，可绘制并列条形图，并调整 bar 或 barh 函数的条形图位置。

例 11-13　利用例 11-11 数据，绘制高校毕业、硕研报考、录取人数的并列条形图，如图 11-17 所示。

图 11-17　普通高校毕业、硕研报考、录取人数并列条形图

```
1    import matplotlib.pyplot as plt;import numpy as np
2    plt.rcParams['font.sans-serif']=['SimHei'];plt.rcParams['axes.unicode_
     minus']=False
3    plt.figure(figsize=(8,4),dpi=80)
4    x=('2016','2017','2018','2019','2020')          # 条形图标签数据:年份(对应 x 轴)
5    h1=[765,795,820,834,874]                         # 普通高校毕业人数
6    h2=[177,201,238,290,341]                         # 硕研报考人数(条形图高度数据)
7    h3=[59,72.2,76.3,80,111.4]                       # 硕研录取人数(条形图宽度数据)
8    bar_width=0.6                                    # 条形宽度
9    bar1=np.arange(0,len(x)*2,2)                     # 条形图 1 的横坐标位置
10   bar2=bar1+bar_width                              # 条形图 2 的横坐标位置
11   bar3=bar2+bar_width                              # 条形图 2 的横坐标位置
12   plt.bar(bar1,height=h1,width=bar_width,color='b',label='毕业人数')
13   plt.bar(bar2,height=h2,width=bar_width,color='g',label='报考人数')
14   plt.bar(bar3,height=h3,width=bar_width,color='r',label='录取人数')
```

```
15    plt.xticks(bar1 + bar_width,x,fontsize=12)
16    plt.ylim(0,1200);plt.yticks(fontsize=12)          # 坐标轴范围、刻度:字体大小
17    plt.title('普通高校毕业、硕研报考、录取人数(2016—2020 年),单位:万人',fontsize=13)
18    plt.legend(loc='upper left')                      # 显示图例
19    for i in range(len(x)):                           # 添加文本数据
20        plt.text(i*2-0.2,h1[i]+12,str(h1[i]),fontsize=12)
21        plt.text(i*2+0.4,h2[i]+12,str(h2[i]),fontsize=12)
22        plt.text(i*2+1.0,h3[i]+12,str(h3[i]),fontsize=12)
23    plt.show()
```

11.7　绘制饼图 plt.pie( )

饼图是将各项的大小与各项总和的比例显示在一张"饼"中,以"饼"的大小来确定每一项的占比。

饼图可以比较清楚地反映出部分与部分、部分与整体之间的比例关系,易于显示每组数据相对于总数的大小,而且显现方式直观。plt.pie( ) 函数语法如下,参数如表 11-9 所示。

```
plt.pie(x,explode=None,labels=None,colors=None,autopct=None,pctdistance=0.6,
shadow=False,labeldistance=1.1,startangle=None,radius=None,…)
```

表 11-9　饼图函数 plt.pie 主要参数说明

序号	参　　数	说　　明
1	x	接收 array,表示用于绘制饼图的数据。无默认
2	explode	接收 array,表示指定项离饼图圆心为 n 个半径。默认为 None
3	labels	接收 array,指定每一项的名称。默认为 None
4	colors	接收特定 string 或者包含颜色字符串的 array,表示饼图颜色
5	autopct	控制饼图内百分比设置,可以使用 format 字符串或者 format function '%1.1f' 指小数点前后位数(没有用空格补齐)
6	pctdistance	接收 float,指定每一项的比例和距离饼图圆心 n 个半径。默认为 0.6
7	shadow	是否有阴影
8	labeldistance	接收 float,指定每一项的名称和距离饼图圆心多少个半径
9	startangle	起始绘制角度,默认图是从 x 轴正方向逆时针画起
10	radius	接收 float,表示饼图的半径。默认为 1

195

例 11-14　某一年度,我国部分地区各类在校学生总数 2.82 亿人,其中幼儿园、小学生、初中生、高中生、高校生、研究生、其他 的人数分别为:4713.88、10561.24、4827.14、3994.9、3715.63、286.37、101,单位:万人,绘制饼图。结果如图 11-18 所示。

```
1    import matplotlib.pyplot as plt
2    plt.rcParams['font.sans-serif']=['SimHei']
3    plt.rcParams['axes.unicode_minus']=False
4    label=["幼儿园","小学生","初中生","高中生","高校生","研究生","其他"]
5    data=[4713.88,10561.24,4827.14,3994.9,3715.63,286.37,101]
```

```
6      exp = [0,0,0,0,0.1,0,0.32]              # 各项离饼图圆心为 n 个半径
7      plt.pie(x = data,labels = label,explode = exp,shadow = True)
```

在各部分内显示所占的百分比，饼图中各部的数值除以各部数值之和，即为各部的百分比。这时，只需给参数 autopct 赋值即可，如：把第 7 行修改为：

```
plt.pie(x = data,labels = label,explode = exp,shadow = True,autopct = '%1.0f%%')
```

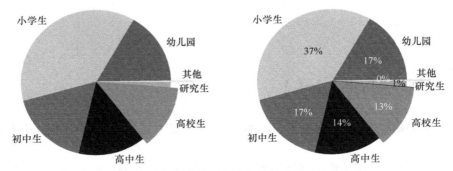

图 11-18　我国部分地区各类在校学生总数分布饼图

*11.8　绘制箱线图 plt. boxplot( )

11.8.1　箱线图概念及绘制方法

箱线图也称为箱须图，其结构如图 11-19 所示，于 1977 年由美国著名统计学家约翰·图基（John Tukey）发明，能提供有关数据位置和分散情况的关键信息，尤其在比较不同特征时，更可表现其分散程度差异。下面先看中位数的定义及求法。

设有 n 个数，从小到大排序为 $S = a_1 a_2 \cdots a_n$，中位数是指处于最中间位置的数据值；若 n 为奇数，则中位数为 $S[(n+1)/2]$；若 n 为偶数，序列 S 不存在一个最中间位置，则中位数为中间 2 个数的平均值，即 $S[n/2] + S[1 + n/2]$ 除以 2。例如：(5,2,1,3,4) 的中位数是 3，而 (4,2,1,3) 的中位数是 $(2+3)/2 = 2.5$。

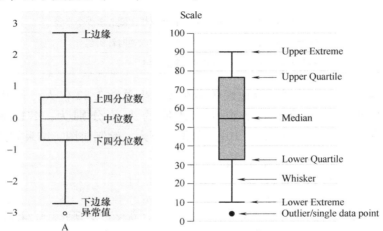

图 11-19　箱线图的结构

箱线图利用数据中的 5 个统计量（最小值、下四分位数、中位数、上四分位数和最大值）来描述数据，它也可以粗略地看出数据是否具有对称性、分布的分散程度等信息，特别适合用于对几个样本的比较。

依照每个数据所在的序号，5 个统计量把所有数据等分成 4 份，其中第一分位数（Q1，下分位数）、第二分位数（Q2，中位数）和第三分位数（Q3，上分位数）分别为数据的第 25%，50% 和 75% 的数字。四分位间距（Inter quartile range）为 IQR = Q3（upper quartile）- Q1（lower quartile）。

箱线图分为两部分，分别是箱（box）和须（whisker）。箱用来表示从第一分位到第三分位的数据；须用来表示数据的范围。

箱线图从上到下各横线分别表示：数据上限、第三分位数（Q3）、第二分位数（Q2）、第一分位数（Q1）、数据下限。有时还有一些圆点，位于数据上下限之外，表示异常值（outliers）。其中，上限 = (Q3 + 1.5IQR, max) 取最小，下限 = (Q1 - 1.5IQR, min) 取最大。

例如：n = 11，则第 6 位数为中位数，Q1 为第 2、3 位数（序号为 2.75 = 11 * 0.25）的平均数，Q3 为第 8、9 位数的平均数（序号为 8.25 = 11 * 0.75）。

箱形图最大的优点就是不受异常值的影响，可以以一种相对稳定的方式描述数据的离散情况。

下列代码用 pandas 库演示了箱线图的情况，如图 11-20 所示。pandas 库的用法见第 13 章。

```
1    import pandas as pd
2    import matplotlib.pyplot as plt
3    data = [1200,1300,1320,1380,1550,1600,1650,1900,2000,2100]
4    df = pd.DataFrame(data)
5    df.plot.box(title="boxplot")
6    plt.grid(linestyle="--",alpha=0.8)
7    plt.show()
8    print(df.describe())
```

输出：

count	10.000000
mean	1600.000000
std	313.014022
min	1200.000000
25%	1335.000000
50%	1575.000000
75%	1837.500000
max	2100.000000

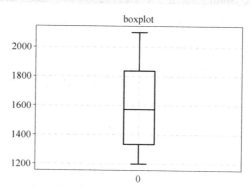

图 11-20　箱线图

11.8.2　箱线图 boxplot 函数用法

箱线图函数 plt.boxplot 语法如下，其主要参数如表 11-10 所示。

```
plt.boxplot(x,notch=None,sym=None,vert=None,whis=None,positions=None,
widths=None,patch_artist=None,meanline=None,labels=None,…)
```

表 11-10 箱线图 boxplot 函数主要参数说明

序号	参　　数	说　　明
1	x	接收 array，表示用于绘制箱线图的数据。无默认
2	notch	接收 boolean，表示中间箱体是否有缺口。默认为否
3	sym	接收特定 sting，指定异常点形状。默认为 + 号显示
4	vert	接收 boolean，表示图形是横向纵向或者横向。默认为纵向
5	whis	指定上下须与上下四分位的距离，默认为 1.5 倍的四分位差
6	positions	接收 array，表示图形位置。默认为 $[0,1,2,\cdots]$
7	widths	接收 scalar 或者 array，表示每个箱体的宽度。默认为 0.5
8	patch_artist	bool 类型参数，是否填充箱体的颜色；默认为 False
9	meanline	接收 boolean，表示是否显示均值线。默认为 False
10	labels	接收 array，指定每一个箱线图的标签。默认为 None
11	boxprops	设置箱体的属性，如边框色、填充色等
12	medianprops	设置中位数的属性，如线的类型、粗细等
13	meanprops	设置均值的属性，如点的大小、颜色等

11.8.3　npz 文件的读取

npz（NumPy Zipped Data）文件属于 NumPy 数据压缩文件，不能直接读取，一般要通过专门的软件读取。

下面以"国民经济核算季度数据.npz"文件为例，进行读取。（数据文件：见"国民经济核算季度数据.npz"，共有 15 列、69 行）

基本思路：由于 npz 格式数据不可直接查看，故先利用 pandas 库，将该文件中的数据读入 NumPy 数组中，然后将 NumPy 数组数据写入 Excel 文件中。这样才可在 Excel 文件中，查看 npz 文件对应的内容。

```
1   import pandas as pd              # 利用 pandas 库,对文件进行读,再写入 Excel 文件中
2   import numpy as np
3   data = np.load('d://国民经济核算季度数据.npz',allow_pickle = True)
4   name = data['columns']           # 提取其中的 columns 数组,这里为数据的标签(列标题)
5   values = data['values']          # 提取其中的 values 数组,为每列对应的数据
6   data1 = pd.DataFrame(name)
7   values1 = pd.DataFrame(values)
8   col_writer = pd.ExcelWriter('d:/col_name.xls')         # 列标题写入 Excel 文件
9   row_writer = pd.ExcelWriter('d:/国民经济核算季度数据.xls')      # 行数据写入
10  data1.to_excel(col_writer,'page_1',float_format = '%d')      # 开始写入列
11  values1.to_excel(row_writer,'page_1',float_format = '%.2f')   # 开始写入行
12  col_writer.save();col_writer.close()
13  row_writer.save();row_writer.close()                   # 最后,要保存,并关闭文件
14  print("各列含义:",name)
```

各列含义:['序号','时间','国内生产总值_当季值(亿元)','第一产业增加值_当季值(亿元)' …

例 11-15　绘制 2001—2016 年各产业国民生产总值箱线图。结果如图 11-21 所示。

基本思路：对照写入的 Excel 文件各列内容，读取 npz 文件的相应内容，再绘图。

```
1    import numpy as np
2    import matplotlib.pyplot as plt
3    plt.rcParams['font.sans-serif']='SimHei'          # 设置中文显示
4    plt.rcParams['axes.unicode_minus']=False
5    data=np.load('d://国民经济核算季度数据.npz',allow_pickle=True)
6    name=data['columns']              # 提取其中的 columns 数组,视为数据的标签
7    values=data['values']             # 提取其中的 values 数组,数据的存在位置
8    label=['第一产业','第二产业','第三产业']        # 定义标签
9    gdp=(list(values[5:69,3]),list(values[5:69,4]),list(values[5:69,5]))
                                        # 5 至 68 行,3、4、5 列,三产业数据
10   plt.figure(figsize=(6,4))
11   plt.boxplot(gdp,notch=False,labels=label,meanline=True)
12   plt.title('2001-2016 各产业国民生产总值箱线图')
13   plt.show()
```

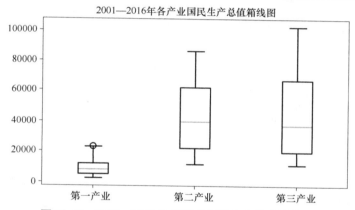

图 11-21　2001—2016 年各产业国民生产总值箱线图

11.8.4　绘图综合案例

例 11-16　文件"美国、中国、日本历年 GDP.xls"收录了美国、中国、日本从 1980 年至 2019 年的 GDP 数据[⊖]，绘制三个国家历年 GDP 趋势图。

基本思路：用 xlrd 库读取文件，获取相应数据，3 次调用 plt.plot 函数。结果如图 11-22 所示。

```
1    import matplotlib.pyplot as plt;import xlrd
2    plt.rcParams['font.sans-serif']=['SimHei'];plt.rcParams['axes.unicode_mi-
     nus']=False
3    wb=xlrd.open_workbook("d:/美国、中国、日本历年 GDP.xls")
4    sheet=wb.sheet_by_index(0)              # 通过索引获取表格
5    col_0=sheet.col_values(0)               # 获取第 0 列内容:年份
```

⊖　本书不包括港澳台地区的数据。

```
6     col_1 = sheet.col_values(1)              # 获取第 1 列内容:美国 GDP
7     col_2 = sheet.col_values(2)              # 获取第 2 列内容:中国 GDP
8     col_3 = sheet.col_values(3)              # 获取第 3 列内容:日本 GDP
9     year = col_0[42:1:-1]                    # 获取年份:从第 42 行开始,到第 2 行,
10    USA_GDP   = col_1[42:1:-1]               # 美国 GDP:从第 42 行开始,到第 2 行,
11    China_GDP  = col_2[42:1:-1]              # 中国 GDP:从第 42 行开始,到第 2 行,
12    Jap_GDP    = col_3[42:1:-1]              # 日本 GDP:从第 42 行开始,到第 2 行,
13    plt.figure(figsize = (8,5))              # 设置图片大小
14    plt.grid(True)                           # 显示网格线
15    plt.title('美国、中国、日本历年 GDP 趋势图(1980-2019)',fontsize =15)    # 标题
16    plt.xlabel('年份',fontsize =13)          # 设置 x 标签及字体大小
17    plt.ylabel('GDP(亿美元)',fontsize =13)
18    plt.plot(year,USA_GDP,color = 'blue',marker = 'o')
                                               # 美国 GDP 折线图:marker 表示点的形状
19    plt.plot(year,China_GDP,color = 'red',marker = 'o')
                                               # 中国 GDP 折线图:marker 表示点的形状
20    plt.plot(year,Jap_GDP,color = 'g',marker = 'o')
                                               # 日本 GDP 折线图:marker 表示点的形状
21    plt.legend(['美国 GDP','中国 GDP','日本 GDP'],fontsize =12)    # 设置图例
22    plt.show()
```

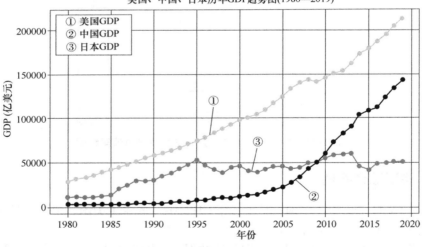

图 11-22　美国、中国、日本历年 GDP 趋势图（1980—2019 年）

例 11-17　文件"历年总人口.xls"收录了我国部分地区 1986—2016 年的城镇、农村人口数,及占比,选择 1986 年、1996 年、2006 年、2016 年的城镇、农村人口占比数据,在同一张图中绘制 4 个饼图,观察我国部分地区近 40 年的城镇化率的变化幅度,如图 11-23 所示。

```
1     import matplotlib.pyplot as plt
2     plt.rcParams['font.sans-serif'] ='SimHei'          # 设置中文显示
3     plt.rcParams['axes.unicode_minus'] = False
4     label1 =['城镇人口','农村人口']
5     fig =plt.figure(figsize = (8,8))
```

```
6    ax1 = fig.add_subplot(2,2,1)        # ---------------- 子图 1 ----------------
7    plt.pie(x=[0.2452,0.7548],explode=[0,0],labels=label1,autopct='%1.1f%%')
8    plt.title('1986年')
9    ax2 = fig.add_subplot(2,2,2)        # ----------------子图 2 ----------------
10   plt.pie(x=[0.3048,0.6952],explode=[0,0],labels=label1,autopct='%1.1f%%')
11   plt.title('1996年')
12   ax3 = fig.add_subplot(2,2,3)        # ---------------- 子图 3 ----------------
13   plt.pie(x=[0.4434,0.5566],explode=[0,0],labels=label1,autopct='%1.1f%%')
14   plt.title('2006年')
15   ax4 = fig.add_subplot(2,2,4)        # ----------------子图 4 ----------------
16   plt.pie(x=[0.5735,0.4265],explode=[0,0],labels=label1,autopct='%1.1f%%')
17   plt.title('2016年')
```

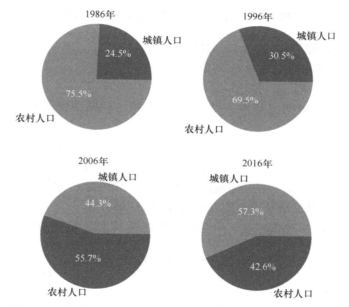

图 11-23　我国部分地区城镇化率的变化幅度（1986—2016 年）

11.9　用 Matplotlib 绘制动态图及保存 gif 格式文件

Spyder 默认环境下，不会显示动画。若要绘制动画，选择 Tools 下的 Preferences，如图 11-24 所示，将默认值"Inline"修改为"Qt5"，设置完后单击"Apply"按钮，退出 Spyder，再进入，即可。

11.9.1　利用交互模式绘制动态图

在 Matplotlib 默认情况下，用 plt.show( ) 函数采用阻塞式的方式显示图片，属于静态形式。如果要显示动态，必须要设为交互模式。相关语法如下：

（1）plt.ion( )：打开交互模式。

（2）plt.ioff( )：关闭交互模式。

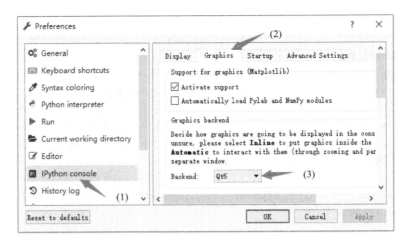

图 11-24　Spyder 默认环境下设置显示动画

（3）plt. clf( )：清除当前的 Figure 对象。

（4）plt. cla( )：清除当前的 Axes 对象。

（5）plt. pause(1)：隔 1s，停止一下。

gif 是一种每隔一段时间（单位：秒），记录 1 帧（即图像快照）图片，从而达到动态效果的动画图片文件。

plt 本身不能保存 gif 动画。通过 Python 生成这种 gif 图的原理，实际上就是通过每次生成图像快照（帧），将它们保存下来，然后放到一个 list 里面，最后通过 imageio. mimsave( ) 函数进行保存即可，其中参数 duration 是生成的 gif 图中每一张图像之间的时间间隔（单位：秒）。

例 11-18　绘制正弦、余弦动画图。结果如图 11-25 所示。

基本思路：每隔 0.2s 绘制正弦、余弦图，共绘制 10 帧，达到动画效果。

```
1    import numpy as np;import matplotlib. pyplot as plt
2    import imageio                                         #引入库,用于保存帧图像
3    image_list =[]
4    plt. figure(figsize = (6,4),dpi =80)
5    plt. ion()                                             #打开交互模式
6    for index in range(10):                                #画10帧
7        plt. cla()                                         #清除原有图像
8        x =np. linspace(-np. pi +0.1 * index,np. pi +0.1 * index,256,endpoint =True)
9        y_cos,y_sin =np. cos(x),np. sin(x)
10       plt. plot(x,y_cos,"r-",linewidth =2.0,label ="y =cos(x)")
11       plt. plot(x,y_sin,"b--",linewidth =2.0,label ="y =sin(x)")
12       plt. pause(0.2)                                    #暂停0.2s
13       plt. savefig('temp. png')
14       image_list. append(imageio. imread('temp. png'))
15   plt. ioff()                                            #关闭交互模式
16   imageio. mimsave('d:\\sin_test. gif',image_list,duration =1)   #保存帧图像
```

例 11-19　绘制移动动态条形图。结果如图 11-26 所示。

基本思路：利用交互模式，每隔 0.2s 绘制条形图，共绘制 10 帧，达到动画效果。

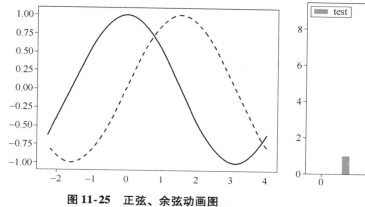

图 11-25　正弦、余弦动画图　　　　　图 11-26　动态条形图

```
1    import matplotlib.pyplot as plt;   fig,ax = plt.subplots()
2    plt.ion()                                    #打开交互模式
3    y1 = [ ]
4    for i in range(10):
5        y1.append(i)                             #每迭代一次,将 i 放入 y1 中画出来
6        ax.cla()                                 #清除原有图像
7        ax.bar(y1,label = 'test',height = y1,width = 0.3)     #画条形图
8        ax.legend()
9        plt.pause(0.2)                           #暂停 0.2s
10   plt.ioff()                                   #关闭交互模式
```

11.9.2　利用 FuncAnimation 绘制动态图

函数 FuncAnimation(fig,func,frames,init_func,interval,blit)，参数如下：

1）fig：绘制动态图的画布名称。

2）func：自定义动画函数，即下边程序定义的函数 update。

3）frames：动画长度，一次循环包含的帧数，在函数运行时，其值会传递给函数 update（n）的形参 "n"。

4）init_func：自定义开始帧，即传入刚定义的函数 init，初始化函数。

5）interval：更新频率，以 ms 计。

6）blit：选择更新所有点，还是仅更新产生变化的点。应选择 True，但 Mac 用户请选择 False，否则无法显示。

例 11-20　绘制一个点，沿着正弦曲线移动。结果如图 11-27 所示。

基本思路：调用函数 FuncAnimation，每隔 100ms 绘制动态点，达到动画效果。

```
1    import numpy as np
2    import matplotlib.pyplot as plt
3    from matplotlib import animation
4    fig,ax = plt.subplots()
5    x = np.linspace(0,2 * np.pi,200)
6    y = np.sin(x)
7    t = ax.plot(x,y)                          # 先绘制好正弦曲线
```

```
8      dot, = ax.plot([],[],'ro')          # 这个逗号不能省
9      def init():                          # 定义初始化函数:设置坐标轴参数
10         ax.set_xlim(0,2 * np.pi)         # x轴的刻度范围
11         ax.set_ylim(-1,1)                # y轴的刻度范围[-1,1]
12         return t
13
14     def gen_dot():                       # 定义函数:沿着正弦曲线迭代生成点的坐标
15         for i in np.linspace(0,2 * np.pi,200):
16             newdot =[i,np.sin(i)]
17             yield newdot
18
19     def update_dot(newd):                # 定义函数:根据点的坐标更新点的位置
20         dot.set_data(newd[0],newd[1])
21         return dot,                       # 这个逗号不能省
22
23     ani =animation.FuncAnimation(fig,update_dot,frames =gen_dot,interval =100,init
       _func =init,blit =False)
24     plt.show()
25     ani.save('d:\\sin_dot.gif',writer = 'imagemagick',fps =30)      # 保存帧图片
```

例 11-21　绘制一个点，沿着正弦曲线移动，并动态显示点的坐标。结果如图 11-28 所示。

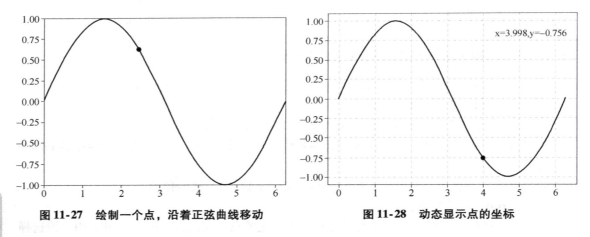

图 11-27　绘制一个点，沿着正弦曲线移动　　　　图 11-28　动态显示点的坐标

基本思路： 在例 11-20 实现功能的基础上，添加动态点的坐标。

```
1      import numpy as np
2      import matplotlib.pyplot as plt
3      import matplotlib.animation as animation
4      x =np.linspace(0,2 * np.pi,100)
5      y =np.sin(x)
6      fig =plt.figure(tight_layout =True)
7      plt.plot(x,y)                        # 先绘制好正弦曲线
8      point_ani, =plt.plot(x[0],y[0],"ro") # 绘制初始点
9      plt.grid(ls ="--")                   # 显示网格线
```

```
10      text_pt = plt. text(4,0.8,'',fontsize = 16)        # 在指定位置显示文本
11
12      def update_points(num):
13          point_ani. set_marker("o")                     # 设置点的形状
14          point_ani. set_markersize(8)                   # 设置点型的大小
15          point_ani. set_data(x[num],y[num])             # 设置点的坐标
16          text_pt. set_text("x = %. 3f,y = %. 3f"% (x[num],y[num]))   # 在指定位置显示文本
17          return point_ani,text_pt,
18
19      ani = animation. FuncAnimation(fig,update_points,np. arange(0,100),interval
        =100,blit = True)
20      plt. show()
21      ani. save('sin_test3. gif',writer = 'imagemagick',fps =10)
```

11.10　Python 其他图像功能

11.10.1　图片像素处理

　　像素（pixel）是影像显示的基本单位。在整个图像中，可以将像素看作以一个颜色单一并且不能再分割成更小元素或单位的小格，单位面积内的像素越多代表图像分辨率越高，所显示的影像就越清晰。

　　图像分辨率用像素表示，例如"640 ×480 显示器"，它表示横向 640 像素和纵向 480 像素，因此其总数为 640 ×480 = 307,200 像素，即 30 万像素分辨率。

　　RGBA 是代表 Red（红色）、Green（绿色）、Blue（蓝色）和 alpha 的色彩空间。alpha 通道一般用作不透明度参数。如果一个像素的 alpha 通道数值为 0%，那它就是完全透明的（也就是看不见的），而数值为 100% 意味着一个完全不透明的像素（传统的数字图像）。在 0% 和 100% 之间的值使得像素可以透过背景显示出来，就像透过玻璃（半透明性）。

　　例 11-22　利用 matplotlib. image 读取手写数字图片，并显示图片，如图 11-29 所示。

　　基本思路：进入 Windows 的画图界面，用画笔绘制一个手写 28 像素 * 28 像素的数字，保存图片文件（扩展名为 png、jpg、bmp 都可以），然后用 matplotlib. image 读取图片；读取图片时，在每一个像素点返回含有 4 个数的列表，表示每一个像素点的RGBA 值。

```
1       import numpy as np
2       import matplotlib. pyplot as plt
3       import matplotlib. image as img
4       a = img. imread("d:/6. png")   # a 为三维数组,前 2 维为点的坐标,第 3 维为点的 RGBA 颜色值
5       print(type(a))                              #<class 'numpy. ndarray' >
6       print("图像数据维度:",np. shape(a))           # (28,28,4)
7       print("给定像素点的 RGBA:",a[5,10])           #[0.7 0.7  0.7 1. ]
8       plt. imshow(a)                              # 显示图片,如图 11-29 所示
```

例 11-23　利用 PIL. image 读取图片：（RGBA），并将图片数字化：one- dot。

基本思路：函数 matplotlib. image（）功能比较单一。相比，PIL. image 库的功能更加强大，利用该库下的 convert（mode）函数，可以根据参数 mode 的取值，将所有像素点的颜色 RGBA 值转化为 0-1，取值范围为 0 ~ 255，再根据像素点的坐标，循环迭代显示出来，如图 11-30 所示。

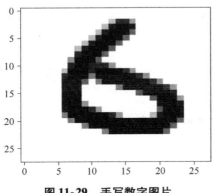

图 11-29　手写数字图片

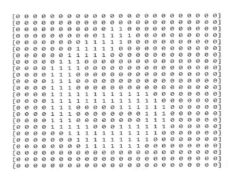

图 11-30　图片数字化为 0-1

```python
1   import numpy as np
2   import matplotlib. pyplot as plt
3   import PIL. Image as image
4   img = image. open ('d:/6. png')
5   print (img. getpixel ((0,0)) , img. getpixel ((8,15)))      # 显示像素点 (y,x) 处的颜色值:RGBA
6   ''' --- convert (mode,matrix,dither,palette,colors) ,参数 mode 取值说明 ----------
7   模式'1':转为 2 值图像,非黑即白,0 表示黑,255 表示白
8   模式'L':转为灰色图像,取值范围 0 到 255,其中 0 表示黑,255 表示白,其他数字表示灰度
9   --------------------------------------------------------------------- '''
10  f = img. convert ('1')
11  h,w = f. size                          # 获得图像的高度、宽度
12  a = [ ]
13  for j in range (h):
14      b = [ ]
15      for i in range (w):
16          x = f. getpixel ((i,j))        # 获得坐标 (i,j) 像素点处的颜色值
17          if x == 0:
18              y = 1
19          else:
20              y = 0
21          b. append (y)
22      a. append (b)
23  d = np. array (a)
24  c = np. array (a)
25  t = c. shape [0]
26  for i in range (t):
27      print (c[i,:])                     # 将图片数字化 0-1 的结果打印出来,如图 11-30 所示
```

11.10.2 绘制 3D 图

例 11-24 绘制 3D 图：$z = 2 + a - 2 * \cos(x) * \cos(y) - a * \cos(b - 2 * x)$，如图 11-31 所示。

基本思路：3D 图形需要的数据与等高线图基本相同：X、Y 数据决定坐标点，Z 轴数据决定 X、Y 坐标点对应的高度。为了绘制 3D 图形，需要调用 Axes3D 对象的 plot_surface( ) 方法来完成。

```
1    from mpl_toolkits.mplot3d.axes3d import Axes3D
2    import numpy as np
3    import matplotlib.pyplot as plt
4    a = 0.7
5    b = np.pi                                      # 系数,由 X,Y 生成 Z
6    def mk_Z(X,Y):                                 # 计算 Z 轴的值
7        return 2 + a - 2 * np.cos(X) * np.cos(Y) - a * np.cos(b - 2 * X)
8    x = np.linspace(0,2 * np.pi,100)
9    y = np.linspace(0,2 * np.pi,100)
10   X,Y = np.meshgrid(x,y)                         # 将坐标向量(x,y)变为坐标矩阵(X,Y)
11   Z = mk_Z(X,Y)
12   fig = plt.figure(figsize = (14,6))
13   ax = fig.add_subplot(1,2,1,projection = '3d')      # 创建 3d 的视图
14   ax.plot_surface(X,Y,Z,rstride = 5,cstride = 5)      # 绘制面
15   ax = fig.add_subplot(1,2,2,projection = '3d')       # 创建 3d 视图
16   p = ax.plot_surface(X, Y, Z, rstride = 1, cstride = 1, cmap = 'rainbow',
     antialiased = True)
17   cb = fig.colorbar(p,shrink = 0.5)              # 使用 colorbar,添加颜色柱
18   plt.show()
```

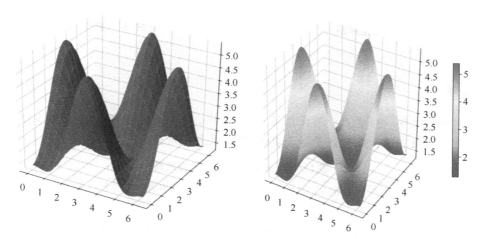

图 11-31 绘制 $z = 2 + a - 2 * \cos(x) * \cos(y) - a * \cos(b - 2 * x)$ 图像

11.10.3 绘制极坐标条形图 (玫瑰图)

例 11-25 绘制一个极坐标系，如图 11-32 所示。

207

```
1    import matplotlib.pyplot as plt
2    plt.axes(polar = True)                          # 绘制一个极坐标图形
3    plt.show()
```

例 11-26 绘制极坐标条形图，如图 11-33 所示。

```
1    import numpy as np
2    import matplotlib.pyplot as plt
3    plt.axes(polar = True)                          # 绘制一个极坐标图形
4    y = np.array([4,6,1,5,8])
5    x = np.array([0,1,2,3,4])
6    plt.bar(x,y,align = 'edge')
7    plt.show()
```

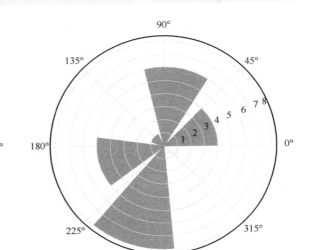

图 11-32　极坐标系　　　　图 11-33　极坐标条形图

 习题

11-1　根据文件"粮食产量与化肥施用量.xls"，如表 11-11 所示，绘制粮食产量与化肥施用量之间的散点图，粮食产量高于 4000 的，散点图用蓝色；否则，用红色。

表 11-11　粮食产量与化肥施用量

序号	化肥施用量 x	粮食产量 y	序号	化肥施用量 x	粮食产量 y
1	4541.05	48526.69	5	3212.13	43061.53
2	3637.87	45110.87	6	3804.76	47336.78
3	2287.49	40753.79	7	1598.28	37127.89
4	3056.89	43824.58	8	1998.56	39515.07

11-2　文件"沪深综指日交易数据.xls"收集了沪指、深指综合指数、格力电器 1990.12 至 2014.09 的交易数据，根据收盘指数（mClose），选择 200 个日期之间的交易数据，用 3 个子图（3 个子图的日期段要一样），分别绘制这 3 个收盘指数（或收盘价）的折线趋势图，要标明图例。数据如表 11-12 所示。

表 11-12　沪深综指日交易数据

交易日	mOpen	mHigh	mLow	mClose	成交手	成交金额（元）	涨幅
19961118	17.5	55	17.5	50	62783	3.18E+08	0
19961119	49.2	49.479	46.99	48.799	11094	5.32E+07	-2.4
19961120	48	50.38	47.5	49.45	9573	4.76E+07	1.33
19961121	49.5	49.99	47.9	47.95	5700	2.78E+07	-3.03
19961125	47.299	48.5	47.18	48.5	3762	1.80E+07	1.15
19961125	48.799	49	47	48	4135	1.99E+07	-1.03
19961126	48.299	48.5	47.7	47.86	3101	1.49E+07	-0.29

沪指综指日交易数据　深指综指日交易数据　格力电器sz000651

11-3　根据文件"年度新生人口和死亡人口 . xls"，如表 11-13 所示○，在同一张图中绘制我国 1949 年至 2016 年新增人口、死亡人口的折线图。注意：读取数据时，要考虑如何去掉"万"字。

表 11-13　年度新生人口和死亡人口

年度	新生人口	死亡人口	净增人口
1949年	1950万	1083万	867万
1950年	2042万	994万	1049万
1951年	2128万	1002万	1126万
1952年	2127万	977万	1150万
1953年	2175万	823万	1352万

11-4　文件"高数线代考试成绩 . xls"第 2 页中包含了线性代数某年级 288 个同学的考试成绩，根据这些成绩，绘制频率直方拟合图。数据如表 11-14 所示。

表 11-14　高数线代考试成绩

班　级	学　号	姓　名	考试成绩
090122	09012201	周家羽	80.00
090122	09012202	刘敏	89.00
090122	09012203	邱美清	95.00
090122	09012204	舒华弟	91.00
090122	09012205	游慧霞	88.00

高等数学成绩　线性代数成绩

11-5　根据文件"历年总人口 . xls"，数据如表 11-15 所示，绘制我国历年总人口数趋势图。将我国部分地区 1949—2016 年，年末总人口的趋势图绘制在第一个子图上，男性人口、女性人口的趋势图绘制在第二个子图上，城镇人口、农村人口的趋势图绘制在第三个子图上。

表 11-15　历年总人口

年份	年末总人口	男性	占比%	女性	占比%	城镇人口	占比%	农村人口	占比%
1949	54167	28145	51.96	26022	48.04	5765	10.64	48402	89.36
1950	55196	28669	51.94	26527	48.06	6169	11.18	49027	88.82
1951	56300	29231	51.92	27069	48.08	6632	11.78	49668	88.22
1955	61465	31809	51.75	29656	48.25	8285	13.48	53180	86.52

11-6　某家庭的开销项目有：'娱乐''育儿''饮食''房贷''交通''其他'，开支分别为：20,8,12,90,15,9，试绘制饼图。

11-7　文件"格力电器（SZ000651）股票交易数据 . xls"收录了格力电器日交易数据，根据里面的收盘价、成交手数（1 手为 100 股）编写程序，绘制两个子图：收盘价趋势图、

○　表格中的数据量很大，限于本书篇幅，此类表格均只显示部分截屏数据。

成交手数条形图，要求：涨幅下跌时，条形图为绿色，否则为红色。绘制结果如图 11-34 所示。

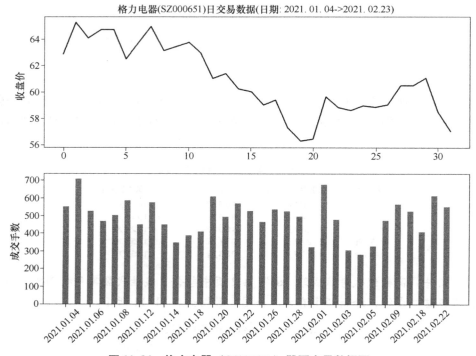

图 11-34　格力电器（SZ000651）股票交易数据图

11-8　根据文件"国民经济核算季度数据 . npz"中 2000—2017 年不同的产业和行业在国民生产总值中的数据，绘制国民生产总值分散情况箱线图。

11-9　调用函数 FuncAnimation，默认 100ms 绘制一个正弦点，在［0,2 * PI］范围内，动态绘制正弦曲线图。

第 12 章

Python 与 MySQL 数据库

Python 提供了对各种主流数据库的访问。本章以 MySQL 5.7、Python 3.x 为例讲解。

Pymysql 是在 Python 3.x 版本中用于连接 MySQL 服务器的一个第三方库。Python IDE 安装：右击计算机左下角→运行：cmd，按 Enter 键，输入：pip install pymysql。

在 Anaconda 环境下安装：进入 Anaconda Prompt（Anaconda 3），利用豆瓣镜像，输入：pip install - i https://pypi. douban. com/simple pymysql，如图 12-1 所示。注意，要先安装 MySQL 数据库，再安装 pymysql 库。

图 12-1　Anaconda 环境下 pymysql 库的安装

本章学习要点：

- pymysql 库的安装
- 连接对象 connection 的方法、属性
- 游标对象 cursor 的方法、属性
- Python 对 MySQL 数据库的插入、修改、删除、查询操作

12.1　MySQL 数据库的安装及使用

12.1.1　MySQL 数据库的安装及 root 密码修改

进入官网 http://dev. mysql. com/downloads/，下载 MySQL 数据库最新的社区版软件安装包（community，该版本是免费的，但用于学习，功能足够）。截止到 2020.12.18，最新版本为 8.0.22（这个版本的安装有个"坑"，具体见本书配套资源中的百度网盘文件安装说明）。本书以 MySQL 5.7 为例讲解。

双击文件 mysql- installer- community-5. 7. 4. 0. msi，进入安装（安装软件及安装过程，参见本书百度网盘附件中：MySQL 5.7.4.0 版本安装 . doc）。

安装过程中，设置系统管理员 root 的密码，并记住这个密码。安装成功后，重启计算

机，单击计算机左下角，找到 MySQL，选择 MySQL Workbench，第一次进入需要输入 root 的
密码，如图 12-2 所示。

图 12-2　用系统管理员 root 连接及储存密码

如果 root 密码忘记，或要修改 root 的密码，按图 12-3 所示进行。

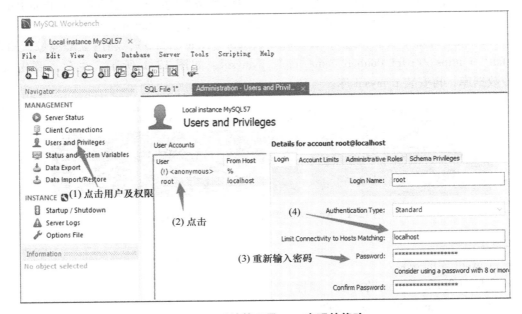

图 12-3　系统管理员 root 密码的修改

MySQL 默认只允许本地计算机访问。若要通过网络中计算机访问本地 MySQL 数据库，
只需将图 12-3 中（4）的 localhost 修改为百分号 "%" 即可。

12.1.2　MySQL 数据库的使用

MySQL 于 20 世纪 90 年代由一家瑞典公司开发，由于开源、免费，很快成为互联网中最
受欢迎的关系数据库管理系统之一。2008 年被 Sun 公司收购后，采用了双授权政策，分为
社区版（community，免费）和商业版（付费），由于其体积小、速度快、总体拥有成本低，
尤其是开放源码这一特点，一般中小型网站的开发都选择 MySQL 作为网站数据库。

第一次使用 MySQL 时，建议先新建一个数据库连接，如图 12-4、图 12-5 所示。

输入数据库连接信息：

1）Hostname：数据库所在的主机名，默认为 127.0.0.1（或 localhost），这个设置只能
建立本机连接。

2）Port：数据库端口号，默认为 3306，也可以修改为别的四位数或五位数，只要没有被使用，如：3309。

3）Username：连接数据库的用户名，默认为 root（这个是数据库管理员，权限最大），也可以设为别的、已经存在的数据库用户。

4）Password：连接数据库的用户密码，单击"Store in Vault..."按钮，在弹出的界面上，输入该用户的密码，并记住这个密码，（注意，密码中英文大小写敏感）。

图 12-4　进入 MySQL Workbench，单击"＋"新建一个数据库连接

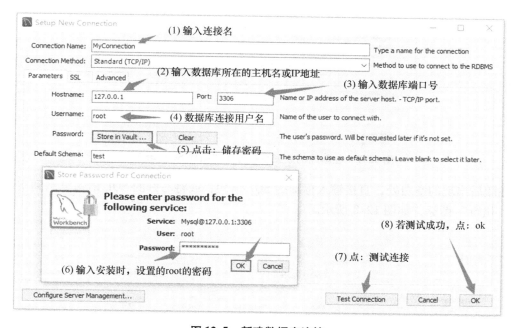

图 12-5　新建数据库连接

设置完毕，单击"Test Connection"按钮，如图 12-5 所示，如果成功，单击"OK"按钮。

MySQL 数据库操作分 3 步：创建数据库；选中数据库，创建数据表；编写 SQL 语句，包括插入、修改、删除、查询记录，然后执行 SQL 语句。

注意，MySQL 默认以分号作为每条语句的结束符，所以每条 SQL 语句都应输入一个英文输入状态下的分号（;）作为结束。MySQL 的 SQL 语句以一对英文状态下的单引号作为字符串的界定符。

（1）创建数据库。如图 12-6 所示，选择"创建新模式"，取数据库名 student（教学数据库），单击 Apply 按钮。创建成功后，系统会在默认路径下，为每个数据库新建一个子目录，如：C：\ProgramData\MySQL\MySQL Server 8.0\Data\student。

（2）选中创建的数据库 student，选择"新建 SQL 语句"，如图 12-7 所示。

213

图 12-6　新建一个空的数据库

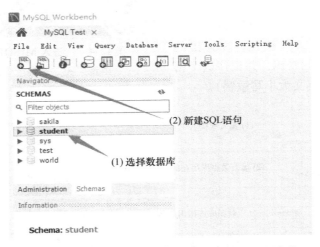

图 12-7　在新建的数据库中选择"新建 SQL 语句"

在随后出现的空白处，直接输入标准的 SQL 语句，或将写好的 SQL 语句复制到空白处，单击"执行"图标，如图 12-8 所示。

图 12-8　输入 SQL 语句，创建数据库表

下面以教学数据库为例，讲解 MySQL 的使用。它包含 3 张基本表，其关系模式如下：

1）学生基本信息模式 S（学号，姓名，性别，年龄，出生日期）；

2）课程基本信息模式 C（课程编号，课程名称）；

3）选课基本信息模式 SC（学号，课程编号，考试成绩）。

根据关系模式，写成 Create Table 语句如下：

```
1    Create Table S        /*------------- 学生基本情况登记表 ------------------------- */
2    (
3    SNo           char(8)         not null,              /* 学号 */
4    SName         varchar(16)     not null,              /* 姓名 */
5    Age           smallint not null default 0,           /* 年龄 */
6    Sex           char(1) default 'M' not null,          /* 性别:M-男,F-女 */
7    dtBirthDate datetime          not null,              /* 出生日期 */
8    check(Sex in('M','F')),                              /* 字段 Sex 取值约束 */
9    constraint S_PK primary key(SNo)  /* 定义主键,注意:结束前,最后一行,不能有逗号 */
10   );
11   create table C     /*----------------- 课程表 -------------------------------- */
12   (
13   cNo           char(4)         not null,              /* 课程编号 */
14   cName         varchar(30)     not null,              /* 课程名称 */
15   constraint c_pk primary key(cNo)  /* 定义主键,注意:结束前,最后一行,不能有逗号 */
16   );
17   create table SC     /*---------------- 学生选课信息表------------------------- */
18   (
19   SNo           char(8)         not null,              /* 学号 */
20   cNo           char(4)         not null,              /* 课程编号 */
21   Score         decimal(6,2)    not null default 0,    /* 考试成绩 */
22   check(Score between 0 and 100),
23   constraint SC_PK primary key(SNo,CNo),
                                        /* 定义主键,注意:每张表,都要定义一个主键 */
24   constraint SC_FK foreign key(SNo) references S(SNo)
                                        /* 定义外键,每张表,可定义多个外键 */
25   constraint SC1_FK foreign key(cNo) references C(cNo)
                                        /* 注意:结束前,最后一行,不能有逗号 */
26   );
```

（3）编写 SQL 语句，包括插入、修改、删除、查询记录（可参看本章附件数据）。

1）插入语句（insert into），如在学生表中插入一条记录：

```
insert into S(sNo,sName,dtBirthDate) values('17071188','张三','1998-01-02');
insert into C(cNo,cName) values('C01','数据库原理');
insert into SC(sNo,cNo,Score) values('17071188','C01',0);
```

写插入语句时，注意主外键的约束。要先插入主表记录，再插入关联的附表记录。

2）查询语句（select），如查询学生表中所有姓"张"的学生：

```
select * from S where sName like '张%';
```

3）修改语句（update），如将学号为 17071188 的姓名，修改为"李四"：

```
update S set sName ='李四' where sNo ='17071188';
```

4）删除语句（delete），如将课程号为 C01、成绩为 0 的选课记录删除：

```
delete from SC where cNo ='C01' and Score =0;
```

215

如果要写比较复杂的查询语句，可能需要用到 MySQL 数据库的函数，常用的几个函数有：

① left( )：返回字符串的左侧指定个数的字符串。

② date_format( )：按指定格式，将日期型转为字符串。

③ now( )：获得系统时间。

④ year( )：返回年份。

⑤ limit start n：从查询的结果集中，返回从第 start 行开始，连续 n 条记录。

例 12-1 查询学号前面 2 位为"17"、出生日期在"1998-01-01"以后的、年龄大于或等于 21 岁的学生，结果按出生日期降序排序。

```
Select sNo,sname,sex,dtbirthdate,year(now())-year(dtbirthdate) '年龄'
from s
    where left(sNo,2)='17' and year(now())-year(dtbirthdate)>=21 and
    date_format(dtbirthdate,'%Y-%m-%d')>'1998-01-01' order by dtbirthdate
desc;
```

查询性别为"M"（男）的学生学号、姓名，返回从第 5 条记录开始，连续 10 条记录：

```
Select sNo,sName from s where sex='M' order by sName limit 5,10;
```

12.2 Python 与 MySQL 数据库编程

MySQL 安装成功后，默认主机名：localhost，默认数据库 IP 地址：127.0.0.1，默认端口号：3306，默认的用户：root。Python 与 MySQL 数据库的编程主要分 3 步：建立数据库连接对象 connection；通过游标对象 cursor 操纵数据库；关闭游标、关闭连接。其流程如图 12-9 所示。

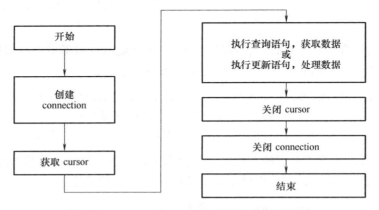

图 12-9 Python 与 MySQL 数据库的编程流程

12.2.1 Python 建立与 MySQL 数据库连接的 connection 对象

创建 connection 就是创建 Python 客户端与数据库之间的网络连接。数据库连接对象 connection 的参数说明及方法如表 12-1 和表 12-2 所示。

表 12-1 数据库连接对象 connection 的参数说明

序号	参 数 名	类 型	说 明
1	host	string	MySQL 的服务器 IP 地址，服务器计算机名称
2	port	int	MySQL 的端口号，默认：3306
3	user	string	用户名
4	password	string	密码
5	database	string	使用的数据库
6	charset	string	连接字符集，默认：utf8

表 12-2 数据库连接对象 connection 的方法

序号	方 法 名	说 明	序号	方 法 名	说 明
1	cursor( )	创建并且返回游标	4	begin( )	开始事务
2	close( )	关闭 connection	5	commit( )	提交当前事物
3	rollback( )	回滚当前事物			

12.2.2　Python 操纵 MySQL 数据库的 cursor 对象

通过 connection 建立 Python 与 MySQL 数据库的连接后，接下来通过游标对象 cursor 操纵数据库，包括查询、插入、修改、删除记录。cursor 对象的方法如表 12-3 所示。

表 12-3 操纵数据库的游标对象 cursor 的方法

序号	方 法 名	说 明
1	execute(SQL)	用于执行一个数据库的 SQL 命令
2	fetchone( )	获取结果集中的下一行
3	fetchmany(size)	获取结果集中的下(size)行
4	fetchall( )	获取结果集中剩下的所有行，返回一个元组
5	rowcount	最近一次 execute 返回数据/影响的行数
6	close( )	关闭游标

Python 3 连接 MySQL 数据库，需要引入 pymysql 库：import pymysql。

例 12-2　Python 查询 MySQL 数据表记录。

基本思路：cursor 执行查询语句后，返回的是元组变量，可以通过元组的索引访问查询的结果。

```
1    import pymysql
2    IP = "localhost"                          # 数据库所在计算机的 IP 地址
3    userNo = "root"                           # 数据库连接用户
4    password = "Sa12345678"                   # 数据库连接用户密码
5    database = "student"                      # 数据库名称
6    charset = "utf8"                          # 这是默认的,可以不用管它
7    conn = pymysql. connect(host = IP,user = userNo,password = password,database =
     database,port =3306)
8    cur = conn. cursor()                      # 定义游标
```

```
9    strSQL = "select sNo,sName,case when sex = 'M' then '男' else '女' end as sex
     from s where sNo like '05%'"
10   cur.execute(strSQL)                      # 执行 SQL 语句
11   rows = cur.fetchall()                    # 获取游标所有行记录,返回元组变量
12   print(type(rows))
13   for r in rows:                           # 遍历元组
14       print("学号:%s,姓名:%s,%s" % (r[0],r[1],r[2]))
15
16   cur.close()                              # 结束前,要关闭对象,先关闭游标,再关闭连接
17   conn.close()
```

例 12-3 Python 更新 MySQL 数据表记录。

基本思路：cursor 执行更新 SQL 语句后，返回一个整数变量，表示影响记录的条数。但这只是在数据缓冲区中，若要影响到数据库，则要调用连接对象 connection 的 commit( ) 方法，进行提交；如果失败，则会自动回滚 rollback( )。

```
1    import pymysql                           # 导入 pymysql 模块
2    conn = pymysql.connect(host = "127.0.0.1",user = "root",password = "Sa12345678",
     database = "student")
3    cursor = conn.cursor()                   # 生成一个游标对象
4    sql = "insert into C(cNo,cName) values('C08','Python')"
                                              # 在课程表中,插入一条记录
5    try:
6        conn.begin()                         # 开始事务
7        cursor.execute(sql)                  # 执行 SQL 语句
8        conn.commit()                        # 提交事务
9        print("数据插入成功! 影响行数:",cursor.rowcount)
10   except pymysql.Error as e:
11       conn.rollback()                      # 若出现意外,则事务回滚,即撤销事务
12       print("插入错误! 错误信息:",e.args[1])
12   cursor.close()                           # 关闭游标对象
13   conn.close()                             # 关闭数据库连接
```

将第 4 行 SQL 修改为：update C set cName = 'Python 编程' where cNo = 'c08'，其他代码不变，表示 Python 更新 MySQL 数据表记录。

或将第 4 行 SQL 修改为：delete from C where cNo = 'c08'，其他代码不变，表示 Python 删除 MySQL 数据表记录。

12.2.3 编程案例：将股票交易数据（Excel 格式）成批插入数据库

例 12-4 文件"股票日交易数据 20120425.xls"收录了 A 股部分股票 2012.04.25 日的日交易数据，共 3173 条记录，部分数据如图 12-10 所示（数据见本书配套电子资源）。

通过 Python 编程，将这些记录导入到 MySQL 数据库。进入 MySQL，先创建一个空数据库 MyTest，再创建两张基本表，代码如下：

```
1    CREATE TABLE smStock        /*--------------- 股票基本信息表 --------------*/
2    (
3    cStockNo      char(8)        not null,            /*股票代码*/
```

```
4    vcStockName   varchar(20)     not null,                /*股票名称*/
5    dcLTP         decimal(14,6)   not null default 0,      /*流通股数(万股)*/
6    dtUsertime    datetime        not null default now(), /*插入时间*/
7    constraint smStock_pk primary key(cStockNo)            /*定义主键:cStockNo*/
8    );
9    CREATE TABLE trDay    /*-------------- 股票日交易数据记录 --------------------*/
10   (
11   cStockNo      char(8)         not null,                /*股票代码*/
12   cDay          datetime        not null,                /*交易日期*/
13   mOpen         real            not null default 0,      /*开盘价*/
14   mHigh         real            not null default 0,      /*最高价*/
15   mLow          real            not null default 0,      /*最低价*/
16   mClose        real            not null default 0,      /*收盘价*/
17   iVol          real            not null default 0,      /*成交量*/
18   mm            real            not null default 0,      /*成交额*/
19   dcChange      decimal(8,4)    not null default 0,      /*换手率*/
20   dcRate        decimal(6,2)    not null default 0,      /*涨幅*/
21   constraint trDay_pk primary key(cStockNo,cDay),        /*定义主键:cStockNo,cDay*/
22   constraint trDay_fk foreign key(cStockNo) references smStock(cStockNo)
                                                            /*定义外键:cStockNo*/
23   );
```

ID	Symbol	Name	Date	Open	High	Low	Close	Change1	Volume	Amount	TurnoverRate
467	SH600000	浦发银行	2012-4-25	9.34	9.44	9.33	9.35	-0.32	664890	6.23E+08	0.45
468	SH600004	白云机场	2012-4-25	7.07	7.13	7.04	7.12	0.565	37372	26529790	0.32
469	SH600005	武钢股份	2012-4-25	2.91	2.95	2.89	2.94	0.685	249613	72933870	0.32
470	SH600007	中国国贸	2012-4-25	10.72	11.06	10.7	10.98	1.573	22641	24818400	0.22
471	SH600008	首创股份	2012-4-25	5.12	5.25	5.08	5.21	1.362	58100	30065540	0.26

B～L列含义：B) Symbol 股票代码；C) Name 股票名称；D) Date 交易日期；E) Open 开盘价；
F) High 最高价；G) Low 最低价；H) Close 收盘价；I) Change1 涨幅；
J) Volume 成交量（手）；K) Amount 成交额（元）；L) TurnoverRate 换手率

图 12-10　文件"股票日交易数据 20120425.xls"部分数据

思考一个问题：在 Python 代码中，如何编写带有变量的 SQL 语句？在 Python 中，字符串是用一对单引号或一对双引号作为界定符；而在 SQL 语句中，字符串是用一对单引号，如：

```
1    sNo = "17071101"                      # 字符串变量:双引号可以
2    name = '张三'                          # 字符串变量:单引号也可以
3    age = str(20)
4    # -----------若要把这个 sql 作为字符串语句变量,传给游标,则必须用双引号-------------
5    sql = "insert into S(sNo,sName,age) values('"+sNo+"','"+name+"',"+age+")"
6    print(sql)  #输出:insert into S(sNo,sName,age) values('17071101','张三',20)
7    sql = "update S set sName = '"+name+"',Age = "+age+"where sNo = '"+sNo+"'"
8    print(sql)  #输出:update S set sName = '张三',Age =20 where sNo = '17071101'
```

上面的 sql 变量均为标准的 SQL 语句，可以传递给 cursor 对象。下面为源代码：

```
1    import numpy as np;import xlrd;import pymysql
2    from datetime import datetime;from xlrd import xldate_as_tuple
3    stock = xlrd.open_workbook("d:\\股票日交易数据20120425.xls")
4    sheet = stock.sheet_by_index(0)          # 通过索引获取 sheet
5    rows = sheet.nrows                        # 获得 E 行数,cols = sheet.ncols 为获得列数
6    conn = pymysql.connect(host = "127.0.0.1",user = "root",password = "Sa12345678",
     database = "MyTest")
7    cur = conn.cursor()                       # 创建游标对象
8    conn.begin()                              # 开始事务
9    for i in np.arange(1,rows):
10       row = sheet.row_values(i)             # 获得第 i 行,为 list
11       cStockNo = row[1].strip()             # 股票代码
12       vcStockName = row[2]                  # 股票名称
13       sCell = row[3]                        # 交易日期
14       date = datetime(*xldate_as_tuple(sCell,0))   # 处理日期型
15       cDay = date.strftime('%Y-%m-%d')      #('%Y/%m/%d %H:%M:%S')
16       mOpen = str(row[4])                   # 开盘价
17       mHigh = str(row[5])                   # 最高价
18       mLow = str(row[6])                    # 最低价
19       mClose = str(row[7])                  # 收盘价
20       dcRate = str(row[8])                  # 涨幅
21       iVol = str(row[9])                    # 成交量(手)
22       mm = str(row[10])                     # 成交额(元)
23       dcChange = str(row[11])               # 换手率
24       # ------------------ 先插入股票基本信息 ------------------------------------
25       sql = "select cStockNo from smStock where cStockNo = '" + cStockNo + "'"
26       cur.execute(sql)                      # 检查该股票信息是否已经在表中
27       n = cur.rowcount                      # 执行查询语句,返回的记录行数
28       if n == 0:                            # 若不在股票基本信息表中,则插入股票基本信息
29           sql = "insert into smStock(cStockNo,vcStockName)"
30           sql = sql + " values('" + cStockNo + "','" + vcStockName + "')"
31           cur.execute(sql)                  # 执行 SQL 语句
32       sql = "insert into trDay(cStockNo,cDay,mOpen,mHigh,mLow,"
33       sql = sql + "mClose,iVol,mm,dcChange,dcRate) values('"
34       sql = sql + cStockNo + "','" + cDay + "'," + mOpen + "," + mHigh + ","
35       sql = sql + mLow + "," + mClose + "," + iVol + "," + mm + ","
36       sql = sql + dcChange + "," + dcRate + ")"
37       cur.execute(sql)   # --------------- 再插入股票日交易记录 ---------------
38   try:
39       conn.commit()                 # 数据更新,最后一次性提交,否则不会保存到数据库中
40       print("一次性全部导入成功!")
41   except pymysql.Error as e:
42       conn.rollback()
43       print("导入失败! 错误信息:",e.args[1])
44   cur.close()
45   conn.close()
```

参照上述代码，可以插入文件"股票日交易数据20120426.xls"中的数据。以后的操作只有新股票才需要插入股票基本信息表，老股票只需要插入日交易信息。

习题

12-1　定义一个 Python 操纵 MySQL 的类 dbMySQL( )，封装数据库连接参数。定义 2 个实例方法：1）数据库查询 getSelect（SQL），参数为 SQL 查询语句，返回查询记录，为元组变量；2）数据操纵 executeSQL（SQL），参数 SQL 为插入、修改、或删除语句，返回影响数据库记录行数。

12-2　将文件"我国部分城市汇总表.xls"里的数据，部分数据如图 12-11 所示（数据见本书配套电子资源）。通过 Python 编程，导入到 MySQL 数据库。要求，导入到两张表中，省份模式（省份编号，省份名称），省份编号取"我国部分城市汇总表.xls"中编号的前 2 位；城市模式（城市编号，城市名称，电话区号，邮编，省份编号），外键：省份编号。

	A	B	C	D	E
1	编号	城市	电话区号	邮编	省份
2	AH0001	寿县	0564	232200	安徽
3	AH0002	舒城	0564	231300	安徽
4	AH0003	六安	0564	237000	安徽
5	AH0004	绩溪	0563	245300	安徽
6	AH0005	广德	0563	242200	安徽
7	AH0006	旌德	0563	242600	安徽
8	AH0007	宁国	0563	242300	安徽
9	AH0008	郎溪	0563	242100	安徽
10	AH0009	泾县	0563	242500	安徽

图 12-11　文件"我国部分城市汇总表.xls"部分数据

第 13 章

Pandas 统计分析基础

Pandas 是 Python 的一个数据分析包，最初由 AQR Capital Management 于 2008 年 4 月开发，并于 2009 年底开源出来，目前由 PyData 开发团队继续开发和维护，属于 PyData 项目的一部分。Pandas 最初被作为金融数据分析工具而开发出来，因此，Pandas 为时间序列分析提供了很好的支持。Pandas 的名称来自于面板数据（panel data）和 Python 数据分析（data analysis）。Pandas 的优势在于：它能读、写各种格式的数据源，且返回的对象相同，便于统一处理。

本章学习要点：

- Pandas 对各种数据格式的读写
- DataFrame 的数据访问、排序
- 综合应用：股票交易数据的处理

13.1 读取数据库中的数据及 DataFrame 的数据访问

Pandas 处理下列 3 种数据结构：

（1）系列（**Series**）。一维数组，与 NumPy 中的一维 array 类似。二者与 Python 基本的数据结构 list 也很相近。Series 能保存不同种数据类型，如字符串、boolean 值、数字等。Time-Series 是以时间为索引的 Series。

（2）数据帧（**DataFrame**）。二维的表格型数据结构，可以将 DataFrame 理解为 Series 的容器。DataFrame 的单列数据为一个 Series。

（3）面板（**Panel**）。三维的数组，可以理解为 DataFrame 的容器。

Pandas 内置了 10 余种数据源读取函数和对应的数据写入函数。常见的数据源有 3 种：数据库数据、文本文件（包括 txt 文件和 csv 文件）和 Excel 文件。

13.1.1 读取数据库中的数据

Pandas 对数据库数据读取分两步，先用 creat_engine（）建立数据库引擎连接，再用 read_sql（）查询数据。

1. 建立数据库引擎连接

使用 SQLAlchemy 库下的 create_engine（）函数建立对应的数据库连接。SQLAlchemy 配合相应数据库的 Python 连接工具（例如 MySQL 数据库需要先安装 pymysql 库）。

creat_engine（）中填入的是一个连接字符串。在使用 Python 的 SQLAlchemy 时，MySQL 或 Oracle 数据库连接字符串的格式如下：

数据库产品名 + 连接工具名：//用户名:密码@ 数据库 IP 地址:数据库端口号/数据库名称?

2. 查询数据

read_sql( ) 函数实现对数据库查询操作，返回一个数据帧（DataFrame）对象。

read_sql 函数的语法为：pandas. **read_sql**(sql,con)，其参数：

1）sql：接收 string，表示读取数据的 sql 查询语句，无默认。

2）con：接收数据库连接，表示数据库连接信息，无默认。

例 13-1　下面是数据库 stock1（沪深 A 股交易数据库，具体参见本书配套电子资源）中，股票日交易数据：

```
Create Table trDay     /* ------------------ 股票日交易数据记录 -------------- */
(
cStockNo    char(8)              not null,              /* 股票代码 */
cDay        char(8)              not null,              /* 交易日期:yyyymmdd */
mOpen       real                 not null default 0,    /* 开盘价 */
mHigh       real                 not null default 0,    /* 最高价 */
mLow        real                 not null default 0,    /* 最低价 */
mClose      real                 not null default 0,    /* 收盘价 */
dcRate      decimal(6,2)         not null default 0,    /* 涨幅 */
constraint trDay_pk primary key(cStockNo,cDay)          /* 定义主键 */
);
```

建议上机环境：Spyder，SQLAlchemy 连接 MySQL 数据库（需要先安装库：pymysql），创建一个 mysql 连接器，用户名为 root，密码为 Sa12345678，本地 IP 地址为 127.0.0.1（或 localhost），数据库端口号：3306，数据库名称为 stock1，编码为 utf-8。详细的数据库脚本参见本书配套的电子资源 "A 股日交易数据库操作步骤（MySQL）. txt"。

基本思路：查询股票代码为 sh600006（东风汽车）的交易日期、收盘价，显示 3 条记录。

```
1    from sqlalchemy import create_engine          # 主要用于建立数据库连接引擎
2    import pandas as pd                            # 这个库,可以对数据库进行读写操作
3    connStr = "mysql + pymysql://root:Sa12345678@127.0.0.1:3306/stock1?"
4    engine = create_engine(connStr)                # 数据连接引擎
5    #Select 语句:limit start,numer:从 start 行开始,返回 number 条记录
6    sql = "select cDay,mClose from trDay where cStockNo = 'sh600006' limit 6,3"
7    trDay = pd. read_sql(sql,con = engine)          # 返回为 DataFrame 对象
8    print("返回记录行数:",trDay. shape[0])            # 返回记录行数:3
9    print(trDay. values)
```

结果显示:[['19990804' 6.75]
　　　　　['19990805' 6.889]
　　　　　['19990806' 6.98]]

13.1.2　访问 DataFrame 中的数据

DataFrame 是最常用的 Pandas 对象，类似于 Office Excel 表格。完成数据读取后，数据就以 DataFrame 数据结构存储在内存中。但此时并不能直接开始统计分析工作，需要使用

DataFrame 的属性与方法对数据的分布、大小等进行操作，如表 13-1 所示。

表 13-1　DataFrame 的基础属性

序号	函　数	返　回　值	序号	函　数	返　回　值
1	values	所有行，为二维数组	5	size	元素个数（即行数 * 列数）
2	index	索引	6	ndim	数组的维度数：1、2 或 3（面板）
3	columns	所有列名，为 index 类型	7	shape	数据形状（即行数、列数）
4	dtypes	类型			

1. 数据基本查看方式

（1）对单列数据访问。DataFrame 的单列数据为一个 Series。根据 DataFrame 的定义可以知晓 DataFrame 是一个带有标签的二维数组，每个标签相当每一列的列名。以字典访问某一个 key 的值的方式使用对应的列名，实现单列数据的访问，如 trDay['mClose']，这个列名 mClose 就是一个键名。

对某一列的某几行访问：在访问 DataFrame 中某一列的某几行时，单独一列的 DataFrame 可以视为一个 Series，而访问一个 Series 和访问一个一维的 ndarray 基本相同，如：单列多行数据的获取 ［m：n］ 表示在返回结果集中，从第 m 行到 n - 1 行，行序号从 0 开始。

例 13-2　查询股票代码为 sh600006 的交易数据，查看 DataFrame 的属性。

```
10    i = 0
11    for row in trDay. values:          # dataFrame. values 为二维数组
12        i = i + 1
13        print(i,row[0],row[1])
14    print(trDay['mClose'][0:3])        #0→2 行,左闭右开,共 3 行
```

```
输出为:1 19990804 6.75
       2 19990805 6.889
       3 19990806 6.98
       ...
       Name:mClose,dtype:float64
```

（2）对多列数据访问：访问 DataFrame 多列数据可以将多个列索引名视为一个列表，同时访问 DataFrame 多列数据中的多行数据和访问单列数据的多行数据方法基本相同。

用多个列名访问：data［［'列名 1','列名 2',…］］　# 默认所有行

可以指定行：data［［'列名 1','列名 2',…］］［m:n］　#从 m 行,到 n - 1 行(序号从 0 开始)

例 13-3　利用 DataFrame，获取多列多行数据，如东风汽车日交易数据。

```
1    from sqlalchemy import create_engine
2    import pandas as pd
3    connStr = "mysql + pymysql://root:Sa12345678@127.0.0.1:3306/stock1?"
4    engine = create_engine(connStr)
5    sql = "select cDay,mOpen,mHigh,mLow,mClose from trDay where cStockNo = 'SH600006'"
6    trDay = pd. read_sql(sql,con = engine)          # 东风汽车 (SH600006) 日交易数据
7    trDay. to_excel('d:\\trDay. xls')               #将查询结果直接保存为 Excel 文件
8    print(trDay[['cDay','mOpen','mHigh','mLow','mClose']][:3])        #前 3 行
```

```
输出：    cDay        mOpen      mHigh      mLow       mClose
     0   19990727    7.269      7.309      6.630      6.699
     1   19990728    6.699      6.980      6.699      6.849
     2   19990729    7.050      7.059      6.730      6.800
```

例 13-4　利用 DataFrame，绘制股票收盘价格趋势图和 10 天移动平均线。结果如图 13-1 所示。

```
1    from sqlalchemy import create_engine
2    import matplotlib. pyplot as plt;import pandas as pd
3    connStr = "mysql +pymysql://root:Sa12345678@127.0.0.1:3306/stock1?"
4    engine = create_engine(connStr)
5    sql = "select cDay,mClose from trDay where cStockNo = 'sz000561' and cDay >
6    '20130101' and cDay < '20130830' order by cDay"
7    trDay =pd. read_sql(sql,con = engine)          # 烽火电子日收盘价格
8    plt. figure(figsize = (8,4),dpi =80)
9    trDay['mClose']. plot(title ="sz000561",color = 'b')
10   trDay['mClose']. rolling(10). mean(). plot(color = 'r')   # 10 天移动平均线
11   rows = trDay. shape[0]
12   d =trDay['cDay'][0:rows:10]                    # 步长为10
13   plt. xticks(range(0,rows,10),d,rotation =45,fontsize =12)     # 旋转 45°
14   plt. legend(['mClose','MA(10)'])
```

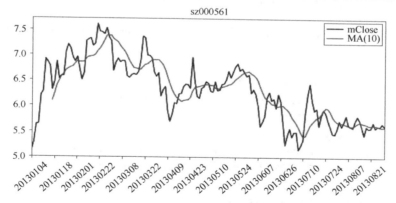

图 13-1　烽火电子（sz000561）：2013.01.01 至 2013.08.30 收盘价格趋势图和 10 天移动平均线

例 13-5　利用 DataFrame，绘制股票成交量条形图。结果如图 13-2 所示。

```
1    from sqlalchemy import create_engine
2    import pandas as pd
3    connStr = "mysql +pymysql://root:Sa12345678@127.0.0.1:3306/stock1?"
4    engine = create_engine(connStr)
5    sql = "select cDay,mOpen,mClose,iVol from trDay where cStockNo = 'sz000561'
6    and cDay between '20130102' and '20130222' order by cDay"
7    trDay =pd. read_sql(sql,con = engine)          # 烽火电子日收盘价格
8    plt. figure(figsize = (8,4),dpi =80)
9    c =[]                                          # 颜色列表
```

```
10    for index,row in trDay.iterrows():
11        if(row['mClose'] >= row['mOpen']):
12            c.append('red')                              # 收盘价不低于开盘价,则红色
13        else:
14            c.append('green')                            # 绿色
15    plt.bar(trDay['cDay'],trDay['iVol'],width=0.5,color=c)
16    rows=trDay.shape[0];d=trDay['cDay'][0:rows:5]
17    plt.xticks(range(0,rows,5),d,rotation=45,fontsize=12)    # 旋转 45°
18    plt.legend(['sz000561:valume'])
```

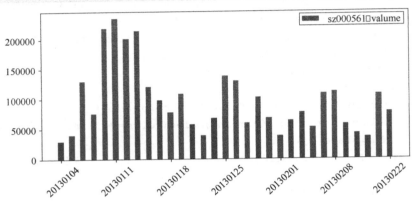

图 13-2   烽火电子（sz000561）：2013.01.02 至 2013.02.22 成交量条形图

例 13-6   利用 DataFrame，绘制股票收盘价格趋势折线图和成交量条形图。结果如图 13-3所示。

```
1     from sqlalchemy import create_engine
2     import matplotlib.pyplot as plt;import pandas as pd
3     connStr="mysql+pymysql://root:Sa12345678@127.0.0.1:3306/stock1?"
4     engine=create_engine(connStr)
5     sql="select cDay,mOpen,mClose,iVol from trDay where cStockNo='sz000561'
6     and cDay between '20130102' and '20130222' order by cDay"
7     trDay=pd.read_sql(sql,con=engine)                    # 烽火电子日收盘价格
8     fig=plt.figure(figsize=(8,4),dpi=80)
9     ax1=fig.add_subplot(2,1,1)
10    trDay['mClose'].plot(title="sz000561",color='b')
11    trDay['mClose'].rolling(5).mean().plot(color='r')    # 5 天移动平均线
12    ax1.set_ylabel("close")
13    ax1.legend(['mClose','MA(5)'])
14    ax2=fig.add_subplot(2,1,2)
15    c=[]
16    for index,row in trDay.iterrows():
17        if(row['mClose'] >= row['mOpen']):
18            c.append('red')                              # 收盘价不低于开盘价,则红色
19        else:
20            c.append('green')                            # 绿色
```

```
21
22    ax2.bar(trDay['cDay'],trDay['iVol']/1000,width=0.5,color=c)
23    d=trDay['cDay'][0:rows:10]
24    ax2.set_ylabel("value")                          # 成交量(单位:千手)
25    plt.xticks(range(0,rows,10),d,rotation=45,fontsize=12)      # 旋转 45°
```

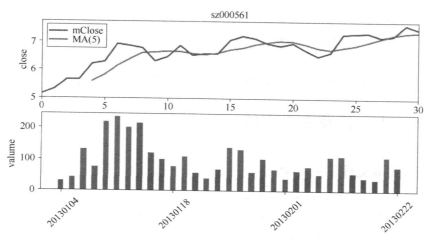

图 13-3　烽火电子（sz000561）：收盘价格趋势折线图和成交量条形图

2. loc、iloc 访问方式

loc 方法是针对 DataFrame 索引名称的切片方法，如果传入的不是索引名称，那么切片操作无法执行。利用 loc 方法，能够实现所有单层索引切片操作。loc 方法语法格式如下：

```
DataFrame.loc[行索引名称或条件,列索引名称]
```

iloc 和 loc 区别是，iloc 接收的必须是行索引和列索引的位置。iloc 方法语法格式如下：

```
DataFrame.iloc[行索引位置,列索引位置]
```

例如源代码：

```
col_name=trDay.loc[:,'mClose']
print('使用 loc 提取 col_name 列的 size 为:',col_name.size)
col_name2=trDay.iloc[:,3]                          # 返回第 3 列的所有行
print('使用 iloc 提取第 3 列的 size 为:',col_name2.size)
```

使用 loc 方法和 iloc 方法实现多列切片，其原理就是将多列的列名或者位置作为一个列表或者数据传入。使用 loc，iloc 方法可以取出 DataFrame 中的任意数据。

在使用 loc 方法时，内部传入的行索引名称如果为一个区间，则前后均为闭区间；在使用 iloc 方法时，内部传入的行索引位置或列索引位置为区间，则为前闭后开区间。

loc 方法内部还可以传入表达式，结果会返回满足表达式的所有值。

例如源代码：

```
d_1=trDay.loc[:,['mOpen','mClose']]      # 查看开盘价、收盘价,所有行数据
print(d_1)
d_2=trDay.iloc[:,[1,3]]
```

227

```
print('使用 iloc 提取第 1 和第 3 列的 size 为:',d_2.size)

print('列名为 cDay 和 mClose,行名为 3 的数据为:\n',trDay.loc[3,['cDay',mClose
']])
print('列名为 cDay 和 mClose,行名为 2,3,4,5,6 的数据为:\n',trDay.loc[2:6,
['cDay',mClose ']])
print('列位置为 1 和 3,行位置为 3 的数据为:\n',trDay.iloc[3,[1,3]])
print('列位置为 1 和 3,行位置为 2,3,4,5,6 的数据为:\n',trDay.iloc[2:7,[1,3]])
```

loc 方法更加灵活多变，代码的可读性更高，iloc 方法的代码简洁，但可读性不高。在数据分析工作中使用哪一种方法，根据情况而定，大多数时候建议使用 loc 方法。

13.2 Pandas 读写文本文件（∗.csv）

13.2.1 读文本文件（∗.csv）

csv 是一种逗号分隔的文件格式，因为其分隔符不一定是逗号，又被称为字符分隔文件。文件以纯文本形式存储表格数据（数字和文本），可以用记事本或 Excel 打开。使用 read_csv（）函数来读取 csv 文件，语法格式如下，其参数说明如表 13-2 所示。

```
pandas.read_csv(filepath_or_buffer,sep = ',',header = 'infer',names =None,index_
col =None,dtype =None,engine =None,nrows =None,encoding =utf-8)
```

表 13-2　read_csv( ) 函数常用参数及其说明

序号	参　　数	说　　明
1	filepath	接收 string，代表文件路径。无默认
2	sep	接收 string，代表分隔符。read_csv 默认为 "，"，read_table 默认为制表符 "［Tab］"
3	header	接收 int 或 sequence，表示将某行数据作为列名。默认为 infer，表示自动识别
4	names	接收 array，表示列名。默认为 None。
5	index_col	接收 int、sequence 或 False，表示索引列的位置，取值为 sequence 代表多重索引
6	dtype	接收 dict，代表写入的数据类型（列名为 key，数据格式为 values）。默认为 None
7	engine	接收 c 或者 python，代表数据解析引擎。默认为 c
8	nrows	接收 int，表示读取前 n 行。默认为 None

sep 参数是指定文本的分隔符，如果分隔符指定错误，则在读取数据的时候，每一行数据将连成一片。

header 参数用来指定列名，如果是 None，则会添加一个默认的列名。

encoding 代表文件的编码格式，常用的编码有 UTF-8、UTF-16、GBK、GB 2312、GB 18030 等。如果编码指定错误，则数据将无法读取，IPython 解释器会报解析错误。

例 13-7　使用 read_csv（）函数读取文件"深指日交易数据.csv"，数据如图 13-4 所示。

```
1    import pandas as pd
2    data =pd. read_csv('d://深指日交易数据.csv',encoding ='gbk')
3    print(type(data))              #<class 'pandas.core.frame.DataFrame'>
```

```
4    print('使用 read_csv 读取的交易数据表的长度为:',len(data))
5    print(data.columns)    #返回所有的列名对象,相当于字典的键名,默认把第 0 行作为列名
6    i =0
7    for row in data.values:        #显示所有行记录
8        i = i +1
9        print(i,row[0],row[1],row[2],row[3],row[4],row[5])
```

输出:

```
<class 'pandas. core. frame. DataFrame' >
使用 read_csv 读取的交易数据表的长度为:9
Index(['cDay','mOpen','mHigh','mLow','mClose','dcRate'],type = 'object')
1 20140821.0 8021.15 8024.65 7904.07 8010.71 -0.15
2 20140822.0 8003.53 8074.42 7997.59 8059.4 0.61
......
8 20140901.0 7852.91 7944.15 7852.87 7941.16 1.27
9 20140902.0 7958.85 8046.71 7923.98 8043.31 1.29
```

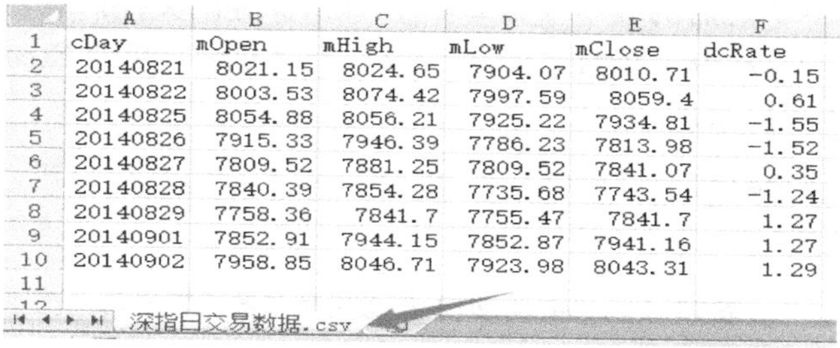

图 13-4　文件"深指日交易数据.csv"数据

13.2.2　写文本文件 (*.csv)

文本文件的存储和读取类似,结构化数据可以通过 Pandas 中的 to_csv() 函数实现,以 csv 文件格式存储。语法格式如下,其参数说明如表 13-3 所示。

> DataFrame.**to_csv**(path_or_buf = None,sep = ',',na_rep = '',columns = None,header = True,index = True,index_label = None,mode = 'w',encoding = None)

表 13-3　to_csv() 函数常用参数及其说明

序号	参　　数	说　　明
1	path_or_buf	接收 string,代表文件路径。无默认
2	sep	接收 string,代表分隔符。默认为","
3	na_rep	接收 string,代表缺失值。默认为""
4	columns	接收 list,代表写出的列名。默认为 None
5	header	接收 boolean,代表是否将列名写出。默认为 True
6	index	接收 boolean,代表是否将行名(索引)写出。默认为 True
7	index_label	接收 sequence,表示索引名。默认为 None
8	mode	接收特定 string,代表数据写入模式。默认为 w
9	encoding	接收特定 string,代表存储文件的编码格式。默认为 None

229

例 13-8 使用 to_csv() 函数写文件"深指日交易数据.csv"，要先创建目录 d:/tmp。

```
1    import pandas as pd
2    order = pd. read_csv('d://深指日交易数据.csv',encoding = 'gbk')
3    import os
4    print('写入文本文件前目录内文件列表为:\n',os. listdir('d:/tmp'))
5    # 将 order 以 csv 格式存储
6    order. to_csv('d:/tmp/orderInfo. csv',sep = ';',index = False)
7    print('写入文本文件后目录内文件列表为:\n',os. listdir('d:/tmp'))
```

13.3   Pandas 读写 Excel 文件

13.3.1   读 Excel 文件

MS Office Excel 2007 之前的版本（不含 2007）默认保存的文件扩展名为：*.xls。

MS Office Excel 2007 之后的版本（含 2007）默认保存的文件扩展名为：*.xlsx。

Pandas 提供了 read_excel() 函数来读取"xls"和"xlsx"两种 Excel 文件。语法格式如下，参数说明如表 13-4 所示。

pandas. **read_excel**(io,sheetname = 0,header = 0,index_col = None,names = None, dtype = None)

表 13-4   read_excel() 函数常用参数及其说明

序号	参　　数	说　　明
1	io	接收 string，表示文件路径。无默认
2	sheetname	接收 string、int，代表 Excel 表内数据的分表位置。默认为 0
3	header	接收 int 或 sequence，表示将某行数据作为列名。默认为 infer，表示自动识别
4	index_col	接收 int、sequence 或者 False，表示索引列的位置，取值 sequence 代表多重索引
5	names	接收 array，表示列名，默认为 None
6	dtype	接收 dict，代表写入的数据类型（列名为 key，数据格式为 values）。默认为 None

例 13-9 使用 read_excel() 函数读取文件"人均国民收入.xls"，数据如图 13-5 所示。

```
1    import pandas as pd
2    data = pd. read_excel('d://人均国民收入.xls','收入与消费',encoding = 'gb18030')
3    print(type(data))                    #<class 'pandas. core. frame. DataFrame' >
4    print('记录条数:',len(data))          # 输出:记录条数:10
5    print(data. columns)                 # 返回所有的列名对象,默认把第 0 行作为列名
6    print(data. values)                  # 返回所有的行
7    Index(['序号','年份','人均国民收入','人均消费金额'],dtype = 'object')
```

输出:
```
[[   1 1991 1884  932]
 [   2 1992 2299 1116]
 ......
 [  10 2000 7732 3632]]
```

	A	B	C	D
1	序号	年份	人均国民收入	人均消费金额
2	1	1991	1884	932
3	2	1992	2299	1116
4	3	1993	2975	1393
5	4	1994	4014	1833
6	5	1995	4938	2355
7	6	1996	5731	2789
8	7	1997	6314	3002
9	8	1998	6655	3159
10	9	1999	7037	3346
11	10	2000	7732	3632
12				

收入与消费 我国大陆人口

图 13-5 文件“人均国民收入.xls”数据

13.3.2 写 Excel 文件

将文件存储为 Excel 文件，可以使用 to_excel 函数。其语法格式如下：

```
DataFrame.to_excel(excel_writer=None,sheetname=None',na_rep=",header=True,index=True,index_label=None,mode='w',encoding=None)
```

to_excel 函数与 to_csv 函数的常用参数基本一致，区别在于指定存储文件的文件路径参数名称为 excel_writer，并且没有 sep 参数，增加了一个 sheetnames 参数用来指定存储的 Excel sheet 的名称，默认为 sheet1。

例 13-10 使用 to_excel() 函数写文件（*.xlsx），要先创建目录 d:/tmp

```
import pandas as pd
import os
user=pd.read_excel('d:/users.xlsx')                # 读取 user.xlsx 文件
print('写入 excel 文件前目录内文件列表为:\n',os.listdir('d:/tmp'))
user.to_excel('d:/tmp/userInfo.xlsx')
print('写入 excel 文件后目录内文件列表为:\n',os.listdir('d:/tmp'))
```

输出:写入 Excel 文件前目录内文件列表为:['orderInfo.csv']
　　写入 Excel 文件后目录内文件列表为:['orderInfo.csv','userInfo.xlsx']

例 13-11 文件“各国 GDP（2001—2011）.xls”给出了 10 个国家（中国的数据不包括港澳台地区的数据）11 年的 GDP 数据，如图 13-6 所示。下面用 Pandas 读取数据，并按每年的 GDP 排序，绘制动态的横向条形图，最后保存为 gif 格式（在 Spyder 环境下，设为动态模式，见 11.9 节）。

国家	2001	2002	2003	2004	2005	2006	2007	2008	2009	2010	2011
美国	102339	105902	110893	117978	125643	133145	139618	142193	138636	144471	150940
中国	13248	14538	16410	19316	22569	27130	34941	45218	49913	59305	73185
日本	41599	39808	43029	46558	45719	43568	43563	48492	50351	54884	58672
德国	18809	20066	24238	27263	27663	29027	33238	36237	32986	32589	35706
法国	13383	14520	17922	20557	21366	22557	25824	28318	26197	25490	27730
巴西	5536	5042	5525	6638	8822	10889	13660	16528	16217	21430	24767
英国	14706	16118	18603	22014	22805	24446	28129	26360	21714	22519	24316
意大利	11237	12252	15145	17355	17863	18730	21272	23073	21111	20436	21948
俄罗斯	3066	3451	4303	5910	7640	9899	12997	16608	12226	14875	18578
印度	4924	5228	6176	7216	8342	9491	12387	12241	13611	16843	18480

图 13-6 文件“各国 GDP（2001—2011）.xls”数据

基本思路：Pandas 读取 Excel 文件，返回的数据帧（DataFrame）属于二维的表格型数据结构，每列都有一个列名，它提供了一个按列名排序的方法：

S = DataFrame. **sort_values** (by = '列名', ascending = True)　　　　# 按升序

此时，S 就是二维表格数据按指定的列名排序后的数据帧（DataFrame）。下面代码演示了方法 sort_values( ) 的用法：

```
1   import matplotlib.pyplot as plt;import pandas as pd
2   wb = pd.read_excel('d:/各国GDP(2001-2011).xls')
3   d = wb.iloc[0:11,0:4]        #[行号,列号],d为'pandas.core.frame.DataFrame'
4   print(d)
5   print(d.columns)
6   s = d.sort_values(by = '国家', ascending = True)    # 对列名"国家"按升序
7   print(s)
8   s = d.sort_values(by = '2001', ascending = False)   # 对列名"2001"按降序
9   print(type(s))
```

通过条形图迭代，绘制 2001—2011 年 10 个国家的 GDP 变化情况，如图 13-7 所示。

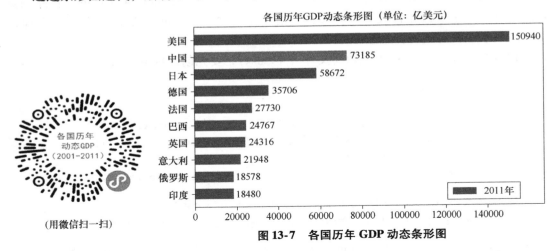

（用微信扫一扫）

图 13-7　各国历年 GDP 动态条形图

```
1   import matplotlib.pyplot as plt;import pandas as pd
2   import imageio
3   plt.rcParams['font.sans-serif'] = 'SimHei'          # 设置中文显示
4   wb = pd.read_excel('d:\\各国GDP(2001—2011).xls')
5   d = wb.iloc[0:11,0:12]                              # 行 0:11,列:0:12
6   plt.figure(figsize = (6,4),dpi = 120)
7   plt.ion()                                           # 打开交互模式
8   image_list = []
9   for i in range(1,12):                               # 年份:2001 年→2011 年
10      w = str(d.columns[i])                           # 年份
11      s = d.sort_values(by = w,ascending = True)      # 按年份数据排升序
12      x = s.iloc[:,i]                                 # 第 i 列年份,前 11 个国家数据
13      y = s.iloc[:,0]                                 # 国家名称
```

```
14      c = list(map(lambda x:'red' if x == '中国' else 'blue',y))
15      plt.clf()                                                  # 清除画布
16      plt.title('各国历年 GDP 动态条形图(单位:亿美元)',fontsize =12)
17      plt.barh(y,x,height =0.6,color =c)                         # 横放条形图函数 barh
18      for a,b in zip(x,y):
19          plt.text(a +0.6,b,'%.0f'%a,fontsize =12)
20
21      plt.legend([w +'年'],fontsize =12)
22      plt.pause(1)                                               # 隔 1 秒,停止一下
23      plt.savefig('temp.png')
24      image_list.append(imageio.imread('temp.png'))
25  plt.ioff()                                                     # 关闭交互模式
26  imageio.mimsave('d:\\bar_test.gif',image_list,duration =1)
```

13.4　股票数据案例: Tushare 库的使用

　　Tushare 官网是 http://www.tushare.org/,Tushare 的数据主要来源于网络。Tushare 是一个免费、开源的 Python 财经数据接口包,主要实现对股票等金融数据从数据采集、清洗加工到数据存储的过程,能够为金融分析人员提供快速、整洁、多样的便于分析的数据,为他们在数据获取方面极大地减轻工作量,使他们更加专注于策略和模型的研究与实现上。考虑到 Python Pandas 包在金融量化分析中体现出的优势,Tushare 返回的绝大部分的数据格式都是 Pandas DataFrame 类型,非常便于用 Pandas、NumPy、Matplotlib 进行数据分析和可视化。如果金融分析员习惯了用 Excel 或者关系型数据库做分析,也可以通过 Tushare 的数据存储功能,将数据全部保存到本地后进行分析。

　　在 Anaconda 环境下安装:进入 Anaconda Prompt (Anaconda 3),输入:pip install tushare,如图 13-8 所示。

图 13-8　Anaconda 环境下 Tushare 库的安装

13.4.1　Tushare 数据接口注册

　　Tushare 虽然是免费的,但使用 Tushare 库前,先要用自己的手机号进行注册,注册成功后,管网会赠送积分。注册界面如图 13-9 ~ 图 13-11 所示。

　　注册完成后,进行登录,并进入个人中心,复制自己的接口 Token (代价券)数字。

13.4.2　获取沪深股票基本信息

　　接口:stock_basic(),输出参数如表 13-5 所示。

　　描述:获取基础信息数据,包括股票代码、名称、上市日期、退市日期等。

233

图 13-9   Tushare 官网

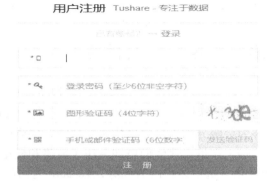

图 13-10   Tushare 用户注册

图 13-11   Tushare 注册用户的 Token

表 13-5   接口函数 stock_basic( ) 输出参数说明

序号	名　　称	类　型	描　　述	序号	名　　称	类　型	描　　述
1	ts_code	str	TS 代码	4	area	str	所在地域
2	symbol	str	股票代码	5	industry	str	所属行业
3	name	str	股票名称	6	list_date	str	上市日期

例 13-12　利用 stock_basic( )，获取沪深股票基本信息，并导入 Excel 文件。

```
1    import tushare as ts
2    ts.set_token("8f1fefe03*******")           #将自己注册后获取的 Token 复制到这里
3    pro = ts.pro_api()
4    data = pro.stock_basic()
5    df = data[['ts_code','symbol','name','area','industry','market','list_date']]
6    df.to_excel('d://股票基本信息.xls')          # df 为 DataFrame 类型
7    for row in df.values:
```

```
8        code = 'SH' + row[1]if row[1][0] == '6' else 'SZ' + row[1]
9        name = str(row[2])
10       print(code,name)
```

13.4.3　获取沪深 A 股某日所有股票交易数据

接口：daily(trade_date)，参数 trade_date 交易日期格式：yyyymmdd。

描述：获取股票行情数据，输出参数如表 13-6 所示。

表 13-6　接口函数 daily( ) 输出参数说明

序号	名　　称	类　　型	描　　述	序号	名　　称	类　　型	描　　述
1	ts_code	str	股票代码	6	close	float	收盘价
2	trade_date	str	交易日期	7	pct_chg	float	涨跌幅
3	open	float	开盘价	8	vol	float	成交量（手）
4	high	float	最高价	9	amount	float	成交额（千元）
5	low	float	最低价	10	pre_close	float	昨收价

例 13-13　利用 daily( )，获取沪深 A 股 2020.10.30 所有股票交易数据，并导入 Excel 文件。

```
1    import tushare as ts
2    ts.set_token("8f1fefe03*******")        # 将自己注册后获取的 Token 复制到这里
3    pro = ts.pro_api()
4    data = pro.daily(trade_date = '20201030')
5    df = data[['ts_code','open','high','low','close','pct_chg','vol','amount']]
6    df.to_excel('d://股票2020.10.30日交易数据.xls')
7    for row in df.values:
8        cNo = row[0][-2:] + row[0][0:6]
9        open = str(row[1])
10       high = str(row[2])
11       low  = str(row[3])
12       close = str(row[4])
13       rate = str(row[5])
14       print(cNo,open,high,low,close,rate)
```

13.4.4　获取某只股票自上市以来的交易数据

接口：daily(ts_code,start_date,end_date)，日期格式：yyyymmdd，输出参数如表 13-7 所示。

表 13-7　接口函数 daily( ) 输出参数说明

序号	名　　称	类　　型	描　　述	序号	名　　称	类　　型	描　　述
1	ts_code	str	股票代码	6	close	float	收盘价
2	trade_date	str	交易日期	7	pct_chg	float	涨跌幅
3	open	float	开盘价	8	vol	float	成交量（手）
4	high	float	最高价	9	amount	float	成交额（千元）
5	low	float	最低价	10	pre_close	float	昨收价

参数：ts_code 浮漂代码，start_date 开始日期，end_date 结束日期。

描述：获取某只股票自上市以来所有的交易数据（一次最多只能获取 5000 条记录）。

例 13-14 利用 daily()，获取 000002.SZ 万科 A 自上市以来所有交易数据，并导入 Excel。

```
1    import tushare as ts
2    ts.set_token("8f1fefe03069 *************")    # 将自己注册后获取的 Token 复制到这里
3    pro = ts.pro_api()
4    data = pro.daily(ts_code = '000002.SZ',start_date = '19900101',end_date = '20200731')
5    df = data[['trade_date','open','high','low','close','pct_chg','vol','amount']]
6    df.to_excel('d://万科A交易信息.xls')
7    for row in df.values:
8        cDay = row[0]
9        open = str(row[1])
10       high = str(row[2])
11       low  = str(row[3])
12       close = str(row[4])
13       rate = str(row[5])
14       print(cDay,open,high,low,close,rate)
```

习题

13-1　无论用 Pandas 读取什么格式的数据，若要对返回的数据帧对象 DataFrame 所包含的数据进行保存，可直接调用 DataFrame 的方法是：＿＿＿＿＿＿＿。

13-2　数据帧对象 DataFrame 包含多列多行数据，若要按某列的数据进行排序，可调用 DataFrame 的方法是：＿＿＿＿＿＿＿＿＿＿＿＿＿。

13-3　用 Pandas 读取 MySQL 数据库中某只股票 100 天的日交易数据，将查询结果返回 DataFrame 里的数据，直接保存到 Excel 文件，并绘制日收盘价格走势、5 天移动平均线、10 天移动平均线。

13-4　用 Pandas 读取文件"股票日交易数据 20120425.xls"，先按涨幅（Change1）排降序，输出前 100 行数据，再按换手率（TurnoverRate）排升序，输出前 100 行，部分数据如图 13-12 所示。

Symbol	Name	Date	Open	High	Low	Close	Change1	Volume	Amount	TurnoverRate
SH600000	浦发银行	2012-4-25	9.34	9.44	9.33	9.35	-0.32	664890	6.23E+08	0.45
SH600004	白云机场	2012-4-25	7.07	7.13	7.04	7.12	0.565	37372	26529790	0.32
SH600005	武钢股份	2012-4-25	2.91	2.95	2.89	2.94	0.685	249613	72933870	0.25
SH600007	中国国贸	2012-4-25	10.72	11.06	10.7	10.98	1.573	22641	24818400	0.22
SH600008	首创股份	2012-4-25	5.12	5.25	5.08	5.21	1.362	58100	30065540	0.26
SH600009	上海机场	2012-4-25	12.98	13.05	12.89	13.01	-0.307	112701	1.46E+08	1.03
SH600010	包钢股份	2012-4-25	5.83	6.25	5.78	6.16	4.054	1167124	7.03E+08	1.82
SH600011	华能国际	2012-4-25	5.46	5.53	5.42	5.47	1.296	161920	88856670	0.44

图 13-12　文件"股票日交易数据 20120425.xls"部分数据

第 14 章

sklearn 数据建模

sklearn（scikit-learn）是一个开源的基于 Python 语言的机器学习工具包。它通过 NumPy、SciPy 和 Matplotlib 等 Python 数值计算的库实现高效的算法应用，并且涵盖了几乎所有主流机器学习算法。在 Anaconda 3 下，无需安装，可直接调用。sklearn 由其官网：http://scikit-learn.org/stable/index.html 维护。

在工程应用中，用 Python 手写代码来从头实现一个算法的效率非常低，这样不仅耗时耗力，还不一定能够写出构架清晰、稳定性强的模型。更多情况下，先分析采集到的数据，然后根据数据特征选择适合的算法，在工具包中调用算法，调整算法的参数，获取需要的信息，从而实现算法效率和效果之间的平衡。而 sklearn，正是这样一个可以帮助高效实现算法应用的工具包。

本章学习要点：

- sklearn 模块功能包括数据的加载、划分、预处理、降维
- 线性回归、logistic 回归、神经网络、支持向量机、聚类
- sklearn 模型评估

14.1 sklearn 模块功能

14.1.1 数据分析的算法

在机器学习、模式识别、数据挖掘、多元统计、计量经济等众多涉及数据分析的学科中，为了研究数据中的规律，都提出了很多模型，以及相应的算法。

设有 m 维自变量 $X = (X_1, X_2, \cdots, X_m)^{\mathrm{T}}$，$X$ 可以为精控变量，也可以为随机变量；因变量 Y 为随机变量。为了研究 Y 与 X 之间的函数关系，对 X、Y 进行多次观察，得到一组样本数据：

$$T = \{(x_1, y_1), \cdots, (x_n, y_n)\}, \quad x_i \in \mathbf{R}^m, y_i \in \mathbf{R}$$

所谓建立模型，就是根据样本数据集 T，建立从集合 A 到集合 D 上，如图 14-1 所示，x 与 y 的一种函数关系：

$$f: x \rightarrow y = f(x), \quad \forall x \in A \subseteq \mathbf{R}^m, y \in D \subseteq \mathbf{R}$$

这个关系可以是线性关系，也可以是非线性关系；可以是精确关系，也可以是相关关系；可以是一元的（$m = 1$），也可以是多元的（$m > 1$）；可以有明显的函数关系表达式，也可以没有（只是一

图 14-1　变量 x 与 y 的函数关系

些关系规则，如分类）。

算法与模型密不可分。所谓算法，就是模型建立后，通过样本数据集 T，从数学推导上，寻找一种优化方法，确立模型中的参数，使模型中变量之间的关系，尽可能接近真实的函数关系，使损失（误差）最小。

数据分析的核心是算法。算法按其所具有的功能，可以分为回归、分类、聚类等。数据的特征不同，适用的算法也不同。若 y 的取值是连续的，这方面的分析称为回归分析，主要模型有线性回归、主成分分析（PCA）、广义回归；若 y 的取值是离散的，这方面的分析称为分类分析，主要模型有 logistic 回归、支持向量机（SVM）、分类及回归树（CART）、神经网络、随机森林算法、因子分解机（FM 算法）。如果获得的数据没有标签，即没有 Y，只分析多个变量 X 之间的关系，这方面的分析称为无监督学习，主要包括聚类分析、关联规则分析，主要模型有 k-means、KNN、DBSCAN 等。

sklearn 是一个非常流行的机器学习工具，它几乎集成了所有经典的机器学习算法。作为一名 Python 程序员，学习人工智能技术应掌握 sklearn。

14.1.2　sklearn 库的常用模块

sklearn 库常用的功能模块有分类（Classification）、回归（Regression）、聚类（Clustering）、降维、模型选择及评估、预处理。

（1）分类：识别某个对象属于哪个类别，常用的算法有 SVM（支持向量机）、nearest neighbors（最近邻）、random forest（随机森林），常见的应用有垃圾邮件识别、图像识别。

（2）回归：预测与对象相关联的连续值属性，常见的算法有 SVR（支持向量机）、ridge regression（岭回归）、Lasso（拉索回归），常见的应用有药物反应、股价预测。

（3）聚类：将相似对象自动分组，常用的算法有 k-Means、spectral clustering、mean-shift，常见的应用有客户细分、分组实验结果。

（4）降维：减少要考虑的随机变量的数量，常见的算法有 PCA（主成分分析）、feature selection（特征选择）、non-negative matrix factorization（非负矩阵分解），常见的应用有可视化、提高效率。

（5）模型选择及评估：比较、验证、选择参数和模型，常用的模块有 grid search（网格搜索）、cross validation（交叉验证）、metrics（衡量指标）。

（6）预处理：特征提取和归一化，常用的模块有 preprocessing、feature extraction，常见的应用有把输入数据（如文本）转换为机器学习算法可用的数据。

14.1.3　加载 datasets 模块中的数据集

为方便用户学习和使用，sklearn 库中的 datasets 模块集成了部分数据分析的经典数据集，可以使用这些数据集进行数据预处理、建模等操作，如表 14-1 所示。

表 14-1　datasets 模块常用数据集的加载函数与解释

序号	数据集加载函数	数据集名称	数据集规模	任务类型
1	load_boston	波士顿房价	506 * 13，标签：房价	回归
2	fetch_california_housing	加州住房	20640 * 9，标签：房价	回归
3	load_digits	手写数字集	1791 * 64，标签：数字	多分类

（续）

序号	数据集加载函数	数据集名称	数据集规模	任 务 类 型
4	load_breast_cancer	乳腺癌数据	569 * 30，标签：0、1	分类、聚类
5	load_iris	鸢尾花数据	150 * 4，标签：0、1、2	分类、聚类
6	load_wine	葡萄酒成分	178 * 13，标签：0、1、2	分类

每加载一个数据集，可通过下列方法查看数据集信息（每个数据集可能不同）。

```
1    from sklearn import datasets
2    b = datasets. load_boston()              # 加载 boston 数据
3    print(b. keys())                         # 输出:dict_keys(['data','target','feature
                                                     _names','DESCR','filename'])
4    print(boston. DESCR)                     # 输出数据集描述
5    digits = datasets. load_digits()         # 加载手写数字集
6    print(digits. keys())                    # 输出:dict_keys(['data','target','target_
                                                     names','images','DESCR'])
```

例 14-1　加载 load_ boston 数据集，并写入 Excel 文件中（对表 14-1 的数据集均适用）。

```
1    import numpy as np;import pandas as pd
2    import sklearn. datasets as skl
3    datas = skl. load_boston()                       # 加载波士顿房价数据集
4    X_data = datas['data']    # 二维数组数据:形状为(506,13),506 次观察(行),13 个指标(列)
5    Y_target = datas['target']    # 数据集的标签:一维数组,形状为(506,),506 次观察的平均房价
                                                     数据
6    feature_names = datas['feature_names']    # 数据集的特征名:一维数组,形状为(13,),13 个
                                                     指标名称
7    # ------------ 把房价数据插入到指标数据最后一列,生成一个新的二维矩阵数据 -------------
8    X_data1 = np. insert(X_data,len(feature_names),values = Y_target,axis = 1)
9    col_name = pd. DataFrame(feature_names)                # 转为 pandas. DataFrame
10   x_values = pd. DataFrame(X_data1)
11   col_writer = pd. ExcelWriter('d:/col_name. xls')       # 列标题 写入 Excel 文件
12   row_writer = pd. ExcelWriter('d:/boston_data. xls')    # 行数据写入 Excel 文件
13   col_name. to_excel(col_writer,'page_1',float_format = '%d')    # page_1 写入 excel
14   x_values. to_excel(row_writer,'page_1',float_format = '%. 6f')  # page_1 写入 excel
15   col_writer. save();col_writer. close()
16   row_writer. save();row_writer. close()
```

digits 是一个手写数字的数据集，下列代码显示一些手写数字图像，如图 14-2 所示。

图 14-2　手写数字图像

239

```
1   from sklearn import datasets;import matplotlib.pyplot as plt
2   digits =datasets.load_digits()
3   fig =plt.figure(figsize =(6,6))                # 设置图形大小(宽、高)以英寸为单位
4   #------------设置子图形布局,如间隔之类------------------------------------------
5   fig.subplots_adjust(left =0,right =1,bottom =0,top =1,hspace =0.05,wspace =0.05)
6   for i in range(8):                             # 对于8 幅图像中的每一幅
7       #----初始化子图:在8×8 的网格中,在第i +1 个位置添加一个子图------------
8       ax =fig.add_subplot(1,8,i +1,xticks =[],yticks =[])
9       ax.imshow(digits.images[i],cmap =plt.cm.binary,interpolation ='nearest')
10      ax.text(0,7,str(digits.target[i]))         # 用目标值标记图像
11  plt.show()
12  #------- 或使用target 中的目标值标记digits.images 图像格式的样本数据,并显示--------
13  images_and_labels =list(zip(digits.images,digits.target))    # 把图像和标签组合
14  #-------- 对于列表(前8 项)中的每个元素------------------------------------------
15  for index,(image,label) in enumerate(images_and_labels[:4]):
16      plt.subplot(1,4,index +1)                  # 在第i +1 个位置初始化一个1 * 4 的子图
17      plt.axis('off')                            # 不要画坐标轴
18      plt.imshow(image,cmap =plt.cm.gray_r,interpolation ='nearest')
19      plt.title('Training:' +str(label))         # 为每个子图添加一个标题(目标标签)
20  plt.show()                                     # 显示图像,如图14-2 所示
```

14.1.4　数据标准化的种类

在多维自变量指标体系中，由于各指标的性质不同，通常具有不同的量纲和数量级。当各指标间的水平相差很大时，如果直接用原始指标值进行分析，就会突出数值较高的指标在综合分析中的作用，相对削弱数值水平较低指标的作用。因此，为了保证结果的可靠性，需要对原始指标数据进行标准化处理。

数据的标准化（normalization）是将数据按比例缩放，使之落入一个小的特定区间。在某些比较和评价的指标处理中经常会用到，去除数据的单位限制，将其转化为无量纲的纯数值，便于不同单位或量级的指标能够进行比较和加权。常用的变换方法有下面3 种。

（1）离差标准化（min-maxnormalization，min-max 标准化）：属于规范化方法，对原始数据进行线性变换，使结果落到 [0，1] 区间，转换函数如下。

设序列 $x_1, x_2, \cdots, x_n$，其离差标准化为

$$y_i = \frac{x_i - \min_{1 \leqslant j \leqslant n} \{x_j\}}{\max_{1 \leqslant j \leqslant n} \{x_j\} - \min_{1 \leqslant j \leqslant n} \{x_j\}}$$

且序列 $y_1, y_2, \cdots, y_n \in [0,1]$，无量纲。

（2）标准差标准化（zero-meannormalization，z-score）：属于正规化方法。

设序列 $x_1, x_2, \cdots, x_n$，其标准差标准化为

$$y_i = \frac{x_i - \bar{x}}{s}, \quad \bar{x} = \frac{1}{n} \sum_{i=1}^{n} x_i, \quad s^2 = \frac{1}{n-1} \sum_{i=1}^{n} (x_i - \bar{x})^2$$

且序列 $y_1, y_2, \cdots, y_n$ 的均值为0、方差为1，无量纲。

（3）向量归一化（scaling to unit length）：属于归一化方法，即将向量的长度归一。

设序列 $x_1, x_2, \cdots, x_n$，其向量归一化为

$$y_i = \frac{x_i}{\|x\|}, \quad \|x\| = \sqrt{x_1^2 + x_2^2 + \cdots + x_n^2}$$

不同的标准化方法对数据建模的结果会产生不同的影响，然而在数据标准化方法的选择上，没有通用的法则可以遵循。因此，在进行数据分析时，应根据具体的情况，选择合适的标准化方法。

14.1.5　sklearn 数据预处理：数据标准化、降维

为帮助用户实现大量的特征预处理相关操作，sklearn 把相关的功能封装为转换器（pre-processing）。转换器主要包括 3 个方法，其使用说明如表 14-2 所示。

表 14-2　sklearn 转换器模块的 3 个方法及其使用说明

方　法	使 用 说 明
fit	通过分析特征和目标值，提取有价值的信息，这些信息可以是统计量，也可以是权值系数等
transform	transform 方法主要用来对特征进行转换。从可利用信息的角度可分为无信息转换和有信息转换。无信息转换是指不利用任何其他信息进行转换，比如指数和对数函数转换等。有信息转换根据是否利用目标值向量又可分为无监督转换和有监督转换。无监督转换指只利用特征的统计信息的转换，比如标准化和 PCA 降维等。有监督转换指既利用了特征信息，又利用了目标值信息的转换，比如通过模型选择特征和 LDA 降维等
fit_transform	fit_transform 方法就是先调用 fit 方法，然后调用 transform 方法

使用 sklearn 转换器下提供的数据标准化函数，可以实现对传入的 NumPy 数组进行标准化处理、归一化处理、二值化处理，具体说明如表 14-3 所示。

表 14-3　sklearn 预处理的数据标准化函数及其作用说明

序号	函数名称	作用说明
1	MinMaxScaler	对特征进行离差标准化
2	StandardScaler	对特征进行标准差标准化
3	Normalizer	对特征进行归一化
4	Binarizer	对定量特征进行二值化处理
5	OneHotEncoder	对定性特征进行独热编码处理

例 14-2　使用 sklearn 对乳腺癌数据集进行离差标准化（MinMaxScaler）。

```
1    import numpy as np;from sklearn import datasets
2    from sklearn.model_selection import train_test_split
3    from sklearn.preprocessing import MinMaxScaler
4    breast = datasets.load_breast_cancer()      # 加载乳腺癌数据
5    x_data = breast['data']                # 二维数组数据:(569 次观察,30 个指标)
6    y_target = breast['target']            # 取出数据集的标签:569 次观察的 0-1 分类标签
7    # ----将指标数据集、标签数据集随机划分为训练集、测试集,测试集占 20%,随机种子为 8 ------
8    x_train,x_test,y_train,y_test = train_test_split(x_data,y_target,test_size
     = 0.2,random_state = 8)
9    Scaler = MinMaxScaler().fit(x_train)              # 生成规则
10   x_trainScaler = Scaler.transform(x_train)        # 将规则应用于训练集
```

241

```
11    x_testScaler = Scaler. transform (x_test)              # 将规则应用于测试集
12    print("离差标准化前数据的最小值:",np. min(x_train))      #0.0
13    print("离差标准化后数据的最小值:",np. min(x_trainScaler)) # 0.0
14    print("离差标准化前数据的最大值:",np. max(x_train))      #4254.0
15    print("离差标准化后数据的最大值:",np. max(x_trainScaler)) #1.00
```

从上面源代码 14 行可知，若直接用源数据进行建模，会对结果造成负面影响。

sklearn 除了提供基本的特征变换函数外，还提供了降维算法、特征选择算法。这些算法的使用也是通过转换器来进行的，其作用说明如表 14-4 所示。

表 14-4　sklearn 下 PCA 降维算法函数常用参数及其作用说明

序号	函数名称	作用说明
1	n_components	接收 None, int, float 或 string, 未指定时, 代表所有特征均会被保留下来。如果为 int, 则表示将原始数据降低到 n 个维度; 如果为 float, 同时 svd_solver 参数等于 full; 赋值为 string, 比如 n_components = 'mle', 将自动选取特征个数 n, 使得满足所要求的方差百分比。默认为 None
2	copy	接收 bool, 代表是否在运行算法时将原始数据复制一份。如果为 True, 则运行后, 原始数据的值不会有任何改变; 如果为 False, 则运行 PCA 算法后, 原始训练数据的值会发生改变。默认为 True
3	whiten	接收 boolean, 表示白化。所谓白化, 就是对降维后的数据的每个特征进行归一化, 让方差都为 1。默认为 False
4	svd_solver	取 {'auto', 'full', 'arpack', 'randomized'}, 代表使用的 SVD 算法。randomized 一般适用于数据量大, 数据维度多, 且主成分数目比例又较低的 PCA 降维, 它使用了一些加快 SVD 的随机算法; full 是使用 SciPy 库实现的传统 SVD 算法; arpack 和 randomized 的适用场景类似, 区别是 randomized 使用的是 sklearn 的 SVD 实现, 而 arpack 直接使用了 SciPy 库的 sparse SVD 实现; auto 代表 PCA 类会自动在上述 3 种算法中去权衡, 选择合适的算法来降维

例 14-3　美国威斯康星州乳腺癌数据集选取了 10 个指标，每个指标都提供了 3 个数据项（平均值 mean、标准差 standard error、最大值 worst）共 30 列指标。使用 sklearn. decomposition 下的 PCA 对乳腺癌数据集进行降维。

建模说明：有的数据集，其特征个数较多，当数据量大时，对其进行降维，可以加快数据处理速度，又不会对模型的结果造成负面影响。

```
16    from sklearn. decomposition import PCA
17    pca_model = PCA(n_components =10). fit(x_trainScaler)    # 生成规则:降维
18    pca_train =pca_model. transform(x_trainScaler)          # 将规则应用于训练集
19    pca_test =pca_model. transform(x_testScaler)            # 将规则应用于测试集
20    print("PCA 降维前训练集数据的形状:",x_trainScaler. shape)# (455,30)
21    print("PCA 降维后训练集数据的形状:",pca_train. shape)     # (455,10)
```

14.1.6　将数据集划分为训练集和测试集

在数据分析过程中，为了保证模型在实际系统中能够起到预期作用，一般需要将样本分成独立的 3 个部分：

（1）训练集（train set）：用于模型训练。

（2）验证集（validation set）：用于确定网络结构或者控制模型复杂程度的参数。

（3）测试集（test set）：用于检验最优模型的性能。

典型的划分方式是训练集占总样本的 50%，而验证集和测试集各占 25%。

模型建立后，需要进行评价。模型评价最常用的方法是交叉验证。它用训练数据集来训练模型，然后用未参与建模的测试数据集来评价模型预测功能的优劣。这对于在任何模型之间做预测都比较适用。交叉验证不用对模型做任何假定，对于诸如回归和分类这样的监督学习，预测能力是反映模型好坏的最根本指标。

交叉验证最常用的是 N 折交叉验证。其要点是，把数据随机分成 N 份，轮流把其中 1份作为测试集，其余的 N−1 份合起来作为训练集；然后利用训练集拟合数据得到模型，并用这样训练出来的模型来拟合未参加训练的测试数据集。这种交叉验证共做 N 次。对于分类，就会得到在测试集中的 N 个误判率，从而得到平均误判率；而对于回归，就可以得到在测试集中的 N 个标准化均方误差（Normalized Mean Squared Error，NMSE），并得到其均值。**标准化均方误差（NMSE）** 的定义如下：

$$\text{NMSE} = \frac{\sum\limits_{i=1}^{n}(y_i - \hat{y}_i)^2}{\sum\limits_{i=1}^{n}(y_i - \overline{y})^2} \tag{14-1}$$

式中，y_i 为测试集的因变量观察值；$\hat{y}_i$ 为 y_i 的拟合值；$\overline{y}$ 为 y_i 的均值。NMSE 越小越好，如果 NMSE 大于 1，则说明这个模型根本不能用。

sklearn 的 model_selection 模块提供了 train_test_split（）函数，能够对数据集进行拆分，其语法格式：sklearn. model_selection. **train_test_split**（∗arrays，∗∗options），参数如表 14-5所示。

表 14-5　sklearn 下 train_test_split（）函数参数及其说明

序号	参　　数	说　　明
1	∗arrays	接收一个或多个数据集，代表需要划分的数据集。若为分类回归，则分别传入数据和标签；若为聚类，则传入数据。无默认
2	test_size	接收 float，int，代表测试集的大小。如果传入 float 类型的数据，则需要限定在 0~1 之间，代表测试集在总数中的占比；如果传入 int 类型的数据，则表示测试集记录的绝对数目。默认为 25%
3	random_state	接收 int，代表随机种子编号，相同随机种子编号产生相同的随机结果，不同的随机种子编号产生不同的随机结果。默认为 None
4	shuffle	接收 boolean，代表是否进行有放回抽样。若该参数取值为 True，则 stratify 参数必须不能为空
5	stratify	接收 array 或者 None。如果不为 None，则使用传入的标签进行分层抽样

train_test_split（）函数根据传入的数据，分别将传入的数据划分为训练集和测试集。如果传入的是 1 组数据，那么生成的就是这一组数据随机划分后训练集和测试集，总共 2 组。如果传入的是 2 组数据，则生成的训练集和测试集分别 2 组，总共 4 组。

例 14-4　使用 train_test_split（）函数划分数据集。

```
1    from sklearn import datasets
2    from sklearn.model_selection import train_test_split
3    breast = datasets.load_breast_cancer()          # 加载乳腺癌数据
```

```
4    x_data = breast['data']                          # 二维数组数据 x:(569 次观察,30 个指标)
5    y_target = breast['target']                      # 数据集的标签:569 次观察的 0 ~ 1 分类标签
6    print("原始数据集数据的形状:",x_data.shape)       # (569,30)
7    print("原始数据集标签的形状:",y_target.shape)
                                                       # 返回因变量 y 的形状,为一维数组:(569,)
8    x_train,x_test,y_train,y_test = train_test_split(x_data,y_target,test_size
     =0.2,random_state=8)                              # 测试集占 20%
9    print("训练集数据的形状:",x_train.shape)  # (455,30)
10   print("训练集标签的形状:",y_train.shape)  # 返回元组变量:(455,)
11   print("测试集数据的形状:",x_test.shape)   # (114,30)
12   print("测试集标签的形状:",y_test.shape)   # 返回元组变量:(114,)
```

14.1.7 模型评估：sklearn. metrics 常用库

利用机器学习算法进行回归、分类或者聚类时，都要对建模的结果进行评估。sklearn. metrics 模块包含了常用的**评价指标**。下列官网提供了详细的使用说明：https://sci-kit-learn. org/stable/modules/classes. html#sklearn-metrics-metrics。

考虑一个二分问题，即将实例分成正类（positive）或负类（negative）。对一个二分问题来说，会出现 4 种情况：

（1）TP。如果一个实例是正类，且被预测成正类，即为真正类（True Positive）。

（2）FP。如果一个实例是负类，却被预测成正类，即为假正类（False Positive）。

（3）TN。如果一个实例是负类，且被预测成负类，即为真负类（True Negative）。

（4）FN。如果一个实例是正类，却被预测成负类，即为假负类（False Negative）。

二分类问题的评价指标如表 14-6 所示，其中 1 代表正类（阳性），0 代表负类（阴性）。

表 14-6　二分类问题的评价指标

	预测：1	预测：0	合　计
实际　1	**真正类：True Positive（TP）**	假负类：False Negative（FN）	Actual Positive（TP + FN）
实际　0	假正类：False Positive（FP）	**真负类：True Negative（TN）**	Actual Negative（FP + TN）
合计	预测为正类（TP + FP）	预测为负类（FN + TN）	TP + FP + FN + TN

真正率（True Positive Rate，TPR），TPR = TP/(TP + FN)，刻画的是分类器所识别出的正实例占所有正实例的比例，也称 recall（召回率）、查全率。

假负率（False Negative Rate）：FNR = FN/(TP + FN) = 1 − TPR，也称漏报率。

假正率（False Positive Rate）：FPR = FP/(TN + FP)，也称误报率。

真负率（True Negative Rate）：TNR = TN/(TN + FP) = 1 − FPR。

查准率：Precision Rate = TP/(TP + FP)，也称精度。

1. 一般分类评估指标

下面是引入的模块及函数说明：

from sklearn. metrics import roc_curve,roc_auc_score,auc,accuracy_score

from sklearn. metrics import f1_score,classification_report

from sklearn. metrics import confusion_matrix

from sklearn. metrics import precision_score, recall_score, average_precision_score

（1）accuracy_score(y_true, y_pre)：分类预测正确率 = 预测正确个数/预测总数。

（2）auc(x, y, reorder = False)：ROC 曲线下的面积；较大的 AUC 代表了较好的性能。

（3）confusion_matrix(y_true, y_pred, labels = None, sample_weight = None)：通过计算混淆矩阵来评估分类的准确性，返回混淆矩阵。

（4）f1_score(y_true, y_pred, labels = None, pos_label = 1, average = 'binary')：

$$F1 \ 值 = 2 * (precision * recall)/(precision + recall)$$

其中，precision(查准率) = TP/(TP + FP)，recall(查全率) = TP/(TP + FN)，F1 可以理解为查准率和查全率的加权，在回归问题中有相应的 R2_score。

（5）log_loss(y_true, y_pred, eps = 1e-15, normalize = True, labels = None)：对数损耗，又称逻辑损耗或交叉熵损耗。

（6）precision_score(y_true, y_pred, labels = None, pos_label = 1, average = 'binary')：查准率或者精度；precision(查准率) = TP/(TP + FP)。

（7）recall_score(y_true, y_pred, labels = None, pos_label = 1, average = 'binary')：查全率，也称 recall(召回率) = TP/(TP + FN)。

（8）roc_auc_score(y_true, y_score, average = 'macro', sample_weight = None)：计算 ROC 曲线下的面积就是 AUC 的值，the larger the better。

（9）roc_curve(y_true, y_score, pos_label = None, drop_intermediate = True)：计算 ROC 曲线的横纵坐标值：TPR、FPR。

2. 回归评估指标

下面是引入的模块及函数说明：

from sklearn. metrics import mean_squared_error, median_absolute_error

from sklearn. metrics import r2_score

from sklearn. metrics import explained_variance_score, mean_absolute_error

（1）explained_variance_score(y_true, y_pred, multioutput = 'uniform_average')：回归方差（反应自变量与因变量之间的相关程度）。

（2）mean_absolute_error(y_true, y_pred)：平均绝对误差，最优值 0.0，计算公式为

$$MAE = \frac{1}{n} \sum_{i=1}^{n} | y_i - \hat{y}_i |$$

（3）mean_squared_error(y_true, y_pred, multioutput = 'uniform_average')：均方差，计算公式为

$$MSE = \frac{1}{n} \sum_{i=1}^{n} (y_i - \hat{y}_i)^2$$

（4）median_absolute_error(y_true, y_pred)：中值绝对误差。

（5）r2_score(y_true, y_pred, multioutput = 'uniform_average')：R 平方值，计算公式为

$$R^2 = 1 - \frac{\sum (y_i - \hat{y}_i)^2}{\sum (y_i - \bar{y})^2}$$

R 平方值越接近 1，越好。

14.1.8　利用 sklearn 进行数据建模的步骤

245

利用 sklearn 进行数据建模，一般分 5 步。

（1）读取数据。加载 sklearn 下的数据集，或通过别的方法读取数据：

```
from sklearn import datasets
```

（2）数据预处理，包括数据标准化、数据降维（可选）：

```
from sklearn.preprocessing import MinMaxScaler,StandardScaler
from sklearn.decomposition import PCA
```

（3）将数据划分为训练集、测试集：

```
from sklearn.model_selection import train_test_split
```

（4）选择一种适当的模型，进行建模：

```
from sklearn.linear_model import LinearRegression      # 多元线性回归
from sklearn.linear_model import LogisticRegression    # 逻辑回归
from sklearn.neural_network import MLPClassifier        # 神经网络多分类
from sklearn.neural_network import MLPRegressor         # 神经网络非线性回归
from sklearn.svm import SVC,SVR                         # 支持向量机分类,回归
from sklearn.cluster import Kmeans,DBSCAN               # k-means 聚类,密度聚类
```

（5）引入模型评估模块 from sklearn import metrics，选择对应的指标，进行评估。

所有 sklearn 下的模型，训练完成后，有两个很重要的属性：coef_和 intercept_，分别为回归系数及阈值，可用于预测。

14.2 线性回归

回归分析是研究关于一个称为被解释变量（因变量）y 对另一个或多个称为解释变量（自变量）x 的依赖关系，即给定 x 值时，y 的值不能完全确定，只能通过一定的概率分布来描述。于是，给定 x 时，y 的条件数学期望记为

$$E(y \mid x) = f(x)$$

14.2.1 多元线性回归的基本原理

设随机变量（因变量）Y 与 m 个自变量 $X_1, X_2, \cdots, X_m$ 满足关系式：

$$\begin{cases} Y = \beta_0 + \beta_1 X_1 + \beta_2 X_2 + \cdots + \beta_m X_m + \varepsilon \\ \varepsilon \in \mathbf{N}(0, \sigma^2) \end{cases} \tag{14-2}$$

式中，$\beta_0, \beta_1, \cdots, \beta_m$ 是未知参数；$X_1, X_2, \cdots, X_m$ 是 m 个可控或不可控的一般变量；ε 是随机误差。称式（14-2）为 m 元线性回归模型，$\beta_0, \beta_1, \cdots, \beta_m$ 称为回归系数。对于这个模型，两边取期望，有

$$E(Y) = \beta_0 + \beta_1 X_1 + \beta_2 X_2 + \cdots + \beta_m X_m$$

为了估计回归系数 $\beta_0, \beta_1, \cdots, \beta_m$，对变量进行 n 次观察，得到 n 组观察数据：

$$y_i, x_{i1}, x_{i2}, \cdots, x_{im}, \qquad i = 1, 2, \cdots, n$$

一般要求 $n > m$，于是有

$$\begin{cases} y_1 = \beta_0 + \beta_1 x_{11} + \beta_2 x_{12} + \cdots + \beta_m x_{1m} + \varepsilon_1 \\ y_2 = \beta_0 + \beta_1 x_{21} + \beta_2 x_{22} + \cdots + \beta_m x_{2m} + \varepsilon_2 \\ \vdots \qquad \vdots \qquad \vdots \qquad \qquad \vdots \qquad \vdots \\ y_n = \beta_0 + \beta_1 x_{n1} + \beta_2 x_{n2} + \cdots + \beta_m x_{nm} + \varepsilon_n \end{cases} \tag{14-3}$$

其中残差 $\varepsilon_1, \varepsilon_2, \cdots, \varepsilon_n$ 独立同分布，都满足式（14-2）。用矩阵形式来表示式（14-3），记

$$Y = \begin{pmatrix} y_1 \\ y_2 \\ \vdots \\ y_n \end{pmatrix}, \quad X = \begin{pmatrix} 1 & x_{11} & \cdots & x_{1m} \\ 1 & x_{21} & \cdots & x_{2m} \\ \vdots & \vdots & & \vdots \\ 1 & x_{n1} & \cdots & x_{nm} \end{pmatrix}, \quad \boldsymbol{\beta} = \begin{pmatrix} \beta_0 \\ \beta_1 \\ \vdots \\ \beta_m \end{pmatrix}, \quad \boldsymbol{\varepsilon} = \begin{pmatrix} \varepsilon_1 \\ \varepsilon_2 \\ \vdots \\ \varepsilon_n \end{pmatrix}$$

则多元线性回归模型为

$$\begin{cases} Y = X\boldsymbol{\beta} + \boldsymbol{\varepsilon} \\ \boldsymbol{\varepsilon} \in N(0, \sigma^2 I_n) \end{cases} \tag{14-4}$$

下面求模型参数的最小二乘估计（Least Square Estimate，LSE）。记损失函数即残差平方和 $S(\boldsymbol{\beta})$ 为

$$S(\boldsymbol{\beta}) = (Y - X\boldsymbol{\beta})^{\mathrm{T}}(Y - X\boldsymbol{\beta}) = \|Y - X\boldsymbol{\beta}\|^2$$

按照最小二乘法，如何求 $\hat{\boldsymbol{\beta}} = (\hat{\beta}_0, \hat{\beta}_1, \cdots, \hat{\beta}_m)$，使：$S(\hat{\boldsymbol{\beta}}) = \min S(\boldsymbol{\beta})$ 或：

$$\|Y - X\boldsymbol{\beta}\| \xrightarrow{\boldsymbol{\beta}} \min$$

因为 $S(\boldsymbol{\beta})$ 是 $\boldsymbol{\beta}$ 的二次可微函数，极值点处的各偏导数应为 0。对 $S(\boldsymbol{\beta})$ 求偏导时，采用矩阵微商记法。矩阵微商一般是对向量求偏导，其含义是对各分量 β_m 分别求偏导数，再排列在一起，写成一个列向量。这里，先介绍一个矩阵微商公式。

定理 14.1 设 $A = (\alpha_1, \alpha_2, \cdots, \alpha_n) \in \mathbf{R}^{n \times n}$，$x = (x_1, x_2, \cdots, x_n)^{\mathrm{T}} \in \mathbf{R}^n$，则

$$\frac{\partial(Ax)}{\partial x} = A, \quad \frac{\partial(x^{\mathrm{T}}A^{\mathrm{T}}Ax)}{\partial x} = 2A^{\mathrm{T}}Ax$$

证明：
$$Ax = (\alpha_1, \alpha_2, \cdots, \alpha_n)x = x_1\alpha_1 + x_2\alpha_2 + \cdots + x_n\alpha_n \in \mathbf{R}^n$$

$$\frac{\partial(Ax)}{\partial x} = \left(\frac{\partial(Ax)}{\partial x_1}, \frac{\partial(Ax)}{\partial x_2}, \cdots, \frac{\partial(Ax)}{\partial x_n} \right) = (\alpha_1, \alpha_2, \cdots, \alpha_n) = A$$

$$x^{\mathrm{T}}A^{\mathrm{T}}Ax = (x_1, x_2, \cdots, x_n) \begin{pmatrix} \alpha_1^{\mathrm{T}} \\ \alpha_2^{\mathrm{T}} \\ \vdots \\ \alpha_n^{\mathrm{T}} \end{pmatrix} (x_1\alpha_1 + x_2\alpha_2 + \cdots + x_n\alpha_n)$$

$$= (x_1\alpha_1^{\mathrm{T}} + x_2\alpha_2^{\mathrm{T}} + \cdots + x_n\alpha_n^{\mathrm{T}})(x_1\alpha_1 + x_2\alpha_2 + \cdots + x_n\alpha_n)$$

$$\frac{\partial(x^{\mathrm{T}}A^{\mathrm{T}}Ax)}{\partial x} = \left(\frac{\partial(x^{\mathrm{T}}A^{\mathrm{T}}Ax)}{\partial x_1}, \frac{\partial(x^{\mathrm{T}}A^{\mathrm{T}}Ax)}{\partial x_2}, \cdots, \frac{\partial(x^{\mathrm{T}}A^{\mathrm{T}}Ax)}{\partial x_n} \right)$$

$$= (\alpha_1^{\mathrm{T}}Ax + x^{\mathrm{T}}A^{\mathrm{T}}\alpha_1, \alpha_2^{\mathrm{T}}Ax + x^{\mathrm{T}}A^{\mathrm{T}}\alpha_2, \cdots, \alpha_n^{\mathrm{T}}Ax + x^{\mathrm{T}}A^{\mathrm{T}}\alpha_n)$$

$$= (\alpha_1^{\mathrm{T}}Ax, \alpha_2^{\mathrm{T}}Ax, \cdots, \alpha_n^{\mathrm{T}}Ax) + (x^{\mathrm{T}}A^{\mathrm{T}}\alpha_1, x^{\mathrm{T}}A^{\mathrm{T}}\alpha_2, \cdots, x^{\mathrm{T}}A^{\mathrm{T}}\alpha_n)$$

$$= 2(\alpha_1^{\mathrm{T}}Ax, \alpha_2^{\mathrm{T}}Ax, \cdots, \alpha_n^{\mathrm{T}}Ax) \quad (\text{因为 } \alpha_i^{\mathrm{T}}Ax = x^{\mathrm{T}}A^{\mathrm{T}}\alpha_i \in \mathbf{R})$$

$$= 2(\alpha_1^{\mathrm{T}}, \alpha_2^{\mathrm{T}}, \cdots, \alpha_n^{\mathrm{T}})Ax = 2A^{\mathrm{T}}Ax$$

证毕。

由于 $Y^{\mathrm{T}}X\boldsymbol{\beta} = \boldsymbol{\beta}^{\mathrm{T}}X^{\mathrm{T}}Y \in \mathbf{R}$，故由定理 14.1 得

$$\frac{\partial S(\boldsymbol{\beta})}{\partial \boldsymbol{\beta}} = \frac{\partial}{\partial \boldsymbol{\beta}} [(Y - X\boldsymbol{\beta})^{\mathrm{T}}(Y - X\boldsymbol{\beta})] = \frac{\partial}{\partial \boldsymbol{\beta}} (Y^{\mathrm{T}}Y - 2Y^{\mathrm{T}}X\boldsymbol{\beta} + \boldsymbol{\beta}^{\mathrm{T}}X^{\mathrm{T}}X\boldsymbol{\beta})$$

$$= -2X^{\mathrm{T}}Y + 2X^{\mathrm{T}}X\boldsymbol{\beta} = 0 \quad \rightarrow \quad (X^{\mathrm{T}}X)\boldsymbol{\beta} = X^{\mathrm{T}}Y$$

若 X 为列满秩，则 $X^{\mathrm{T}}X$ 可逆，从而得 $\boldsymbol{\beta}$ 的最小二乘解：

247

$$\hat{\boldsymbol{\beta}} = (\boldsymbol{X}^{\mathrm{T}}\boldsymbol{X})^{-1}\boldsymbol{X}^{\mathrm{T}}\boldsymbol{Y} \tag{14-5}$$

14.2.2 岭回归与拉索回归

岭（Ridge）回归与拉索（Lasso）回归的出现是为了解决线性回归出现的过拟合问题。

在式（14-5）中，不管 $\boldsymbol{X}^{\mathrm{T}}\boldsymbol{X}$ 是否可逆，若 $|\boldsymbol{X}^{\mathrm{T}}\boldsymbol{X}|$ 接近零，则上述问题变为一个不适定问题。此时，计算 $(\boldsymbol{X}^{\mathrm{T}}\boldsymbol{X})^{-1}$ 的误差会很大，将不适定问题变为适定问题的解决办法是：在损失函数后面加上一个正则化项（1-范数或 2-范数）。2-范数的正则化项（L2）为

$$S(\boldsymbol{\beta}) = \|\boldsymbol{Y} - \boldsymbol{X}\boldsymbol{\beta}\|^2 + \|\lambda \cdot \boldsymbol{\beta}\|^2, \quad 0 \leqslant \lambda < +\infty$$

则 $\boldsymbol{\beta}$ 的岭回归估计为

$$\hat{\boldsymbol{\beta}}(\lambda) = (\boldsymbol{X}^{\mathrm{T}}\boldsymbol{X} + \lambda \cdot \boldsymbol{I}_n)^{-1}\boldsymbol{X}^{\mathrm{T}}\boldsymbol{Y}, \quad 0 \leqslant \lambda < +\infty$$

易知，上式是 λ 的线性函数，可通过 λ 的变化，绘制 $\hat{\boldsymbol{\beta}}(\lambda)$ 的岭迹图。

如何求 λ？随着 λ 的增大，$|\boldsymbol{X}^{\mathrm{T}}\boldsymbol{X} + \lambda \cdot \boldsymbol{I}_n|^{-1}$ 越小，模型的方差就越小；而 λ 越大，使得 $\boldsymbol{\beta}$ 的估计值更加偏离真实值，模型的偏差就越大。所以岭回归的关键是找到一个合理的 λ 值来平衡模型的方差和偏差。

若在损失函数后面加上一个 1-范数的正则化项（L1）：

$$S(\boldsymbol{\beta}) = \|\boldsymbol{Y} - \boldsymbol{X}\boldsymbol{\beta}\|^2 + \|\lambda \cdot \boldsymbol{\beta}\|_1, \quad 0 \leqslant \lambda < +\infty$$

这样求出的解称为 $\boldsymbol{\beta}$ 的拉索回归估计。

岭回归与拉索回归最大的区别在于，岭回归引入的是 L2 范数惩罚项，拉索回归引入的是 L1 范数惩罚项。拉索回归能够使得损失函数中的许多 $\boldsymbol{\beta}$ 均变成 0，这点要优于岭回归；因为岭回归是要所有的 $\boldsymbol{\beta}$ 均存在，所以计算量拉索回归将远远小于岭回归。这两种回归均可通过交叉验证法确定 λ。

交叉验证法的思想：将数据集拆分为 k 个数据组（每组样本量大体相当），从 k 组中挑选 $k-1$ 组用于模型的训练，剩下的 1 组用于模型的测试，则会有 $k-1$ 个训练集和测试集配对，每一种训练集和测试集下都会有对应的一个模型及模型评分（如均方误差），进而可以得到一个平均评分。对于 λ 值，则选择平均评分最优的 λ 值。

14.2.3 利用 sklearn 库构建线性回归模型

sklearn. linear_model 模块下常用的回归算法函数有 3 个。

（1）线性回归函数 LinearRegression( )：用最小二乘法求解模型系数。

（2）岭回归函数 Ridge( )：先用交叉验证函数 RidgeCV( ) 确定参数 λ，再用 Ridge( ) 求最小二乘法解。

（3）拉索回归函数 Lasso( )：先用交叉验证函数 LassoCV( ) 确定参数 λ，再用 Lasso( ) 求最小二乘法解。

sklearn 模块下建模的函数很多，参数也很多，具体使用说明可通过 help( ) 查看（要先引入函数对应的模块），如：print(help(Ridge))。

岭回归交叉验证函数 RidgeCV( ) 语法及参数使用说明如下：

```
sklearn. linear_model. RidgeCV (alphas = (0.1,1.0,10.0),fit_intercept = True,
normalize = False,scoring = None,cv = None,gcv_mode = None,store_cv_values =
False)
```

1）lambdas：用于指定多个 λ 值的元组或数组对象，默认包含 $0.1,1,10$ 三种值。

2）fit_intercept：bool 类型，是否需要拟合截距项，默认为 True。

3）normalize：bool 类型，建模时是否对数据集做标准化处理，默认为 False。

4）scoring：指定用于模型评估的度量方法。

5）cv：指定交叉验证的重数。

6）gcv_mode：指定广义交叉验证的方法。

7）store_cv_values：bool 类型，是否保存每个 λ 下交叉验证的评估信息，默认为 False，只有 cv 为 None 时有效。

岭回归拟合函数 Ridge( ) 语法及参数使用说明如下：

```
sklearn.linear_model.Ridge(alpha =1.0,fit_intercept =True,normalize =False,
    copy_X =True,max_iter =None,tol =0.001,solver = 'auto',random_state =None)
```

1）alpha：正则化强度，用于指定 λ，默认为 1.0。

2）fit_intercept：默认为 True，计算截距项。如果设置为 False，则不会在计算中使用截距（例如，数据预期已经居中）。

3）normalize：bool 类型，建模时是否对数据集做标准化处理，默认为 False。如果为真，则回归 X 将在回归之前被归一化。当 fit_intercept 设置为 False 时，将忽略此参数。然而，若想标准化，则可在调用 normalize = False 训练估计器之前，使用 preprocessing. StandardScaler 处理数据。

4）copy_X：默认为 True，即使用数据的副本进行操作，防止影响原数据。

5）max_iter：最大迭代次数，默认为 None。对于'sag'求解器，默认值为 1000。

6）tol：数据解算精度。

7）solver：根据数据类型自动选择求解器，取值有 {'auto','svd','cholesky','lsqr', 'sparse_cg','sag'}。

8）random_state：随机数发生器。

拉索回归交叉验证函数 LassoCV( ) 语法及参数使用说明如下：

```
LassoCV(eps =0.001,n_alphas =100,alphas =None,fit_intercept =True,normal-
ize =False,precompute = 'auto',max_iter =1000,tol =0.0001,copy_X =True,cv =
None,verbose =False,n_jobs =1,positive =False,random_state =None,selection =
'cyclic')
```

1）eps：指定 λ 最小值与最大值的商，默认为 0.001。

2）n_alphas：指定 λ 的个数，默认为 100 个。

3）alphas：指定具体的 λ 列表用于模型的运算。

4）fit_intercept：bool 类型，是否需要拟合截距项，默认为 True。

5）precompute：bool 类型，是否在建模前计算 Gram 矩阵提升运算速度，默认为 False。

6）tol：指定模型收敛的阈值，默认为 0.0001。

7）copy_X：bool 类型，是否复制自变量 X 的数值，默认为 True。

8）cv：指定交叉验证的重数。

9）verbose：bool 类型，是否返回模型运行的详细信息，默认为 False。

10）n_jobs：指定使用的 CPU 数量，默认为 1。如果为 -1，则表示所有 CPU 用于交叉验证的运算。

11）positive：bool 类型，是否将回归系数强制为正数，默认为 False。

12）selection：指定每次迭代选择的回归系数。如果为'random'，则表示每次迭代中将随机更新回归系数；如果为'cyclic'，则每次迭代时回归系数的更新都基于上一次运算。

拉索回归拟合函数 Lasso() 语法及参数使用说明如下：

```
sklearn.linear_model.Lasso(alpha = 1.0,fit_intercept = True,normalize = False,precompute = False,copy_X = True,max_iter = 1000,tol = 0.0001,warm_start = False,positive = False,random_state = None,selection = 'cyclic')
```

1）alpha：正则化强度，默认为 1.0。

2）fit_intercept：默认为 True，计算截距项。

3）normalize：默认为 False，不针对数据进行标准化处理。

4）precompute：是否使用预先计算的 Gram 矩阵来加速计算。

5）copy_X：默认为 True，即使用数据的副本进行操作，防止影响原数据。

6）max_iter：最大迭代次数，默认为 1000。

7）tol：数据解算精度。

8）warm_start：重用先前调用的解决方案以适合初始化。

9）positive：强制系数为正值。

10）selection：每次迭代都会更新一个随机系数。

例 14-5 为研究我国部分地区人均消费金额 y（元）与人均国民收入 x（元）之间的关系，试根据图 14-3 所示数据，建立线性回归模型，建模结果如图 14-4 所示。数据来源于 2011 年《中国统计年鉴》，具体数据见本书配套电子资源。

	A	B	C
1	年份	人均国民收入	人均消费金额
2	1991	1884	932
3	1992	2299	1116
4	1993	2975	1393
5	1994	4014	1833
6	1995	4938	2355
7	1996	5731	2789
8	1997	6314	3002
9	1998	6655	3159
10	1999	7037	3346
11	2000	7732	3632
12	2001	8468	3887
13	2002	9272	4144
14	2003	10460	4475
15	2004	12277	5032
16	2005	14043	5573
17	2006	16424	6263
18	2007	20163	7255
19	2008	23740	8349
20	2009	25583	9098
21	2010	30074	9968

图 14-3　人均国民收入和人均消费金额数据

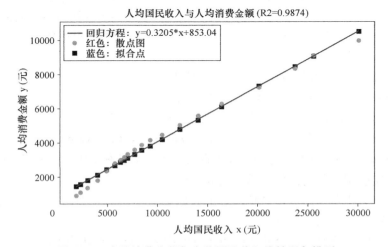

人均国民收入与人均消费金额 (R2=0.9874)

回归方程：y=0.3205*x+853.04
红色：散点图
蓝色：拟合点

人均消费金额 y（元）

人均国民收入 x（元）

图 14-4　人均消费金额与人均国民收入线性回归模型

```
1    import numpy as np;import pandas as pd;import matplotlib.pyplot as plt
2    from sklearn import linear_model,metrics
3    plt.rcParams['font.sans-serif']=['SimHei']          #绘图时可以显示中文
4    sheet=pd.read_excel("d:\\人均消费金额与人均国民收入.xls",'sheet')
                                                         #---(1)打开文件,获取数据--
5    print(sheet.values)          # sheet.values 为二维数组:numpy.ndarray
6    x_data=sheet.values[:,1]     #人均国民收入:查看类型 type(x_data),形状 np.shape(x_data)
7    y_data=sheet.values[:,2]     #人均消费金额:<class'numpy.ndarray'>,形状(20,),一维数组
8    x_data=x_data[:,np.newaxis]  #为了匹配 sklearn 库中的格式,增加一个维度,形状变为(20,1)
9    y_data=y_data[:,np.newaxis]  #为了匹配 sklearn 库中的格式,增加一个维度,形状变为(20,1)
10   LR=linear_model.LinearRegression()      #------(2)创建线性回归对象、训练、拟合--------
11   LR.fit(x_data,y_data)                    #进行训练
12   w=LR.coef_                               #获得回归系数权重向量
13   b=LR.intercept_                          #获得截距
14   y_fit=np.dot(x_data,w)+b                 #数据拟合:等同 LR.predict(x_data)
15   MSE=metrics.mean_squared_error(y_data,y_fit)   #----(3)评估指标:均方误差-------
16   R2=metrics.r2_score(y_data,y_fit)        #评估指标:R2(决定系数分数)
17   plt.figure(figsize=(8,5))        #------(4)建模结果可视化------------------------
18   plt.title('人均国民收入与人均消费金额(R2='+str(round(R2,4))+")")
19   plt.xlabel('人均国民收入 x(元)',fontsize=15)
20   plt.ylabel('人均消费金额 y(元)',fontsize=15)
21   plt.scatter(x_data,y_data,color='r',marker='o')      #样本数据散点图
22   plt.scatter(x_data,y_fit,color='b',marker='s')       #回归拟合散点
23   plt.plot(x_data,y_fit,color='g',linestyle='-')       #回归直线图
24   d='回归方程:y='+str(round(w[0,0],4))+'*x+'+str(round(b[0],2))
25   plt.legend([d,'红色:散点图','蓝色:拟合点'])
26   plt.show()                                           #显示图像,如图 14-4 所示
```

可以看出:人均消费金额与人均国民收入具有线性相关关系,通过在一定范围内给定人均国民收入,可以预测人均消费金额。回归方程:$y=0.32*x+853$ 表明:人均国民收入 x 每增加 1 元,人均消费金额 y 则增加 0.32 元。

例 14-6　波士顿房价数据集(Boston House Price Dataset)是 20 世纪 70 年代美国波士顿郊区房价的中位数,统计了当时教区部分的犯罪率、房产税等共计 13 个指标(13 个输入变量 x),统计出房价(1 个输出变量 y)。试通过多元线性回归建模,找到哪些指标对房价的影响较大。

本案例明显属于回归模型。在数据集中包含 506 组数据,其中 404 是训练样本,剩下的 102 组数据作为验证样本。每条数据包含房屋以及房屋周围的详细信息。波士顿数据集是一个具有 13 个特征的常见线性数据集。先看数据属性:

```
1    from sklearn import datasets
2    boston=datasets.load_boston()               #加载 boston 数据
3    print(boston.DESCR)

 -CRIM      per capita crime rate by town
 -ZN        proportion of residential land zoned for lots over 25,000 sq.ft.
 -INDUS     proportion of non-retail business acres per town
```

```
- CHAS      Charles River dummy variable(=1 if tract bounds river;0 otherwise)
- NOX       nitric oxides concentration(parts per 10 million)
- RM        average number of rooms per dwelling
- AGE       proportion of owner-occupied units built prior to 1940
- DIS       weighted distances to five Boston employment centres
- RAD       index of accessibility to radial highways
- TAX       full-value property-tax rate per $ 10,000
- PTRATIO   pupil-teacher ratio by town
- B         1000 (Bk -0. 63)^2 where Bk is the proportion of blacks by town
- LSTAT     % lower status of the population
- MEDV      Median value of owner-occupied homes in $ 1000's(业主自住房屋的中值)
```

前 13 行为自变量（指标 X），最后一行（MEDV）为因变量 Y，含义如表 14-7 所示。

表 14-7　波士顿房价数据集 13 个指标的含义及线性回归建模的仿真回归系数

序号	指　标	含　　义	仿真回归系数
1	CRIM	城镇人均犯罪率	−0.11
2	ZN	住宅用地超过 25000 sq. ft. 的比例	0.04
3	INDUS	城镇非零售商用土地的比例	−0.02
4	CHAS	查理斯河空变量（如果边界是河流，则为 1；否则为 0）	2.44
5	NOX	一氧化氮浓度	−14.24
6	RM	住宅平均房间数	3.8
7	AGE	1940 年之前建成的自用房屋比例	−0.0
8	DIS	到波士顿 5 个中心区域的加权距离	−1.28
9	RAD	辐射性公路的接近指数	0.19
10	TAX	每 10000 美元的全值财产税率	−0.01
11	PTRATIO	城镇师生比例	−1.02
12	B	1000 (Bk-0.63)^2，其中 Bk 指城镇中黑人的比例	0.01
13	LSTAT	人口中地位低下者的比例	−0.48

建模时，先通过交叉验证函数 RidgeCV( ) 确定参数 λ，再用 Ridge( ) 求最小二乘解。

```
1    import matplotlib. pyplot as plt;import numpy as np;from sklearn import data-
     sets,metrics
2    from sklearn. model_selection import train_test_split
3    from sklearn. linear_model import Ridge,RidgeCV
4    d_sets = datasets. load_boston()   # ----------- (1)获得数据集------------------
5    #-----将指标数据集、因变量数据集划分为训练集、测试集,测试集占 20% ,随机数种子:8----
6    x_train,x_test,y_train,y_test = train_test_split(d_sets. data,d_sets. target,
     test_size = 0. 2,random_state = 8)
7    Lambdas = np. logspace (-5,2,200)
8    #-- (2)先用交叉验证函数 RidgeCV()确定参数 λ,再用 Ridge()求最小二乘法解,使用均方误差---
9    ridge_cv = RidgeCV (alphas = Lambdas,normalize = True,scoring = 'neg_mean_
     squared_error',cv =10)
10   ridge_cv. fit (x_train,y_train)          # 交叉训练,找出最佳的 lambda
11   ridge = Ridge (alpha = ridge_cv. alpha_,normalize = True)
                                              # 岭回归:基于最佳 lambda 建模
```

```
12    ridge.fit(x_train,y_train)                    # 模型训练
13    y_fit = ridge.predict(x_test)   # ---------- (3) 模型评估:数据预测 --------------
14    R2 = metrics.r2_score(y_test,y_fit)           # R2 (决定系数分数)
15    plt.rcParams['font.sans-serif'] = 'SimHei'    # 设置中文显示
16    plt.figure(figsize = (8,5))   # ---------- (4)建模结果可视化 --------------------
17    plt.plot(np.arange(len(y_fit)),y_test,color = 'r')
18    plt.plot(np.arange(len(y_fit)),y_fit,color = 'b',linestyle = ':')
19    plt.title("岭回归拟合:回归评估指标 R2 = " + str(round(R2,4)),fontsize =11)
20    plt.legend(['真实值','预测值']);plt.show()        # 显示图像,如图 14-5 所示
21    for i in np.arange(len(ridge.coef_)):          # 仿真的回归系数
22        print(round(ridge.coef_[i],2),sep = ' ',end = ',')
```

从输出的回归系数可以看出，第 4（CHAS：查理斯河空变量）指标系数 2.44、第 6（RM：住宅平均房间数）指标系数 3.8，对房价正面影响较大，而第 5（NOX：一氧化氮浓度）指标系数为 − 14.24，对房价负面影响最大。拟合结果如图 14-5 所示。

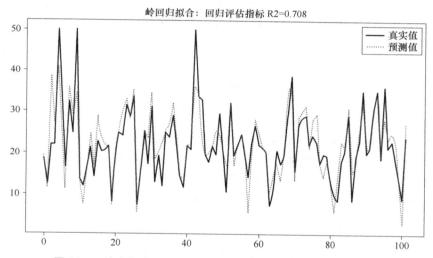

图 14-5　波士顿房价多元线性回归模型：房价真实值与预测值

14.3　logistic 回归

logistic 回归是统计学习中的经典分类方法，虽然带有回归的字眼，但是该模型是一种分类算法，针对的是线性可分问题。其思想是：根据现有的数据对分类边界线建立回归公式，以此进行分类（主要是二分类）。这里的"回归"源于最佳拟合，表示要找到最佳拟合参数集，因此，logistic 训练分类器的做法就是寻找最佳拟合参数，使用的是最优化方法。

14.3.1　logistic 回归模型

logistic 回归是一种广义线性回归分析的二分类模型，常用于数据挖掘、疾病自动诊断、经济预测等领域。例如，探讨引发疾病的危险因素，并根据危险因素预测疾病发生的概率等。以胃癌病情分析为例，选择两组人群，一组是胃癌组，另一组是非胃癌组，两组人群必

定具有不同的体征与生活方式等。因变量 y 为是否胃癌，值为"1"或"0"，自变量可以包括很多，如年龄、性别、饮食习惯、幽门螺杆菌感染等。自变量既可以是连续的，也可以是离散的。然后通过 logistic 回归分析，获得自变量的权重，从而可以大致了解到哪些因素是胃癌的危险因素，同时可以根据危险因素预测一个人患癌症的可能性。它的最大特点是：用线性回归模型解决非线性分类问题。

设自变量有 m 个特征：$x \in \mathbf{R}^m$，称 $w^\mathrm{T}x + b = 0$ 为超平面，w 称为超平面的法向量，b 为偏量（bias）。超平面上方的点满足 $w^\mathrm{T}x + b > 0$，超平面下方的点满足 $w^\mathrm{T}x + b < 0$，如此，达到二分类目的。

定义 14.1 设有 m 维随机变量：$x = (x_1, \cdots, x_m)^\mathrm{T} \in \mathbf{R}^m$，$w = (w_1, \cdots, w_m)^\mathrm{T}$ 为回归系数，令 $z = w^\mathrm{T}x + b$。随机变量（因变量）：$y \in \{0,1\}$。称如下条件概率分布为 logistic 回归模型：

$$P(y = 1 \mid x) = p = \frac{1}{1 + e^{-z}} = \frac{1}{1 + e^{-(w^\mathrm{T}x + b)}} = \pi(x) \tag{14-6}$$

$$P(y = 0 \mid x) = 1 - p = 1 - \pi(x) \tag{14-7}$$

式中，p 表示事件 $\{y = 1 \mid x\}$ 发生的条件概率。

logistic 回归实质上是利用 Sigmoid 函数的良好性质构造二分类器，如值域为 $(0,1)$、单调可微、$x = 0$ 附近变化很陡。

Sigmoid 函数的表达式为

$$y = f(x) = \frac{1}{1 + e^{-x}}, \quad x \in \mathbf{R}$$

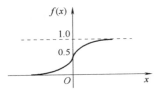

Sigmoid 函数的图形如图 14-6 所示。

图 14-6 Sigmoid 函数

可以这样理解 logistic 回归算法的思想：为了实现 logistic 回归分类器，可在每个特征 x 上都乘以一个回归系数，然后把所有的结果相加，将这个总和带入 Sigmoid 函数中。进而得到一个范围在 0～1 之间的数值。最后设定一个阈值 p（如 $p = 0.5$），当大于阈值时判定为 1，否则判定为 0，$w^\mathrm{T}x + b = 0$ 即为所求分类器。logistic 回归的算法推导可参考文献 [7]。

$$H(\pi_w(x)) = \begin{cases} 1, & \pi_w(x) \geqslant p \\ 0, & \pi_w(x) < p \end{cases}$$

14.3.2　sklearn 库构建 logistic 回归模型：ROC 曲线的应用

在 sklearn 模块中，与逻辑回归有关的函数主要有两个：LogisticRegression 和 LogisticRegressionCV。两者的主要区别是，LogisticRegressionCV 使用了交叉验证来选择正则化系数 C，而 LogisticRegression 需要自己每次指定一个正则化系数。除此以外，这两个函数的使用方法基本相同。具体可用 help() 函数查看说明。

函数 sklearn. linear_model. LogisticRegression() 语法及参数使用说明如下：

```
LogisticRegression(penalty = 'l2',dual = False,tol = 0.0001,C = 1.0,fit_inter-
cept = True,intercept_scaling = 1,class_weight = None,random_state = None,solver
= 'liblinear',max_iter = 100,multi_class = 'ovr',verbose = 0,warm_start = False,n_
jobs = 1)
```

1）penalty：正则化参数，可选择的值为"l1"和"l2"，分别对应 L1 的正则化和 L2 的正则化，默认是 L2 的正则化。

2）solver：优化方法选择。该参数决定了对逻辑回归损失函数的优化方法，有 4 种算法可以选择，分别是：（a）liblinear：使用了坐标轴下降法来迭代优化损失函数。（b）lbfgs：拟牛顿法的一种，利用损失函数二阶导数矩阵即海森矩阵来迭代优化损失函数。（c）newton-cg：也是牛顿法家族的一种，利用损失函数二阶导数矩阵即海森矩阵来迭代优化损失函数。（d）sag：即随机平均梯度下降，是梯度下降法的变种，和普通梯度下降法的区别是每次迭代仅仅用一部分的样本来计算梯度，适合于样本数据多的情况。

3）multi_class：分类方式的选择，有 ovr（一对多）和 multinomial（多对多）两个值可以选择。

4）class_weight：用于标示分类模型中各种类型的权重，可以不输入，即不考虑权重，这时所有类型的权重都是 1。

5）sample_weight：主要针对样本失衡的问题，由于样本不平衡，导致样本不是总体样本的无偏估计，从而可能导致模型预测能力下降。遇到这种情况，可以通过调节样本权重来尝试解决。调节样本权重的方法有两种，第一种是在 class_weight 使用 balanced；第二种是在调用 fit 函数时，通过 sample_weight 来自己调节每个样本权重。

6）dual：默认：False。当样本数 > 特征数时，令 dual = False；用于 liblinear 解决器中 L2 正则化。

7）tol：默认：1e-4；迭代终止判断的误差范围。

8）C：默认 1，其值等于正则化强度的倒数，为正的浮点数。数值越小表示正则化越强。

9）fit_intercept：默认：True；指定是否应该向决策函数添加常量（即偏差或截距）。

10）intercept_scaling：浮点型，默认为 1；仅当 solver 是 "liblinear" 时有用。

11）max_iter：最大迭代次数，整型，默认是 100。

例 14-7　威斯康星州乳腺癌（诊断）数据集（Breast Cancer Wisconsin（Diagnostic）Dataset）源于美国威斯康星州临床科学中心，每个记录（均为病例检验图片）代表一个乳腺癌的随访数据样本。这些是 Wolberg 医生 1984—1995 年随访搜集乳腺癌患者数据，数据仅包括那些具有侵入性的病例乳腺癌并没有远处转移的医学指标数据集。该数据集选取了 10 个指标，每个指标都提供了 3 个数据项（平均值 mean、标准差 standard error、最大值 worst）共 30 列指标、569 个观察样本数据，对应 569 个输出项为：1-恶性（Malignant），0-良性（Benign）。

建模思路：由于各指标的数据变化幅度较大，建模前先进行最小、最大归一化处理。

```
1    import matplotlib.pyplot as plt;import sklearn.datasets as skl
                                                   # 加载数据集模块
2    from sklearn.model_selection import train_test_split    # 数据集划分模块
3    from sklearn.linear_model import LogisticRegression     # 逻辑回归模型
4    from sklearn import metrics                    # 评估模块
5    from sklearn import preprocessing              # 数据归一化处理模块
6    import numpy as np;import itertools
7    cancer = skl.load_breast_cancer()    # ------------ (1)加载数据 -----------------
8    X = cancer['data']            # 二维数组数据:(569,30)
9    Y = cancer['target']          # 数据集对应的输出的标签:二分类标签(0-1),569 行
10   scaler = preprocessing.MinMaxScaler()    # ------ (2)数据归一化处理 -----------
```

```
11    X = scaler. fit_transform(X)              # 数据最大最小值归一化
12    # ------------- (3)划分为训练集和测试集,测试集占20% ----------------------------
13    x_train,x_test,y_train,y_test = train_test_split(X,Y,test_size = 0.2)
14    # ------------- (4)进行建模 -----------------------------------------------
15    LR = LogisticRegression(solver = 'sag',max_iter = 500,multi_class = 'multino-
      mial')                                    # 创建逻辑回归对象
16    # ------------- (5)模型评估及预测 ------------------------------------------
17    LR. fit(x_train,y_train)                                # 模型训练
18    y_fit = LR. predict(x_test)                             # 预测数据
19    score = LR. score(x_test,y_test)                        # 计算预测正确率
20    print("预测正确率:",round(score,4))                      # 预测正确率
21    w = LR. coef_                                           # 获得训练后的系数权重向量
22    b = LR. intercept_                                      # 获得训练后的截距
23    for i in range(len(y_fit)):                             # 统计预测正确个数
24        err = '' if y_fit[i] == y_test[i]else '错误'
25        print('(',i,')',y_fit[i],y_test[i],err)            # 预测值,真实值
26    # ------------- (6)绘制 ROC 曲线 --------------------------------------------
27    FPR,TPR,thresholds = metrics. roc_curve(y_test,y_fit)
                                              # 计算 ROC 曲线的横纵坐标:FPR,TPR
28    roc_auc = metrics. auc(FPR,TPR)           # 计算 ROC 曲线下面的面积:AUC 的值
29    plt. rcParams['font. sans-serif'] = 'SimHei'           # 设置中文显示
30    plt. plot(FPR,TPR,label = 'ROC(area = %0.4f)' % (roc_auc))
31    plt. plot([0,1],[0,1],color = 'red',linestyle = '--')
32    plt. xlabel("FPR(False Positive Rate)",fontsize =12)
33    plt. ylabel("TPR(True Positive Rate)",fontsize =12)
34    plt. title("ROC 曲线(AUC = %0.2f)"% (roc_auc))
35    plt. show()
36    def draw_confusion_matrix(cm,classes,cmap = plt. cm. Blues):
                                              # ---- (7)绘制 混淆矩阵--------------
37        plt. imshow(cm,interpolation = 'nearest',cmap = cmap)
38        plt. title('混淆矩阵',fontsize =12)
39        plt. colorbar();tp = np. array([['TP:','FN:'],['FP:','TN:']])
40        tick_marks = np. arange(len(classes))
41        plt. xticks(tick_marks,classes,fontsize =12)
42        plt. yticks(tick_marks,classes,fontsize =12)
43        tmp = cm. max()/2
44        for i,j in itertools. product(range(cm. shape[0]),range(cm. shape[1])):
45            plt. text(j,i,tp[i,j] + str(cm[i,j]),color = "white" if cm[i,j] > tmp
      else "black",fontsize =12)
46        plt. tight_layout()
47        plt. ylabel('真实标签',fontsize =12)
48        plt. xlabel('预测标签',fontsize =12)
49    con_matrix = metrics. confusion_matrix(y_test,y_fit)    # 测试与预测的混淆矩阵
50    con_matrix_labels = ['恶性','良性']      # 分类标签:恶性 Malignant,良性 Benign
51    draw_confusion_matrix(con_matrix,con_matrix_labels)
```

用 114 个测试样本，预测正确率 97.86%，建模结果如图 14-7 所示。

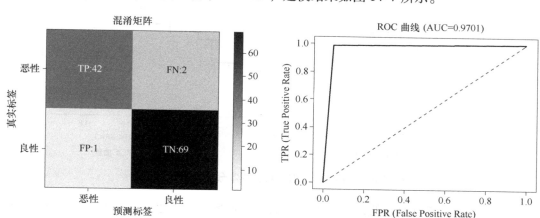

图 14-7　威斯康星州乳腺癌（诊断）数据集 logistic 回归模型：混淆矩阵及 ROC 曲线

混淆矩阵表明：在 44 个恶性测试样本中，被误测为良性的有 2 个；在 70 个良性测试样本中，被误测为恶性的有 1 个。但是，这两种错误的分类的代价是不同的。一个恶性没有检测出来，被误测为良性，这是要命的，因为会耽误治疗；一个良性被误测为恶性，这个可以做进一步的检测，只是多花些费用，但不会要命。

这种情况下，ROC 曲线（Receiver Operating Characteristic Curve）就显得非常实用，该曲线中文名为 "接收者操作特征曲线"，它产生的动机就是检查接收者对不同误测的敏感度。在二分类模型中，一般把不正常的归为 1（即阳性），正常的归为 0（即阴性），类与类的边界通过选定一个阈值（threshold）来界定。大于阈值，被分为阳性，否则被分为阴性。

由于两类样本的个数完全不对等，比如在健康普查中有 1000 人，癌症患者 50 人，非癌症患者 950 人。因此，这个阈值的选择不能统一，更不能固定。但是，同一个分类模型选择不同的阈值，会得出不同的分类结果。

在 ROC 坐标中，横坐标为假阳性率（False Positive Rate，FPR），表示在所有阴性的样本中，被错误地判断为阳性的比率；纵坐标为真阳性率（True Positive Rate，TPR），表示在所有阳性的样本中，被正确地判断为阳性的比率。

假阳性率（横坐标）：$FPR = FP/(FP + TN) = FP/N$，其中 $N = FP + TN$ 为真阴性个数。

真阳性率（纵坐标）：$TPR = TP/(TP + FN) = TP/P$，其中 $P = TP + FN$ 为真阳性个数。

给定一个二分类模型及其阈值，能从所有样本的（阳性/阴性）真实值和预测值中，计算出一个（$x = FPR$，$y = TPR$）坐标点。例如，在图 14-7 的混淆矩阵中：

$$FPR = FP/N = FP/(FP + TN) = 1/(1 + 69) = 1/70$$
$$TPR = TP/P = TP/(TP + FN) = 42/(42 + 2) = 42/44$$

这样，在 ROC 空间中，确定了一个坐标点（1/70，42/44）。

将同一模型不同阈值的（FPR，TPR）坐标都画在 ROC 空间里，就得该模型的不同 ROC 曲线。常用的画法是：将 x 轴的 [0, 1] 区间等分为 N 份，将 y 轴的 [0, 1] 区间等分为 P 份，给定一个阈值，x 依次取 1/N、2/N、…、1，对应计算出 y，将这些点依次连接起来，就是该阈值下的 ROC 曲线。例如，针对某种癌症的健康检查如图 14-8a 所示，其对应的 ROC 曲线如图 14-8b 所示。

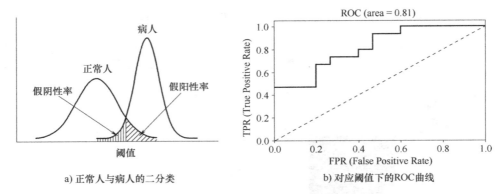

a) 正常人与病人的二分类   b) 对应阈值下的ROC曲线

图 14-8　某种癌症的健康检查样本分类及 ROC 曲线

按分类者调整阈值的高低，可得出不同的伪阳性率与真阳性率，获得不同的预测准确率。那么，哪个阈值下的预测准确率更可靠呢？

不同的分类器，不同阈值下的 ROC 曲线不同。但是，在同一个分类器中，阈值的不同设定对 ROC 曲线的影响，有如下 3 点规律可循：

1）当阈值设定为最高时，所有样本都被预测为阴性，没有样本被预测为阳性，此时 FP = 0，TP = 0，故 FPR = TPR = 0，必得出 ROC 坐标系左下角的点（0,0）。

2）当阈值设定为最低时，所有样本都被预测为阳性，没有样本被预测为阴性，此时 FN = 0，TN = 0，故 FPR = TPR = 1，必得出 ROC 坐标系右上角的点（1,1）。

3）因 TP、FP、TN、FN 均为累积次数，TN、FN 随着阈值调低而减少（或持平），TP、FP 随着阈值调低而增加（或持平），故 FPR、TPR 均随阈值调低而增加（或持平）。因此，随着阈值调低，ROC 上的点往右上移动，或不动，但绝不会往左下移动。

从点（0,0）到点（1,1）的对角线将 ROC 空间划分为左上和右下两个区域，这条对角线称为无识别率线。对角线上的点为随机分类的结果，俗称"猜的"，对角线以上的点代表好的分类结果（胜过随机分类），这些点离对角线越远，分类精度越高；对角线以下的点代表差的分类结果（劣于随机分类），这些点离对角线越远，分类精度越低。如果要比较不同分类模型的优劣，则可以将模型下的 ROC 曲线画出来，计算曲线下面的面积，作为模型评价的指标，这就是 AUC 指标（Area Under the Curve of ROC）。

由于 AUC 是在单位正方形内计算面积，故 $0 \leqslant AUC \leqslant 1$，AUC 越大，其分类准确率越高。

AUC 的计算常用梯形法，这是一种近似逼近法，它将每个相邻的点以直线连接，计算连线下方的总面积。

14.3.3　softmax 逻辑回归模型处理多分类问题

logistic 回归只能处理二分类问题；若要处理多分类问题，可用 softmax 逻辑回归模型，它是逻辑回归二分类模型在多分类问题上的推广。在多分类问题中，类标签 y 可以取两个以上的值，如手写数字识别分类问题。再比如 E-mail，如何根据邮件的特征，将一封未知邮件分为垃圾邮件、个人邮件或工作邮件等。

softmax 回归主要是利用 Softmax 函数，也称归一化指数函数，它能将一个含任意实数的 k 维向量 z "压缩"到另一个 k 维实向量 $\sigma(z)$ 中，使得每一个分量的范围都在（0,1）之间，并且所有元素的和为 1。

定义 14.2　称 k 维空间上 $\mathbf{R}^k$ 的函数 $\sigma:\mathbf{R}^k \to \mathbf{R}^k$ 为 Softmax 函数，如果 σ 满足：

$$\forall z = (z_1,\cdots,z_k)^{\mathrm{T}} \in \mathbf{R}^k, \quad s = \sigma(z) = (s_1,\cdots,s_k)^{\mathrm{T}} \in \mathbf{R}^k$$

其中

$$s_j = \frac{\exp(z_j)}{\sum_{i=1}^{k}\exp(z_i)} \qquad j = 1,2,\cdots,k$$

从定义中可知，当 $k=2$ 时，Softmax 函数就变成了 logist 函数。

定义 14.3　设离散型随机变量 $y \in \{1,2,\cdots,k\}$ 的条件概率分布律为

$$p(y = j \mid x;\theta) = \phi_j = \frac{\exp(\theta_j^{\mathrm{T}}x)}{\sum_{i=1}^{k}\exp(\theta_i^{\mathrm{T}}x)}, \qquad j = 1,2,\cdots,k$$

其中 $x \in \mathbf{R}^{m+1}$，回归系数 $\theta_j \in \mathbf{R}^{m+1}$，$j = 1,2,\cdots,k$。将 y 的条件概率分布律写成向量的形式：

$$\boldsymbol{h}_\theta(x) = \begin{pmatrix} p(y=1 \mid x;\theta) \\ p(y=2 \mid x;\theta) \\ \vdots \\ p(y=k \mid x;\theta) \end{pmatrix} = \frac{1}{\sum_{i=1}^{k} e^{\theta_i^{\mathrm{T}}x}} \begin{pmatrix} e^{\theta_1^{\mathrm{T}}x} \\ e^{\theta_2^{\mathrm{T}}x} \\ \vdots \\ e^{\theta_k^{\mathrm{T}}x} \end{pmatrix} \tag{14-8}$$

称式（14-8）为 Softmax 回归模型。

为了确定参数 $\boldsymbol{\theta} = (\theta_1,\theta_2,\cdots,\theta_k)^{\mathrm{T}}$，对自变量 x 作 n 次观察，得样本数据集：

$$T = \{(x_1,y_1),\cdots,(x_n,y_n)\}, \quad x_i \in \mathbf{R}^m, \quad y_i \in \{1,2,\cdots,k\}$$

通过最大似然估计，以及梯度下降法或者拟牛顿法，可以求出回归系数：

$$\boldsymbol{\theta} = (\theta_1,\theta_2,\cdots,\theta_k) = \begin{pmatrix} \theta_{11} & \theta_{12} & \cdots & \theta_{1,k} \\ \theta_{21} & \theta_{22} & \cdots & \theta_{2,k} \\ \vdots & \vdots & & \vdots \\ \theta_{m1} & \theta_{m2} & \cdots & \theta_{m,k} \end{pmatrix}_{m \times k}$$

最后，将测试数据代入式（14-8），哪一个分量取值最大，就属于哪一类。

函数 sklearn. linear_model. LogisticRegressionCV( ) 可以实现 Softmax 回归，实现多分类功能，其语法及主要参数说明如下：

```
LogisticRegressionCV(fit_intercept = True,multi_class = 'multinomial',pen-
alty = 'l2',solver = 'lbfgs')
```

1）penalty：过拟合解决参数，l1 或者 l2 。

2）solver：参数优化方式，当 penalty 为 l1 时，参数只能是 liblinear（坐标轴下降法）；当 penalty 为 l2 时，参数可以是 lbfgs（拟牛顿法）、newton-cg（牛顿法变种）。

3）multi_class：分类方式参数。参数可选：ovr（默认）、multinomial。这两种方式在二元分类问题中效果是一样的；在多元分类问题中，效果不一样。ovr（一对多），对于多元分类问题，先将其看作二元分类，分类完成后，再迭代对其中一类继续进行二元分类；multinomial（多对多），对于多元分类问题，如果模型有 T 类，每次在所有的 T 类样本里面选择两类样本，不妨记为 $T1$ 类和 $T2$ 类，把所有的输出为 $T1$ 和 $T2$ 的样本放在一起，把 $T1$ 作为正例，$T2$ 作为负例，进行二元逻辑回归，得到模型参数。这样一共需要 $T(T-1)/2$ 次分类。

4）max_iter：最大迭代次数，默认 100。

Softmax 算法相对于 Logistic 算法来讲，在 sklearn 中只是参数的不同。Logistic 算法回归

（二分类）使用的是 ovr；如果是 softmax 回归，建议使用 multinomial。

例 14-8 load_digits 是 sklearn 库下机器学习经典的手写数字数据集，它含 1797 个样本，每个样本包括 8 像素×8 像素的图像和一个 [0,9] 整数之一的标签。下面源代码显示了数据集相关信息，并将图片数据写入 Excel 文件中。第 16 行行代码显示第 1 张图片，如图 14-9a 所示。

```
1    import numpy as np
2    import pandas as pd
3    import matplotlib.pyplot as plt
4    import sklearn.datasets as skl
5    datas = skl.load_digits()      # 加载手写数字数据集
6    X_data = datas['data']         # 返回的 X_data 为二维数组:(行数:1797,列数:64 个指标)
7    Y_target = datas['target']     # 数据集的分类标签,返回的 Y_target 为一维数组:1797 行,1 列
8    #-把标签数据插入到指标数据最后一列,生成一个新的二维数组数据。将数据导入 Excel,便于查看
9    X_data1 = np.insert(X_data,X_data.shape[1],values = Y_target,axis =1)
10   #--X_data1 为二维数组:(1797,65),每行的前 64 列为一个手写数字的数据,最后 1 列对应标签---
11   x_values = pd.DataFrame(X_data1)           # 将二维数组转为 pd.DataFrame 对象
12   row_writer = pd.ExcelWriter('d:/digits_data.xls')        # 要写人的空 Excel 文件
13   x_values.to_excel(row_writer,'page_1',float_format = '%.6f')    # 写入 Excel 的 sheet
14   row_writer.save()
15   row_writer.close()
16   print(datas.DESCR)    # 显示数据描述:原 32 * 32 位图,生成了 8 * 8 像素矩阵
17   print(datas.keys())   # 键名:['data','target','target_names','images','DESCR']
18   print(datas.images[0])       # datas.images 为二维 ndarray 数组,8 * 8 的图像的数据
19   plt.imshow(datas.images[0])  # 显示图像,如图 14-9a 所示
20   print(datas.data[0])         # 返回第 1 张图片的一维 ndarray 数组数据
21   print(datas.target[0])       # datas.target 为一维 ndarray 数组,返回第一张图片的标签
22   print(datas.target_names)    # 数据集中所有标签值:[0 1 2 3 4 5 6 7 8 9]
```

图 14-9a 所示的二维数组是手写数字 "0" 的数据。下面用 LogisticRegressionCV 进行手写数字多分类建模。预测个数：360，预测正确率：96.39%，预测结果如图 14-9b 所示。

```
1    import matplotlib.pyplot as plt
2    import numpy as np
3    import sklearn.datasets as skl
4    from sklearn.model_selection import train_test_split
5    from sklearn.linear_model import LogisticRegressionCV
6    from sklearn import metrics
7    datas = skl.load_digits()   # --------------- (1)加载手写数字数据集 -------------
8    # -- (2)将手写数字数据、标签数据、对应图片矩阵数据划分为训练集、测试集,测试占 20%----
9    x_train,x_test,y_train,y_test,images_train,images_test = \
10       train_test_split(datas.data,datas.target,datas.images,test_size = 0.2,
     random_state =2)     # 随机种子数 2
11   LR = LogisticRegressionCV(cv =3,multi_class = 'multinomial',\
12       penalty = 'l2',solver = 'newton-cg',max_iter =1000)   # 创建逻辑回归对象
13   LR.fit(x_train,y_train)                    # --- (3)模型训练 ----------------
```

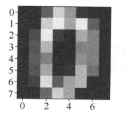

```
[[ 0.   0.   5.  13.   9.   1.   0.   0.]
 [ 0.   0.  13.  15.  10.  15.   5.   0.]
 [ 0.   3.  15.   2.   0.  11.   8.   0.]
 [ 0.   4.  12.   0.   0.   8.   8.   0.]
 [ 0.   5.   8.   0.   0.   9.   8.   0.]
 [ 0.   4.  11.   0.   1.  12.   7.   0.]
 [ 0.   2.  14.   5.  10.  12.   0.   0.]
 [ 0.   0.   6.  13.  10.   0.   0.   0.]]
```

将图片转为二维矩阵数字

a) 手写数字：0

 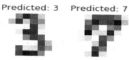

b) 用softmax回归模型预测的手写数字数据

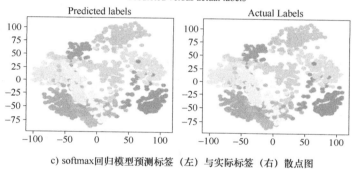

c) softmax回归模型预测标签（左）与实际标签（右）散点图

图 14-9　softmax 回归模型预测手写数字

```
14  y_fit = LR. predict(x_test)                    # ------ (4)预测数据 ----------------
15  a_score = metrics. accuracy_score(y_test, y_fit)   # ------ (5)模型评估 --------
16  print("预测正确率:", round(100 * a_score, 2), "%", ",", "预测个数:", len(y_fit))
17  images_and_fit = list(zip(images_test, y_fit))
                           #将 images_test 和 images_prediction 的预测值压缩在一起
18  for index, (image, prediction) in enumerate(images_and_fit[:4]):
19      plt. subplot(1, 4, index +1)                # 在坐标 i +1 处初始化 1×4 的网格子图
20      plt. axis('off')                            # 不显示坐标轴
21      plt. imshow(image, cmap = plt. cm. gray_r, interpolation = 'nearest')
22      plt. title('Predicted:' + str(prediction))
23  plt. show()                                     # 显示图形,如图 14-9b 所示
24  # --------------- 模型评估 -------------------------------------------------------
25  print(metrics. classification_report(y_test, y_fit))   # 分类报告:准确率、召回率
26  print(metrics. confusion_matrix(y_test, y_fit))        # 测试与预测的混淆矩阵
27  # ----------- (6)模型结果可视化:预测标签与实际标签的散点图----------------------
28  from sklearn. manifold import Isomap
29  X_iso = Isomap(n_neighbors =10). fit_transform(x_train)
                           # 创建一个 isomap,并将"digits"数据放入其中
30  predicted = LR. predict(x_train)                 # 计算聚类中心并预测每个样本的聚类指数
```

261

```
31    fig,ax =plt. subplots(1,2,figsize = (8,4))
32    fig. subplots_adjust(top =0.85)        # 调整布局
33    ax[0]. scatter(X_iso[:,0],X_iso[:,1],c =predicted)
                              # ------------将散点图添加到子图中 ---------
34    ax[0]. set_title('Predicted labels')
35    ax[1]. scatter(X_iso[:,0],X_iso[:,1],c =y_train)
36    ax[1]. set_title('Actual Labels')
37    fig. suptitle ('Predicted versus actual labels ',fontsize = 14,fontweight =
      'bold')                          # 加标题
38    plt. show()                       # 显示图像,如图 14-9c 所示
39    print('回归系数 LR. coef_的形状:',np. shape(LR. coef_))   # 二维数组,形状为(10,64)
      print('回归阈值 LR. intercept_的形状:',np. shape(LR. intercept_))
                                       # 一维数组,形状为(10,)
      np. savez('d:\\lr. npz',w = LR. coef_,b = LR. intercept_)
                                    # 将训练后的回归系数保存,可用于预测
```

分类报告：准确率、召回率、F1 值（每一行，表示该数字的预测准确率）。

	precision	recall	f1-score	support	
0	1.00	1.00	1.00	33	#数字 0 有 33 个进行测试,预测准确率 100%
1	0.97	1.00	0.98	28	#数字 1 有 28 个进行测试,预测准确率 97%
2	0.97	1.00	0.99	33	
3	0.97	0.97	0.97	34	#数字 3 有 34 个进行测试,预测准确率 97%
4	1.00	0.98	0.99	46	
5	0.94	0.94	0.94	47	
6	0.97	0.97	0.97	35	
7	1.00	0.97	0.99	34	
8	0.97	0.97	0.97	30	
9	0.95	0.95	0.95	40	
accuracy			0.97	360	
macro avg	0.97	0.97	0.97	360	
weighted avg	0.97	0.97	0.97	360	#360 个数字进行测试,预测准确率 97%

360 个数字的测试与预测的混淆矩阵如下：

```
0    [[33  0  0  0  0  0  0  0  0  0]     # 混淆矩阵的行序数为测试的数字
1     [ 0 28  0  0  0  0  0  0  0  0]     # 混淆矩阵的列序数为预测的数字
2     [ 0  0 33  0  0  0  0  0  0  0]     # 数字"2"有 33 个进行了测试,预测为"2"的有 33 个
3     [ 0  0  0 33  0  1  0  0  0  0]     # 数字"3"有 34 个进行了测试,预测为"5"的有 1 个
4     [ 0  1  0  0 45  0  0  0  0  0]     # 数字"4"有 46 个进行了测试,预测为"1"的有 1 个
5     [ 0  0  1  0  0 44  1  0  0  1]
6     [ 0  0  0  0  0  1 34  0  0  0]     # 数字"6"有 35 个进行了测试,预测为"6"的有 34 个
7     [ 0  0  0  0  0  0  0 33  0  1]
8     [ 0  0  0  0  0  0  1  0  0 29  0]
9     [ 0  0  0  1  0  0  0  0  1 38]]    # 数字"9"有 40 个进行了测试,预测为"8"的有 1 个
```

预测标签与实际标签散点图，如图 14-9c 所示。

14.4　神经网络

受大数据的驱动，深度学习（Deep Learning）变得非常热门。它是机器学习的分支，是一种以人工神经网络为架构，对数据进行表征学习的算法。已有数种深度学习模型，如卷积神经网络（Convolutional Neural Networks，CNN）、循环神经网络（Recurrent Neural Network，RNN）、递归神经网络（Recursive Neural Network，RNN）等已被应用在计算机视觉、语音识别、自然语言处理、音频识别与生物信息学等领域并获得了极好的效果。

14.4.1　一般神经元模型的组成：M-P 模型

图 14-10 所示为一个具有 n 个输入的 M-P 神经元模型，即通用的单个神经元模型，它只含有 2 层：输入层和输出层。该模型包含了神经元模型的 6 个组成部分：

（1）$\boldsymbol{x} = (x_1, x_2, \cdots, x_n)^{\mathrm{T}} \in \mathbf{R}^n$ 为神经元的输入，其中 n 为自变量的个数。

（2）θ 为偏移信号（阈值）。

（3）$\boldsymbol{w} = (w_1, w_2, \cdots, w_n)^{\mathrm{T}} \in \mathbf{R}^n$ 为可调的输入权值，用于储存通过训练而获取的知识。

（4）$u(*)$ 为神经元的基函数，是一个多输入单输出函数 $u = u(\boldsymbol{x}, \boldsymbol{w}; \theta)$。

（5）$f(*)$ 为神经元的激活函数（也称神经元函数、挤压函数或活化函数），$f(*)$ 的一般作用是对基函数输出 u 进行"挤压"：$y = f(u)$，即通过非线性函数 $f(*)$ 将 u 变换到指定范围内。

（6）神经网络的学习规则（优化算法），即如何调节权值，使网络的损失最小。

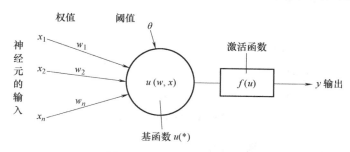

图 14-10　单个神经元模型

选择不同的基函数和激活函数的组合，及不同的网络学习规则，神经网络可表现出强大的功能：非线性、多分类、无限逼近（即数据拟合）等。

任何神经网络都要通过不断训练，来修改它的权值，从而表现出不同的学习能力，及泛化能力。泛化（generalization）是指神经网络对未在训练（学习）过程中遇到的数据可以得到合理的输出。学习是对已知数据（样本）所表现出来的性能，而泛化是对未知数据所表现出的性能。泛化能力是衡量一切算法的重要指标。

1. 常用基函数 $u(*)$

（1）线性函数：常用于多层感知器（MLP）、Hophield 网络等。

$$\boldsymbol{u} = \sum_{j=1}^{n} x_j \cdot w_j - \theta = \boldsymbol{x}^{\mathrm{T}} \boldsymbol{w} - \theta$$

（2）距离函数：常用于径向基函数神经（RBF）网络等。

$$u = \sqrt{\sum_{j=1}^{n} (x_j - w_j)^2} = \|\boldsymbol{x} - \boldsymbol{w}\|$$

式中，$\boldsymbol{w}$ 常被称为基函数的中心；u 表示输入矢量 $\boldsymbol{x}$ 与权矢量 $\boldsymbol{w}$ 之间的欧氏距离。在多维空间中，该基函数的形状是一个以 $\boldsymbol{w}$ 为球心的超球。

（3）椭圆基函数：

$$u = \sqrt{\sum_{j=1}^{n} c_j (x_j - w_j)^2}$$

2. 常用激活函数 $f(*)$

（1）硬极限函数：常用于分类，其中 sgn(*) 为符号函数。

$$y = f(u) = \begin{cases} 1, u \geqslant 0 \\ 0, u < 0 \end{cases} \quad \text{或} \quad y = f(u) = \text{sgn}(u) = \begin{cases} 1, u \geqslant 0 \\ -1, u < 0 \end{cases}$$

（2）线性函数：$y = f(u) = u$，常用于实现函数逼近的网络。

（3）饱和线性函数：常用于分类。

$$y = f(u) = \frac{1}{2}(|u+1| - |u-1|)$$

（4）Sigmoid 函数，也称 S 函数：常用于分类、函数逼近或优化，如图 14-11 所示。

$$y = f(u) = \frac{1}{1+e^{\lambda u}} \quad \text{或} \quad y = f(u) = \frac{1-e^{-\lambda u}}{1+e^{\lambda u}}$$

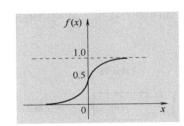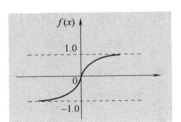

图 14-11　Sigmoid 函数

（5）高斯函数：常用于径向基（RBF）网络。

$$y = f(u) = e^{-u^2/\delta^2}$$

3. 神经网络的学习算法

神经网络的学习是通过调整神经元的自由参数（权值）来实现的，这个调节公式就是神经网络的学习规则。权值调节的目的是使函数损失最小。

输入样本：$\boldsymbol{x} = (1, x_1, x_2, \cdots, x_n)^T \in \mathbf{R}^{n+1}$。

当前权值：$\boldsymbol{w}(t) = (w_0, w_1, w_2, \cdots, w_n)^T \in \mathbf{R}^{n+1}$，$w_0 = -\theta$，其中 t 为当前迭代次数。

期望输出：$d \in \mathbf{R}$（也称目标输出）。

实际输出：$y = f(u)$，也称当前迭代输出。

权值调节公式：$\boldsymbol{w}(t+1) = \boldsymbol{w}(t) + \eta \cdot \Delta \boldsymbol{w}(t)$，其中 η 为学习率，一般取较小的值，权值调整量 $\Delta \boldsymbol{w}(t)$ 一般与 $\boldsymbol{x}$、d 及当前权值 $\boldsymbol{w}(t)$ 有关。

神经网络常用的权值调节公式（学习规则）有：

1）Hebb 学习规则。

实际输出：$y = f(\boldsymbol{w}(t)^{\mathrm{T}} \cdot \boldsymbol{x})$。

权值调节公式：$\boldsymbol{w}(t+1) = \boldsymbol{w}(t) + \eta \cdot \Delta \boldsymbol{w}(t)$，其中权值调整量 $\Delta \boldsymbol{w}(t) = y \cdot \boldsymbol{x}$。

2）离散感知器学习规则。如果神经元的基函数取线性函数，激活函数取硬极限函数，则神经元就成了单神经元感知器，其学习规则称为离散感知器学习规则，是一种有导学习算法。常用于单层及多层离散感知器网络。

当前输出：$y = f(u) = \mathrm{sgn}(\boldsymbol{w}(t)^{\mathrm{T}} \cdot \boldsymbol{x})$。

当前误差信号：$e(t) = d - y = d - \mathrm{sgn}(\boldsymbol{w}(t)^{\mathrm{T}} \cdot \boldsymbol{x})$。

当前权值调节量：$\Delta \boldsymbol{w}(t) = e(t) \cdot \boldsymbol{x}$。

权值修正公式：$\boldsymbol{w}(t+1) = \boldsymbol{w}(t) + \eta \cdot \Delta \boldsymbol{w}(t)$。

3）δ 学习规则（也称连续感知器学习规则）。

基函数：$\boldsymbol{u} = \sum_{i=0}^{n} w_i x_i = \boldsymbol{w}^{\mathrm{T}} \cdot \boldsymbol{x}$。

实际输出：$y = f(\boldsymbol{u}) = \dfrac{1}{1 + e^{-u}}$（激活函数）。

输出误差：$E = \dfrac{1}{2}(d - y)^2 = \dfrac{1}{2}[d - f(u)]^2$，$\dfrac{\partial E}{\partial w_i} = -[d - f(u)] \cdot f'(u) \cdot x_i$，$i = 0, 1, \cdots, n$。

梯度向量 $\nabla E_w = -(d - f(u)) \cdot f'(u) \cdot \boldsymbol{x}$，因权值调整应与负梯度成正比，故 $\Delta \boldsymbol{w} = -\eta \cdot \nabla E$，权值调整公式为

$$\boldsymbol{w}(t+1) = \boldsymbol{w}(t) + \eta \cdot \left(d - \frac{1}{1 + e^{-\boldsymbol{w}^{\mathrm{T}}x}}\right) \cdot \frac{e^{-\boldsymbol{w}^{\mathrm{T}}x}}{(1 + e^{-\boldsymbol{w}^{\mathrm{T}}x})^2} \cdot \boldsymbol{x}$$

4）LMS 学习规则（又称最小均方规则）。将 δ 学习规则的激活函数取：$y = f(\boldsymbol{w}^{\mathrm{T}}\boldsymbol{x}) = \boldsymbol{w}^{\mathrm{T}}\boldsymbol{x}$，则 δ 学习规则就成为 LMS 学习规则。

基函数：$\boldsymbol{u} = \sum_{i=0}^{n} w_i x_i = \boldsymbol{w}^{\mathrm{T}} \cdot \boldsymbol{x}$。

实际输出：$y = f(\boldsymbol{u}) = \boldsymbol{w}^{\mathrm{T}}\boldsymbol{x}$（激活函数）。

输出误差：$E = \dfrac{1}{2}(d - y)^2 = \dfrac{1}{2}[d - \boldsymbol{w}^{\mathrm{T}}\boldsymbol{x}]^2$，梯度向量：$\nabla E_w = (d - \boldsymbol{w}^{\mathrm{T}}\boldsymbol{x}) \cdot \boldsymbol{x}$。

权值调整公式：$\boldsymbol{w}(t+1) = \boldsymbol{w}(t) - \eta \cdot \nabla E_w = \boldsymbol{w}(t) - \eta(d - \boldsymbol{w}^{\mathrm{T}}\boldsymbol{x}) \cdot \boldsymbol{x}$。

下面以 δ 修正学习规则为例，设计一个神经网络算法解决线性二分类问题。现设网络输入为 $\boldsymbol{x} = (x_1, x_2, \cdots, x_n)^{\mathrm{T}} \in \mathbf{R}^n$，目标输出为 $d \in \mathbf{R}$，通过 p 次观察，得一组数据如下，如何训练 M-P 神经网络中的权重参数 W，使得这 p 个点 (x, y) 线性可分？

$$T = \{(x_1, y_1), \cdots, (x_p, y_p)\}, \quad x_i \in \mathbf{R}^n, \quad y_i \in \{0, 1\}$$

算法 14.1　两层神经网络模型解决线性二分类问题的 δ 修正学习算法。

1	输入：$\quad T = \{(x_1, d_1), \cdots, (x_p, d_p)\}, x_i \in \mathbf{R}^{n+1}, d_i \in \{0, 1\}$
2	
3	转为矩阵：$\boldsymbol{X} = (x_1, x_2, \cdots, x_p) = \begin{pmatrix} 1 & 1 & \cdots & 1 \\ x_{11} & x_{12} & \cdots & x_{1p} \\ \vdots & \vdots & & \vdots \\ x_{n1} & x_{n2} & \cdots & x_{np} \end{pmatrix}$，目标输出：$\boldsymbol{D} = \begin{pmatrix} d_1 \\ d_2 \\ \vdots \\ d_p \end{pmatrix}$
4	
5	
6	
7	输出权重：$W = (w_0, w_1, \cdots, w_n)^{\mathrm{T}} \in \mathbf{R}^{n+1}$
8	算法步骤：
9	1）算法初始化：$W_{(0)} \in \mathbf{R}^{n+1}$，学习率 delta，精度 lossMin，迭代次数上限 iterMax，迭代次数 $t = 0$。

10	2）在第 t 次迭代时，for i in $[1,2,\cdots,p]$:
11	
12	实际输出：$y_i = 1/(1 + e^{-W_{(t)}^T x_i})$ ，误差：$E = \dfrac{1}{2}(d_i - y_i)^2$ 。
13	
14	梯度向量：$g_t = \nabla E = -\left(d_i - \dfrac{1}{1 + e^{-W_{(t)}^T x_i}}\right) \cdot x_i \in \mathbf{R}^{n+1}$ 。
15	
16	权重调节：$W_{(t+1)} = W_{(t)} - \text{delta} \cdot g_t$ 。
17	
18	若 $\|g_t\| < \text{lossMin}$，算法结束；否则，$t = t + 1$ 。
19	3）强行终止迭代判断：若迭代次数 t 大于迭代次数上限 iterMax，则结束循环；
20	输出信息包括：迭代次数 t、最优解 $W_{(t)}$ 及每次迭代时的损失 $\|g_t\|$ 。

例 14-9 用两层神经网络 delta 修正学习算法 14.1，建立 TestSet. txt 中的二分类模型。

基本思路：自变量输入 $x_i = (1, x_{1i}, x_{2i})^T$，每个 i 对应一个目标输出 $d_i \in \{0,1\}$，共有 100 个观察数据，故神经网络有 3 个输入、1 个输出，权值 $w(t) = (w_0, w_1, w_2)^T \in \mathbf{R}^3$，$t$ 为迭代次数，每次迭代时，将所有样本训练一遍。基函数为 $u = w(t)^T \cdot x_i$，$y = 1/(1 + \exp(-u))$ 为激活函数，设定阈值为 0.5，根据网络训练的权值，当实际输出 y 大于 0.5 时，预测为 1 类，否则为 0 类。仿真实验结果如图 14-12 和图 14-13 所示，注意第 34 行每次迭代的损失。

```
1    import matplotlib.pyplot as plt
2    import numpy as np
3    def sigmoid(z):    # -------------- sigmoid 函数，即逻辑回归函数 --------------------
4        return 1.0/(1 +np.exp(-z))         # 若参数 z 为数组,返回值也为数组
5    def loadDataSet():    # ---------------- 加载样本数据 ------------------------------
6        x =[]                              # 空列表:获取自变量 (指标) 的输入
7        d =[]                              # 空列表:获取因变量对应的目标输出
8        f =open('d:\\testSet.txt')         # 打开文本文件
9        for line in f.readlines():         # 按行迭代读取数据,每次读取 1 行
10           lineList =line.strip().split()
                                            # 将每行数据按默认字符 (空格) 拆分数据,返回字符串列表
11           x.append([1,float(lineList[0]),float(lineList[1])])
                                            # 每行的第 1,2 个元素为指标输入,第 1 列为 1
12           d.append(int(lineList[2]))     # 每行的第 3 个元素为目标输出,添加到列表 d 中
13       X =np.mat(x).transpose()           # 将列表 x 转为矩阵,再转置,此时,X 的形状 (3,100)
14       D =np.mat(d).transpose()           # 将列表 d 转为矩阵,再转置,此时,D 的形状 (100,1)
15       return X,D
16   def graAscent(X,D):# ------ MP 神经网络 delta 修正学习算法,训练线性分类器 ----------
17       # X(3,100):自变量指标,为二维矩阵,行数 n 为指标个数,列数 p 为观察值个数,第 1 行全为 1
18       # D(100,1):自变量对应的分类输出标签,为二维矩阵,只有 1 列,行数 p 为对应的标签个数
19       n,p =np.shape(X)                   # n 为指标 (自变量) 个数,p 为观察值个数
20       W =np.zeros((n,1)) +1              # 模型参数初始化:矩阵 (3 行,1 列),元素全为 1
21       delta =0.01                        # 初始学习率,这个不能太大
22       lossList =[]                       # 空列表:记录每次迭代时的损失函数值
23       t =0                               # 迭代计数器,表示当前迭代次数
24       iterMax =5000      # 迭代次数超过这个上限,结束循环 (设置这个的目的,是为了算法调试)
```

```
25        loseMIn =0.001        # 损失函数的目标值(算法结束的条件):损失低于这个下限,结束循环
26        lose =1               # 每次迭代时,损失函数的值,lose 的初始赋值大于 loseMIn 即可
27        while lose >loseMIn:  # 迭代:若当前损失 loss 小于损失函数的目标值 loseMIn,则结束循环
28            for i in range(p):   # ------ 每次迭代,将所有样本训练一遍 --------------------
29                tmp =np.dot(W.T,X[:,i])
30                y =sigmoid(tmp[0,0])        # 实际输出数
31                g =0.5 * (D[i,0]-y) * X[:,i]    # 梯度向量:(n 行,1 列)
32                W =W+delta * g[:,0]         # 权重 W 的迭代更新
33            tmp =np.dot(g.T,g)              # 梯度向量 g 的点积运算,即:当前迭代的损失函数值
34            lose =np.sqrt(tmp[0,0])         # 点积运算返回的是一个矩阵,形状(1,1),故取 tmp[0,0]
35            lossList.append(lose)           # 将当前迭代的损失函数值,添加到损失列表
36            t +=1                           # 迭代次数加 1
37            if t >iterMax:# 若次数超过上限,则结束循环(避免损失下降太慢,而进入漫长的循环)
38                lose =loseMIn               # 这样赋值,可以强行终止循环
39        return W,np.array(lossList)         # 返回权重参数,及迭代损失值的列表
40
41    def drawLoss(loss):# -------------- 绘图:每次迭代时,误差的变化趋势 ----------------
42        plt.rcParams['font.sans-serif'] =['SimHei']        # 绘图时可以显示中文
43        plt.rcParams['axes.unicode_minus'] =False
44        plt.figure(figsize =(8,5))                         # 设置图片大小
45        plt.xlabel('迭代次数 k ',fontsize =15)
46        plt.ylabel('迭代损失 loss ',fontsize =15)
47        plt.title('迭代' +str(len(loss)) +'次与每次迭代损失趋势图',fontsize =15)    # 标题
48        plt.plot(range(len(loss)),loss,color ='r')          # 散点图:r 表示红色
49        plt.legend(['最后一次损失值:' +str('{0:.6f}'.format(loss[-1]))],loc =
    'upper right')
50        plt.show()
51    def draw(W):# ------------------------- 绘制回归直线分类散点图 --------------------
52        x1 =[];  y1 =[];  x2 =[];  y2 =[]
53        f =open('d:\\testSet.txt','r')
54        total_n =0                          # 样本集数据总个数
55        error_n =0                          # 分类预测:误判个数
56        i =1
57        p =0.50                             # 预测分类阈值 p:小于这个数,属于 0 类,否则属于 1 类
58        for line in f.readlines():          # 每次读取 1 行,进行迭代
59            x =line.strip().split()         # 每次读取 1 行,返回的是一个字符串,将其按空格拆分
                tmp =W[0] +W[1] * float(x[0]) +W[2] * float(x[1])
60                                            # 将 x 上的元素转为浮点数,与 w 相乘
61            out =sigmoid(tmp)               # 计算实际输出
62            if out[0,0] <p:                 # 如果实际输出小于 p,属于 0 类,否则属于 1 类
63                y_out =0
64            else:
65                y_out =1
66            total_n =total_n +1
67            str1 =('目标输出:',x[2],' 实际输出:','{0:.4f}'.format(out[0,0]),' 预测分类:',
    y_out)
```

```
68          if y_out !=int(x[2]):              # 如果实际输出不等于目标输出,属于误判
69              error_n =error_n +1            # 误判个数加1
70              str1 =('目标输出:',x[2],' 实际输出:','{0:.4f}'.format(out[0,0]),' 预测分
   类:',y_out,'错误')
71          print("(",i,")",x[0],x[1],str1)
72          i +=1
73          if x[2] == '0':
74              x1. append(float(x[0]));y1. append(float(x[1]))
75          else:
76              x2. append(float(x[0]));y2. append(float(x[1]))
77      fig =plt. figure()      # ----------------- 绘制散点图 ---------------------------
78      ax =fig. add_subplot()
79      ax. scatter(x1,y1,marker ='o',c ='red')
80      ax. scatter(x2,y2,marker =' +',c ='green')
81      x =np. arange(-3,3,0.1);yList =[]      # ----------- 绘制分类直线 --------------
82      y =(-W[0]-W[1] * x)/W[2]
83      for j in np. arange(y. shape[1]):
84          yList. append(y[0,j])
85      ax. plot(x,yList)
86      plt. xlabel('x1');plt. ylabel('x2')
87      plt. title('分类直线:' +str(round(W[1,0],2)) +' * x1 ' +str(round(W[2,0],2)) +'
88   * x2 =' +str(-round(W[0,0],2)))
89      plt. show()
90      print('误判率:',str('{0:.2f}'. format(100 * error_n/total_n)) +'%')
91
92  if __name__ == '__main__':
93      X,D =loadDataSet()                      # 加载数据
94      W,lossList =graAscent(X,D)              # MP 神经网络 delta 修正学习算法,训练线性分类器
95      drawLoss(lossList)                      # 绘制迭代损失趋势
96      draw(W)                                  # 绘制回归直线分类散点图
```

(1) 输入-0.017612 14.053064 ('目标输出:','0','实际输出:','0.0002','预测分类:',0)

(2) 输入-1.395634 4.662541 ('目标输出:','1','实际输出:','0.8527','预测分类:',1)

(3) 输入-0.752157 6.538620 ('目标输出:','0','实际输出:','0.5074','预测分类:',1,'错误')

......

(用微信扫一扫)

迭代 691 次与每次迭代损失趋势图

最后一次损失值: 0.000999

迭代损失 loss

迭代次数 k

图 14-12　两层神经网络迭代损失趋势

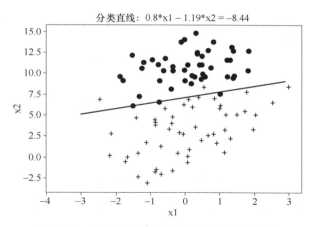

分类直线：$0.8*x1 - 1.19*x2 = -8.44$

图 14-13　两层神经网络 delta 算法二分类结果

在 100 个数据中，误判率为 4.00%。由于两层神经网络 delta 修正算法只能解决线性可分问题，从线性二分角度看，这个训练结果非常理想（其中，第 57 行代码，阈值设为 $p = 0.5$）。

14.4.2　多层感知器神经网络：BP 算法

多层感知器神经网络（MLP）是指一个输入层、多个隐含层、一个输出层的感知器网络。比如，一个输入层 n 个结点、一个隐含层 h 个结点、一个输出层 m 个结点的 3 层感知器网络结构如图 14-14 所示。其中，$y_1,\cdots,y_h$ 为隐含层输出；$x_1,\cdots,x_n$ 为输入层结点；$d_1,\cdots,d_m$ 为目标输出。

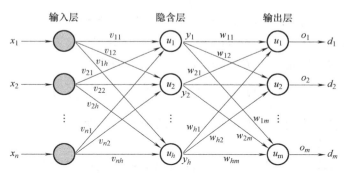

图 14-14　3 层感知器网络结构（$n:h:m$）

多层感知器神经网络的杰出代表就是误差反向传播（error Back Propagation，BP）算法网络。它在非线性回归、非线性多分类等有较好的应用。目前一些非常成功的深度学习，也是以 BP 网络为基础的。

从本质上讲，BP 算法就是以网络误差平方为目标函数，采用梯度下降法来计算目标函数的最小值。其输出节点的激活函数根据应用的不同而异：如果用于分类，则输出节点的激活函数一般采用 Sigmoid 函数或硬极限函数；如果用于函数逼近，则一般采用线性函数。基函数一般都采用线性函数。

现设 x 为 n 维指标（特征）变量，y 为因变量，通过 p 次观察，得一组数据：
$$T = \{(x_1,d_1),\cdots,(x_p,d_p)\}, \quad x_i \in \mathbf{R}^n, d_i \in \mathbf{R}$$

下面以 3 层感知器 BP 网络（n 个输入结点、h 个隐藏结点、m 个输出结点）为例，进行 BP 算法推导。

269

输入向量：$\quad \boldsymbol{x} = (x_0, x_1, x_2, \cdots, x_n)^{\mathrm{T}} \in \mathbf{R}^{n+1}, \quad x_0 = -1, i = 1, \cdots, n$ （14-9）

输入层到隐含层权值矩阵：

$$\boldsymbol{V} = (v_{ij})_{(n+1) \times h} = \begin{pmatrix} \theta_1 & \theta_2 & \cdots & \theta_h \\ v_{11} & v_{12} & \cdots & v_{1h} \\ v_{21} & v_{22} & \cdots & v_{2h} \\ \vdots & \vdots & & \vdots \\ v_{n1} & v_{n2} & \cdots & v_{nh} \end{pmatrix}$$

对于隐含层：$\quad u_j = \boldsymbol{V}_j^{\mathrm{T}} x = \sum_{i=0}^{n} v_{ij} \cdot x_i \in \mathbf{R}, \quad j = 1, \cdots, h$ （14-10）

隐含层输出：$\quad y_j = f(u_j) = 1/(1 + \exp(-u_j)) \in \mathbf{R}, \quad j = 1, \cdots, h$ （14-11）

隐含层输出向量：$\boldsymbol{Y} = (y_0, y_1, y_2, \cdots, y_h)^{\mathrm{T}} \in \mathbf{R}^{h+1}, \quad y_0 = -1, \quad j = 1, \cdots, h$ （14-12）

隐含层到输出层权值矩阵：

$$\boldsymbol{W} = (w_{jk})_{(h+1) \times m} = \begin{pmatrix} b_1 & b_2 & \cdots & b_m \\ w_{11} & w_{12} & \cdots & w_{1m} \\ w_{21} & w_{22} & \cdots & w_{2m} \\ \vdots & \vdots & & \vdots \\ w_{h1} & w_{h2} & \cdots & w_{hm} \end{pmatrix}$$

对于输出层：$\quad u_k = \boldsymbol{W}_k^{\mathrm{T}} \cdot \boldsymbol{Y} = \sum_{j=0}^{h} w_{jk} \cdot y_j, \quad k = 1, \cdots, m$ （14-13）

输出层输出：$\quad o_k = f(u_k) = 1/(1 + \exp(-u_k)), \quad k = 1, \cdots, m$ （14-14）

输出层实际输出向量：$\quad \boldsymbol{O} = (o_1, o_2, \cdots, o_m)^{\mathrm{T}} \in \mathbf{R}^m$ （14-15）

期望（目标）输出向量：$\quad \boldsymbol{D} = (d_1, d_2, \cdots, d_m)^{\mathrm{T}} \in \mathbf{R}^m$

输出误差：$\quad E = \dfrac{1}{2} \| \boldsymbol{D} - \boldsymbol{O} \|^2 = \dfrac{1}{2} \sum_{k=1}^{m} (d_k - o_k)^2 \in \mathbf{R}$

显然，这个误差 E 为两个权重矩阵 $\boldsymbol{V}$、$\boldsymbol{W}$ 的函数。下面根据最小二乘法，推导两个权值矩阵的迭代更新公式。

设两层的激活函数 $f(x)$ 均为单极性 Sigmoid 函数，其表达式及导数分别为

$$f(x) = \frac{1}{1 + e^{-x}}, \quad f'(x) = f(x)[1 - f(x)]$$

将误差展开至隐含层，有

$$E = \frac{1}{2} \sum_{k=1}^{m} (d_k - o_k)^2 = \frac{1}{2} \sum_{k=1}^{m} \left[d_k - f\left(\sum_{j=0}^{h} w_{jk} \cdot y_j \right) \right]^2$$ （14-16）

进一步展开至输入层，有

$$E = \frac{1}{2} \sum_{k=1}^{m} (d_k - o_k)^2 = \frac{1}{2} \sum_{k=1}^{m} \left\{ d_k - f\left[\sum_{j=0}^{h} w_{jk} \cdot f\left(\sum_{i=0}^{n} v_{ij} \cdot x_i \right) \right] \right\}^2$$

为使误差 E 不断减小，权值的调整量应与误差的负梯度成正比，即

$$\Delta w_{jk} = -\eta \cdot \frac{\partial E}{\partial w_{jk}}, \quad j = 0, 1, \cdots, h; k = 1, 2, \cdots, m$$ （14-17）

$$\Delta v_{ij} = -\eta \cdot \frac{\partial E}{\partial v_{ij}}, \quad i = 0, 1, 2, \cdots, n; j = 1, \cdots, h$$ （14-18）

式中，负号表示梯度下降；常数 $\eta \in (0,1)$ 在训练中表示学习速率。此时

$$\frac{\partial E}{\partial w_{jk}} = -(d_k - o_k)o_k(1 - o_k)y_j, \quad j = 0,1,\cdots,h; k = 1,2,\cdots,m$$

$$\frac{\partial E}{\partial v_{ij}} = -y_j(1 - y_j)x_i \sum_{k=1}^{m}(d_k - o_k)o_k(1 - o_k)w_{jk}, \quad i = 0,1,\cdots,n; j = 0,1,\cdots,h$$

权值调整计算公式：

$$\Delta w_{jk} = \eta(d_k - o_k)o_k(1 - o_k)y_j, \quad j = 0,1,\cdots,h; k = 1,2,\cdots,m$$

$$\Delta v_{ij} = \eta \cdot y_j(1 - y_j)x_i \sum_{k=1}^{m}(d_k - o_k)o_k(1 - o_k)w_{jk}, \quad i = 0,1,\cdots,n; j = 1,\cdots,h$$

记

$$\boldsymbol{\delta} = \begin{pmatrix} (d_1 - o_1) \cdot o_1 \cdot (1 - o_1) \\ (d_2 - o_2) \cdot o_2 \cdot (1 - o_2) \\ \vdots \\ (d_m - o_m) \cdot o_m \cdot (1 - o_m) \end{pmatrix} \in \mathbf{R}^{m \times 1}, \quad \Delta \boldsymbol{W} = \begin{pmatrix} y_0 \\ y_1 \\ \vdots \\ y_h \end{pmatrix} \cdot \boldsymbol{\delta}^{\mathrm{T}} = \boldsymbol{Y} \cdot \boldsymbol{\delta}^{\mathrm{T}} \in \mathbf{R}^{(h+1) \times m}$$

$$\Delta \boldsymbol{V} = \begin{pmatrix} x_0 \\ x_1 \\ \vdots \\ x_n \end{pmatrix} \cdot \boldsymbol{\delta}^{\mathrm{T}} \cdot \begin{pmatrix} w_{11} & w_{21} & \cdots & w_{h1} \\ w_{12} & w_{22} & \cdots & w_{h2} \\ \vdots & \vdots & & \vdots \\ w_{1m} & w_{2m} & \cdots & w_{hm} \end{pmatrix} \cdot \begin{pmatrix} y_1(1 - y_1) & & & \\ & y_2(1 - y_2) & & \\ & & \ddots & \\ & & & y_h(1 - y_h) \end{pmatrix}$$

设 t 为迭代次数，则

隐层权值调整公式为 $\boldsymbol{W}(t+1) = \boldsymbol{W}(t) + \eta \cdot \Delta \boldsymbol{W}(t)$

输入层权值调整公式为 $\boldsymbol{V}(t+1) = \boldsymbol{V}(t) + \eta \cdot \Delta \boldsymbol{V}(t)$

BP 网路的应用：给定数据 $T = \{(x_1, y_1), \cdots, (x_p, y_p)\}, x_i \in \mathbf{R}^n, y_i \in \mathbf{R}$。

（1）应用于线性或非线性回归：y_i 取值连续，网络结构为 $n:h:1$，激活函数一般取线性函数：

$$y = f(u) = \boldsymbol{w}^{\mathrm{T}}x$$

（2）应用于线性或非线性分类：目标输出 $y_i \in \{1, 2, \cdots, m\}$，当 $m = 2$ 时为二分类，当 $m > 2$ 时为多分类。网络结构为 $n:h:m$，激活函数一般取 Sigmoid 函数：

$$y = f(u) = \frac{1}{1 + e^{-u}}$$

在预测分类时，每输入一个 n 维测试数据，则有一个 m 维向量输出，最大分量所在的维数序号，即为预测的类别。

14.4.3　sklearn. neural_network 库构建神经网络模型

在 sklearn. neural_network 库中，构建神经网络的分类函数为 MLPClassifier( )，它用 BP 算法进行训练。其语法及参数使用说明如下：

```
MLPClassifier(hidden_layer_sizes = (100,),activation = 'relu',solver = 'adam',
alpha = 0.0001,learning_rate = 'constant',learning_rate_init = 0.001,max_iter =
200,random_state =None,tol =0.0001,validation_fraction =0.1,psilon =1e-08,n_i-
ter_no_change =10)
```

1）hidden_layer_sizes：tuple，默认（100,），表示 1 个隐藏层，结点数为 100；如（50，10）表示 2 个隐层，第一个隐层 50 个结点，第二个隐层 10 个结点。

2）activation：{'identity','logistic','tanh','relu'}，激活函数，默认'relu'。其中：
-'identity'：$f(x)=x$；'logistic'：sigmoid 函数；'tanh'：$f(x)=\tanh(x)$。
-'relu'：$f(x)=\max(0,x)$。

3）slover：{'lbfgs','sgd','adam'}，默认'adam'。权重优化的求解器：'lbfgs'是准牛顿方法族的优化器；'sgd'指随机梯度下降。'adam'是指由 Kingma，Diederik 和 Jimmy Ba 提出的基于随机梯度的优化器。注意，默认求解器'adam'在相对较大的数据集（包含数千个训练样本或更多）方面在训练时间和验证分数方面都能很好地工作。但是，对于小型数据集，"lbfgs"可以更快地收敛并且表现更好。

4）alpha：float，可选，默认为 0.0001。L2 惩罚（正则化项）参数。

5）learning_rate：{'constant','invscaling','adaptive'}，学习率，用于权重更新，默认'constant'，只有当 solver 为'sgd'时使用。

6）max_iter：int，可选，默认 200，最大迭代次数。

7）learning_rate_int：double，可选，默认 0.001，初始学习率。

属性说明：

1）classes_：array or list of array of shape（n_classes），每个输出的类标签。

2）loss_：float，使用损失函数计算的当前损失。

3）coefs_：list，length n_layers-1，列表中的第 i 个元素表示对应于层 i 的权重矩阵。

4）intercepts_：list，列表中的第 i 个元素表示对应于层 i+1 的偏置矢量。

5）n_iter_：int，迭代次数。

6）n_layers_：int，层数。

7）n_outputs_：int，输出的个数。

8）out_activation_：string，输出激活函数的名称。

方法说明：

1）fit(X,y) 使模型适合数据矩阵 X 和目标 y。

2）get_params([deep]) 获取此估算器的参数。

3）predict(X) 使用多层感知器分类器进行预测。

4）predict_log_proba(X) 返回概率估计的对数。

5）predict_proba(X) 概率估计。

6）score(X,y[,sample_weight]) 返回给定测试数据和标签的平均准确度。

7）set_params(**params) 设置此估算器的参数。

若用于回归，则建模函数为 MLPRegressor()。

例 14-10 用 BP 神经网络，建模解决"鸢（yuān）尾花数据集"中的多分类问题。

Iris 数据集（https://en.wikipedia.org/wiki/Iris_flower_data_set）由英国著名统计学家费希尔（Fisher）于 1936 年收集整理，也称鸢尾花卉数据集，为多重变量的多分类数据集。它包含 150 个观测数据，分为 3 类，每类 50 个数据，每个数据有 4 个属性：Sepal. Length（花萼长度）、Sepal. Width（花萼宽度）、Petal. Length（花瓣长度）、Petal. Width（花瓣宽度）。通过 4 个属性，鸢尾花卉被分为 3 类：Iris Setosa（0. 山鸢尾）、Iris Versicolour（1. 杂色鸢尾），以及 Iris Virginica（2. 维吉尼亚鸢尾），如图 14-15a 所示。

Iris Setosa
(0.山鸢尾)

Iris Versicolour
(1.杂色鸢尾)

Iris Virginica
(2.维吉尼亚鸢尾)

a) 鸢尾花图片

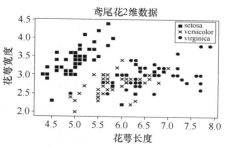
b) 神经网络对鸢尾花数据集多分类建模

图 14-15　神经网络对鸢尾花数据集建模

样本数据集：$T=\{(x_1,y_1),\cdots,(x_j,y_j)\}$，$x_j\in\mathbf{R}^4$，$y_j\in\{0,1,2\}\subseteq\mathbf{R}$

BP 神经网络的分类建模思路：

（1）先将目标输出数据（标签）转为 3 维的 one-dot 向量。下面是部分原始数据，左边表格的第 5 列是类标签，将其转为右边的第 5 列：3 维 one-dot 向量。

1	2	3	4	5
5.1	3.5	1.4	0.2	0
4.9	3	1.4	0.2	0
7	3.2	4.7	1.4	1
6.4	3.2	4.5	1.5	1
6.3	3.3	6	2.5	2
5.8	2.7	5.1	1.9	2

$\longrightarrow$

1	2	3	4	5		
5.1	3.5	1.4	0.2	1	0	0
4.9	3	1.4	0.2	1	0	0
7	3.2	4.7	1.4	0	1	0
6.4	3.2	4.5	1.5	0	1	0
6.3	3.3	6	2.5	0	0	1
5.8	2.7	5.1	1.9	0	0	1

（2）设置网络的结构：输入层、隐层、输出层节点数分别为 $n:h:m$。在 Iris 数据集中，输入层结点数（自变量数目为 x 个）：$n=4$，隐层结点数：$h=4$，输出层结点数个数（目标分类个数）$m=3$，样本数据观察个数：$p=150$。

（3）数据建模及模型评估。测试时，每个样本的实际输出是一个 3 维向量，哪一列的值最大，该样本就被 BP 网络分为哪一类。

下面是训练后，样本测试时的实际输出（左边是测试数据的目标输出向量，右边是网络实际输出向量）：

```
      目标输出                      实际输出
    [0. 1. 0.]    [0.01343563   0.98157738   0.01253451]
    [1. 0. 0.]    [0.98602551   0.00887536   0.00212910]
    [1. 0. 0.]    [0.98641217   0.00862485   0.00211623]
```

在右边的实际输出中，第 1 行的第 2 列最大，该输出被划分为 1 类，对应的目标输出为 $[0,1,0]$；第 2 行的第 1 列最大，被划分为 0 类，对应的目标输出为 $[1,0,0]$。

按照这个建模思路，为了使用方便，函数 MLPClassifier() 作了技术上的处理。

建模时，网络结构为 4：4：3（输入结点数：隐层结点数：输出结点数），激活函数为 logistic 函数，即 activation = 'logistic'，权重更新（即优化器）为拟牛顿：solver = 'lbfgs'。

```
1    import matplotlib.pyplot as plt
2    from sklearn import datasets,metrics
3    from sklearn.neural_network import MLPClassifier    # 神经网络分类
```

273

```
4    from sklearn.model_selection import train_test_split
5    def show_data_set(X,y,data):              # 由于平面只能展示 2 维特征,故取 2 个特征
6        plt.plot(X[y==0,0],X[y==0,1],'rs',label =data.target_names[0])
7        plt.plot(X[y==1,0],X[y==1,1],'bx',label =data.target_names[1])
8        plt.plot(X[y==2,0],X[y==2,1],'go',label =data.target_names[2])
9        plt.xlabel('花萼长度',fontsize =15) #data.feature_names[0]
10       plt.ylabel('花萼宽度',fontsize =15) # data.feature_names[1]
11       plt.title("鸢尾花 2 维数据",fontsize =15)
12       plt.rcParams['font.sans-serif'] ='SimHei'              # 设置中文字体
13       plt.legend();plt.show()
14   iris =datasets.load_iris()   #-- (1)加载数据集 -----------------------------------
15   y =iris.target                                       # 分类标签
16   #--------- (2)将数据集划分为训练集、测试集,测试占 20%,随机种子数为 0--------------------
17   x_train,x_test,y_train,y_test =train_test_split(iris.data,y,test_size =0.2,ran-
     dom_state =0)
18   #--------- (3)BP 神经网络多分类建模------------------------------------------------
19   MLP =MLPClassifier(hidden_layer_sizes = (4,),solver = 'lbfgs',activation = 'lo-
     gistic',max_iter =100)
20   MLP.fit(x_train,y_train)                              # 进行训练
21   y_fit =MLP.predict(x_test)   #-------------(4)模型评估:预测数据 -----------------
22   a_score =metrics.accuracy_score(y_test,y_fit)        # 预测正确率
23   print("预测正确率:",round(a_score *100,2),"%")
24   #-----------------------------(5)数据可视化-----------------------------------
25   X =iris.data[:,:2]                   # 取前 2 列特征 sepal(平面只能展示 2 维)
26   show_data_set(X,y,iris)
```

隐层结点数为 4，预测正确率：100%；若隐层结点数为 100，预测正确率：70%。这说明，隐层结点数并不是越大越好。

结果如图 14-15b 所示。

例 14-11 为了考查哪些因素对一个地区居民消费性支出 y 的影响比较大，下面选取 9 个解释变量：$x1$ 居民的食品花费，$x2$ 居民的服装花费，$x3$ 居民的居住花费，$x4$ 居民的医疗花费，$x5$ 居民的教育花费，$x6$ 地区的职工平均工资，$x7$ 地区的人均 GDP，$x8$ 地区的消费价格指数，$x9$ 地区的失业率。由《中国统计年鉴》选取我国部分地区某年度的数据，如表 14-8 所示，$x1 \sim x8$ 自变量单位为元，$x9$ 单位为百分数，解释变量 y 为城镇居民家庭平均每人全年的消费性支出（具体数据见本书配套电子资源），试用 BP 神经网络建立回归模型。

表 14-8　我国部分地区居民消费性支出 y（元）与各项支出 x（元）　（单位：元）

序号	地区	$x1$	$x2$	$x3$	$x4$	$x5$	$x6$	$x7$	$x8$	$x9$	y
1	北京	7535	2639	1971	1658	3696	84742	87475	106.5	1.3	24046
2	天津	7344	1881	1854	1556	2254	61514	93173	107.5	3.6	20024
…	…	…	…	…	…	…	…	…	…	…	…
31	新疆	5239	2031	1167	1028	1281	44576	33796	114.8	3.4	13892
仿真回归权重		-0.288	-0.268	-0.54	-0.258	-0.422	-0.389	0.125	0.817	-0.099	

建模思路：BP 网络结构为 9：30：1（输入结点数：隐层结点数：输出结点数），激活函数为线性函数 $f(x) = x$，即 activation = 'identity'，权重更新（即优化器）为拟牛顿：solver = 'lbfgs'。

```
1    import matplotlib.pyplot as plt;import pandas as pd
2    import numpy as np;from sklearn import metrics
3    from sklearn.neural_network import MLPRegressor          #神经网络回归
4    from sklearn.model_selection import train_test_split
5    data =pd.read_excel('d:\\我国部分地区居民消费性支出(元) y 与各项支出.xls')
6    x_data =data.iloc[1:32,1:10]
7    y_data =data.iloc[1:32,10]
8    x_train,x_test,y_train,y_test =train_test_split(x_data,y_data,test_size =0.2,
     random_state =0)
9    MLP =MLPRegressor(hidden_layer_sizes = (30,),activation ='identity',\
10       solver ='lbfgs',alpha =0.0001,learning_rate ='constant',\
11       learning_rate_init =0.001,power_t =0.5,max_iter =5000,shuffle =True,\
12       random_state =1,tol =0.0001,verbose =False,warm_start =False,\
13       momentum =0.9,nesterovs_momentum =True,early_stopping =False,\
14       beta_1 =0.9,beta_2 =0.999,epsilon =1e-08)   #创建神经网络对象,初始化各种参数
15   MLP.fit(x_train,y_train)                          #进行训练
16   y_fit =MLP.predict(x_data)                        # 预测数据:用全部数据进行预测
17   R2 =metrics.r2_score(y_data,y_fit)               # R2(决定系数分数)
18   plt.figure(figsize = (8,5))
19   plt.plot(np.arange(len(y_fit)),y_data,color ='r')
20   plt.plot(np.arange(len(y_fit)),y_fit,color ='b',linestyle =':')
21   plt.title("BP 网络回归拟合:R2 =" +str(round(R2,4),fontsize =13)
22   plt.legend(['y 真实值','y 预测值'])
23   plt.show()
24   print('回归权重系数 MLP.coefs_:',MLP.coefs_[0][:,0])   #coefs_包括输入、隐层的权重矩阵
```

建模结果如图 14-16 所示，从回归的权重系数可以看出：$x8$ 地区的消费价格指数（权重为 0.817），对居民的消费支出正面影响最大；$x3$ 居民的居住花费（权重为 -0.54），对居民的消费支出负面影响最大。

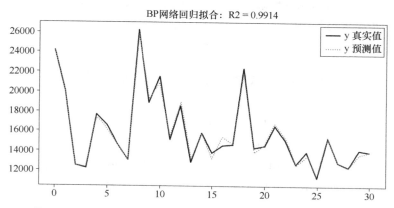

图 14-16　MPL 网络基于影响居民消费支出的多因素回归建模

14.5　支持向量机

1995 年，基于统计学习的理论基础发展出一种新的通用学习方法——支持向量机（Support Vector Machines，SVM）。支持向量机的提出，一举解决了第二代神经网络的结构选择和局部最小值（过拟合、欠拟合）等问题。以统计学习为理论基础的支持向量机被应用于机器学习的各个领域，称为最通用的万能分类器。

支持向量机是一种二分类模型，它的基本模型是定义在特征空间上的间隔最大的线性分类器；支持向量机由于使用核技巧，使它称为实质上的非线性分类器。

支持向量机的学习策略是间隔最大化，它的学习算法是求解凸二次规划的最优化算法。现已被广泛应用于文本分类、图像处理、语音识别、时间序列预测和函数估计等领域。

14.5.1　支持向量机的基本模型

定义 14.4　下列点集称为超平面，其中 w 为系数向量，z 为标量。
$$X = \{x \in \mathbf{R}^m \mid w^{\mathrm{T}}x = z\}$$
定义超平面的意义在于，它能将一个凸集分为两部分：$w^{\mathrm{T}}x \leqslant z$；$w^{\mathrm{T}}x \geqslant z$。

设 S_1、$S_2 \subseteq \mathbf{R}^m$ 为两非空集合，如果存在非零向量 $w \in \mathbf{R}^m$ 及 $z \in \mathbf{R}$，使得
$$S_1 \subseteq H^- = \{x \in \mathbf{R}^m \mid w^{\mathrm{T}}x \leqslant z\}$$
$$S_2 \subseteq H^+ = \{x \in \mathbf{R}^m \mid w^{\mathrm{T}}x \geqslant z\}$$
则称超平面 $\boldsymbol{H} = \{x \in \mathbf{R}^m \mid w^{\mathrm{T}}x = z\}$ 分离了集合 S_1、S_2。

现给定样本数据集：$T = \{(x_1, y_1), \cdots, (x_n, y_n)\}$，$x_i \in \mathbf{R}^m$，$y_i \in \{-1, 1\}$，学习的目标是在特征空间中找到一个分离超平面，能将实例分到不同的类。分离超平面对应于方程：$w^{\mathrm{T}}x + b = 0$，它由法向量 w 和截距 b 决定，用激活函数表示为

$$f(x) = \begin{cases} y = +1, w^{\mathrm{T}}x + b > 0 \\ y = -1, w^{\mathrm{T}}x + b < 0 \end{cases} = y(w^{\mathrm{T}}x + b) \geqslant 0 \tag{14-19}$$

一般来说，当数据集 T 线性可分时，存在无数个分离超平面，可将实例分到不同的类，希望求得一个最优超平面，或间隔最大的超平面。

一般来说，一个点距离分离超平面的远近可以表示为分类预测的确信程度。在超平面确定的情况下，$|w^{\mathrm{T}}x + b|$ 能够相对地表示点 x 距离超平面的远近。样本空间中任意点 x 到超平面 $w^{\mathrm{T}}x + b = 0$ 的距离可写为

$$\gamma = \frac{|w^{\mathrm{T}}x + b|}{\|w\|} \tag{14-20}$$

而 $w^{\mathrm{T}}x + b$ 的符号与 y 的符号是否一致能够表示分类是否正确。故可用量：$y(w^{\mathrm{T}}x + b)$ 来表示分类的准确度。令

$$\begin{cases} w^{\mathrm{T}}x_i + b \geqslant +1, y_i = +1 \\ w^{\mathrm{T}}x_i + b \leqslant -1, y_i = -1 \end{cases} \tag{14-21}$$

如图 14-17 所示，满足式（14-20）两个不等式中等号成立的那些点，被称为"支持向量"（support vector），两个异类支持向量到超平面的距离之和为

$$\gamma = \frac{2}{\|w\|}$$

这个和称为"间隔"（margin）。目标是找到一个划分超平面，使其"间隔"最大，即 $\|\boldsymbol{w}\|^2$ 最小化，同时满足式（14-19）。于是

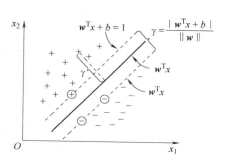

$$\min_{w,b} \frac{1}{2}\|\boldsymbol{w}\|^2 \tag{14-22}$$

$$\text{s. t. } y_i(\boldsymbol{w}^\mathrm{T} x_i + b) \geqslant 1 \qquad i = 1,2,\cdots,n$$

式（14-22）称为支持向量机（SVM）的基本模型。

这是一个约束优化问题。解决方法一般是，先构造一个拉格朗日函数，再通过对偶问题，将原约束优化问题转为对偶的无约束优化问题。

图 14-17　支持向量与间隔

14.5.2　支持向量机的对偶问题

首先构建拉格朗日函数。对式（14-22）中每一个不等式约束，引进拉格朗日乘子 $\lambda_i \geqslant 0$，$i = 1,\cdots,n$，定义拉格朗日函数为

$$L(w,b,\lambda) = \frac{1}{2}\boldsymbol{w}^\mathrm{T} \boldsymbol{w} - \sum_{i=1}^{n} \lambda_i(y_i(\boldsymbol{w}^\mathrm{T} x_i + b) - 1) \tag{14-23}$$

其中 $\lambda = (\lambda_1, \lambda_2, \cdots, \lambda_n)^\mathrm{T} \in \mathbf{R}^n, \lambda_i \geqslant 0$。

根据拉格朗日对偶性，原始问题式（14-22）的对偶问题是极大极小问题：

$$\max_{\lambda} \min_{w,b} L(w,b,\lambda) \tag{14-24}$$

为了得到对偶问题的解，需要先求式（14-23）对 w, b 的极小，再求对 λ 的极大。

1. 求 $\min\limits_{w,b} L(w,b,\lambda)$

将拉格朗日函数式（14-23）分别对 w, b 求偏导，并令其等于 0，可得

$$\frac{\partial L(w,b,\lambda)}{\partial w} = w - \sum_{i=1}^{n} \lambda_i y_i x_i = 0, \qquad \frac{\partial L(w,b,\lambda)}{\partial b} = \sum_{i=1}^{n} \lambda_i y_i = 0$$

将上式代回式（14-23），得

$$\begin{aligned}
\min_{w,b} L(w,b,\lambda) &= \frac{1}{2}\boldsymbol{w}^\mathrm{T} \boldsymbol{w} - \boldsymbol{w}^\mathrm{T} \sum_{i=1}^{n} \lambda_i y_i x_i - b \sum_{i=1}^{n} \lambda_i y_i + \sum_{i=1}^{n} \lambda_i \\
&= \frac{1}{2}\boldsymbol{w}^\mathrm{T} \sum_{i=1}^{n} \lambda_i y_i x_i - \boldsymbol{w}^\mathrm{T} \sum_{i=1}^{n} \lambda_i y_i x_i - 0 + \sum_{i=1}^{n} \lambda_i \\
&= \sum_{i=1}^{n} \lambda_i - \frac{1}{2}\left(\sum_{i=1}^{n} \lambda_i y_i x_i\right)^\mathrm{T} \sum_{i=1}^{n} \lambda_i y_i x_i \\
&= \sum_{i=1}^{n} \lambda_i - \frac{1}{2}\sum_{i=1}^{n}\sum_{j=1}^{n} \lambda_i \lambda_j y_i y_j (\boldsymbol{x}_i^\mathrm{T} \boldsymbol{x}_j)
\end{aligned} \tag{14-25}$$

2. 求 $\min\limits_{w,b} L(w,b,\lambda)$ 对 λ 的极大（对偶问题）

$$\max_{\lambda} \quad \sum_{i=1}^{n} \lambda_i - \frac{1}{2}\sum_{i=1}^{n}\sum_{j=1}^{n} \lambda_i \lambda_j y_i y_j (\boldsymbol{x}_i^\mathrm{T} \boldsymbol{x}_j)$$

$$\text{s. t.} \quad \sum_{i=1}^{n} \lambda_i y_i = 0$$

$$\lambda_i \geqslant 0, \quad i = 1,2,\cdots,n \tag{14-26}$$

将式（14-26）的目标函数由求极大转换成求极小，就得到与原始问题式（14-22）等价的对偶最优化问题：

$$\min_{\lambda} \quad \frac{1}{2}\sum_{i=1}^{n}\sum_{j=1}^{n}\lambda_i\lambda_j y_i y_j(\boldsymbol{x}_i^{\mathrm{T}}\boldsymbol{x}_j) - \sum_{i=1}^{n}\lambda_i$$

$$\text{s. t.} \quad \sum_{i=1}^{n}\lambda_i y_i = 0$$

$$\lambda_i \geqslant 0, \quad i = 1,2,\cdots,n \tag{14-27}$$

定理 14.2　考虑线性可分问题，设 $\boldsymbol{\lambda}^* = (\lambda_1^*,\cdots,\lambda_m^*)^{\mathrm{T}}$ 是对偶最优化问题式（14-27）的最优解，则至少存在某个下标 j，使得 $\lambda_j^* > 0$，并可按下式求得原始函数最优化问题式（14-22）对 (w, b) 的最优解：

$$w^* = \sum_{i=1}^{n}\lambda_i^* y_i x_i, \quad b^* = y_j - \sum_{i=1}^{n}\lambda_i^* y_i(\boldsymbol{x}_i^{\mathrm{T}}\boldsymbol{x}_j) \tag{14-28}$$

定理的证明见参考文献［6］。

由定理 14.2 知，分离超平面可以写为

$$\sum_{i=1}^{n}\lambda_i^* y_i(\boldsymbol{x}^{\mathrm{T}} \cdot x_i) + b^* = 0 \tag{14-29}$$

分类决策函数可以写为

$$f(x) = \mathrm{sgn}\left(\sum_{i=1}^{n}\lambda_i^* y_i(\boldsymbol{x}^{\mathrm{T}} \cdot x_i) + b^*\right) \tag{14-30}$$

这就是说，分类决策函数只依赖于输入 x 和训练样本输入的内积。另外，对于任意训练样本 (x_i,y_i)，总有 $\lambda_i^* = 0$ 或 $y_i(\boldsymbol{w}^{*\mathrm{T}}x_i + b^*) = 1$。

若 $\lambda_i^* = 0$，则该样本不会在分离超平面式（14-29）的求和中出现，也不会对分类决策函数式（14-30）有任何影响；若 $\lambda_i^* > 0$，则必有 $y_i(\boldsymbol{w}^{*\mathrm{T}}x_i + b^*) = 1$，所对应的样本点位于最大间隔边界上，是一个支持向量。这显示出支持向量机的一个重要性质：训练完成后，大部分的训练样本都不需要保留，最终模型仅与支持向量有关。

综上所述，对于给定的线性可分训练数据集，可以首先求对偶最优化问题式（14-27）的最优解 $\boldsymbol{\lambda}^* = (\lambda_1^*,\cdots,\lambda_m^*)^{\mathrm{T}}$，再利用式（14-28）求得原始问题的解：$w^*$、$b^*$，从而得到分离超平面及分类决策函数。这种算法称为线性可分支持向量机的对偶学习算法，是线性可分支持向量机学习的基本算法。

如果给定的样本数据集 $T = \{(x_1,y_1),\cdots,(x_n,y_n)\}, x_i \in \mathbf{R}^m, y_i \in \{-1,1\}$ 线性不可分，即不满足式（14-22）的约束条件，此时训练数据中有一些奇异点。为了解决这个问题，可以对每个样本点 (x_i,y_i) 引进一个松弛变量 $\xi_i \geqslant 0$，使函数间隔加上松弛变量大于等于 1，这样约束条件变为

$$y_i(\boldsymbol{w}^{\mathrm{T}}x_i + b) \geqslant 1 - \xi_i, \quad i = 1,2,\cdots,n$$

同时，对每个松弛变量，支付一个代价 ξ_i，这样目标函数变为

$$\min_{w,b} \frac{1}{2}\|\boldsymbol{w}\|^2 + C\sum_{i=1}^{n}\xi_i$$

这里，$C > 0$ 称为惩罚参数，一般应由问题决定，C 值大时对误分类的惩罚增大，反之减少。上式包含两层含义：使 $\frac{1}{2}\|\boldsymbol{w}\|^2$ 尽量小即间隔尽量大，同时使误分类点的个数尽量小，

C 是调和二者的系数。

有了上面的思路，可以和训练数据集线性可分时一样来考虑线性不可分的情况。相对硬间隔最大化，它被称为软间隔最大化。

14.5.3　非线性支持向量机与核函数

非线性分类问题是指通过利用非线性模型才能很好地进行分类的问题。例如，图 14-18，左图是一个分类问题，红色菱形表示正实例点，蓝色圆表示负实例点。由图可见，无法用一条直线（线性模型）将正负实例点正确分开，但可以用一个椭圆曲线（非线性模型）将它们正确分开。通过映射，把这些点映射到球面上，则可找到一个平面将这些点线性分开。

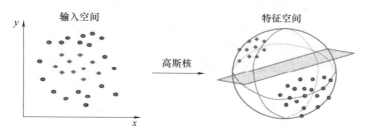

图 14-18　非线性分类问题与核技巧示例

如果给定的样本数据集 $T = \{(x_1, y_1), \cdots, (x_n, y_n)\}, x_i \in \mathbf{R}^m, y_i \in \{-1, 1\}$ 线性不可分，但能够用 $\mathbf{R}^m$ 中的一个超曲面将正负实例正确分开，则称这个问题为非线性可分问题。

定义 14.5　设 $\mathbf{X}^m \subset \mathbf{R}^m$ 为输入空间，$\mathbf{H}^k \subset \mathbf{R}^k$ 为特征空间（希尔伯特空间），如果存在一个从 $\mathbf{X}^m$ 到 $\mathbf{H}^k$ 的映射：

$$\phi(x) : \mathbf{X}^m \rightarrow \mathbf{H}^k$$

使得 $\forall x, z \in X^m$，函数 $K(x, z)$ 满足

$$K(x, z) = (\phi(x) \cdot \phi(z)) \in \mathbf{R}$$

则称 $K(x, z)$ 为核函数，式中 $\phi(x) \cdot \phi(z)$ 为 $\phi(x)$ 和 $\phi(z)$ 的内积。

常用核函数如下：

（1）线性核：$K(x, z) = x^\mathrm{T} z$，x、$z \in \mathbf{R}^m$。

（2）高斯核：$K(x, z) = \exp\left(-\dfrac{\|x - z\|^2}{2\sigma^2}\right)$（既可用于分类，也可用于回归。）

（3）sigmoid 核：$K(x, z) = \dfrac{1}{1 + e^{x^\mathrm{T} z}}$。

（4）多项式核：$K(x, z) = (x \cdot z + 1)^p$，$x$、$z \in \mathbf{R}^m$，$p \in \mathbf{Z}^+$。

利用核函数，可以将线性分类的学习方法应用到非线性分类问题。此时，只需将线性支持向量机对偶形式中的内积换成核函数即可。

下面是非线性支持向量机的一般模型：

$$\min_{\lambda} \quad \frac{1}{2} \sum_{i=1}^{n} \sum_{j=1}^{n} \lambda_i \lambda_j y_i y_j K(x_i, x_j) - \sum_{i=1}^{n} \lambda_i$$

$$\mathrm{s.\,t.} \quad \sum_{i=1}^{n} \lambda_i y_i = 0$$

$$0 \leqslant \lambda_i \leqslant C, \quad i = 1, 2, \cdots, n$$

学习得到的决策函数为

分类：$f(x) = \text{sgn}\left(\sum\limits_{i=1}^{n} \lambda_i^* y_i K(x_i, x) + b^* \right)$，回归：$f(x) = \sum\limits_{i=1}^{n} \lambda_i^* y_i K(x_i, x) + b^*$

其中 $K(x, z)$ 是正定核函数。

式（14-27）的最优解 $\lambda^* = (\lambda_1^*, \cdots, \lambda_m^*)^{\text{T}}$ 如何求解呢？不难发现，这是一个二次规划问题。人们提出了很多高效算法，其中非常著名的是序列最小优化算法（Sequential Minimal Optimization，SMO），可参见：www.jianshu.com/p/eef51f939ace。

14.5.4　sklearn.svm 库构建支持向量机模型

SVM 特别适用于小型复杂数据集，samples < 100k。硬间隔分类有两个主要的问题：1）必须要线性可分；2）对异常值特别敏感，会导致不能很好地泛化或找不出硬间隔。

使用软间隔分类可以解决硬间隔分类的两个主要问题，尽可能保存街道宽敞和限制间隔违例（即位于街道之上，甚至在错误一边的实例）之间找到良好的平衡。

在 sklean 的 SVM 类中，可以通过超参数 C 来控制这个平衡，C 值越小，则街道越宽，但是违例会越多，如果 SVM 模型过度拟合，则可以试试通过降低 C 来进行正则化。

sklearn 中 SVM 的算法库分为两类，一类是分类，包括 SVC、NuSVC、LinearSVC 3 个类；另一类是回归，包括 SVR、NuSVR、LinearSVR 3 个类。相关的类都包裹在 sklearn.svm 模块中。

对于 SVC、NuSVC、LinearSVC，SVC 和 NuSVC 差不多，区别仅在于对损失的度量方式不同；LinearSVC 线性分类，不支持各种低维到高维的核函数，仅仅支持线性核函数，对线性不可分的数据不能使用。

对于 SVR、NuSVR、LinearSVR，SVR 和 NuSVR 差不多，区别仅在于对损失的度量方式不同；LinearSVR 是线性回归，只能使用线性核函数。

分类函数 SVC() 参数及使用说明：

```
sklearn.svm.SVC(C=1.0,kernel='rbf',degree=3,gamma='auto',coef0=0.0,
shrinking=True,probability=False,tol=0.001,cache_size=200,class_weight=
None,verbose=False,max_iter=-1,decision_function_shape=None,random_state=
None)
```

1）C：C-SVC 的惩罚参数，默认值是 1.0。

C 越大，相当于惩罚松弛变量，希望松弛变量接近 0，即对误分类的惩罚增大，趋向于对训练集全分对的情况，这样对训练集测试时准确率很高，但泛化能力弱。C 值小，对误分类的惩罚减小，允许容错，将他们当成噪声点，泛化能力较强。

2）kernel：核函数，默认是 rbf，可以是'linear'（线性核），'poly'（多项式），'rbf'（高斯核），'sigmoid'（逻辑），'precomputed'（预先计算的）。

3）degree：多项式 poly 函数的维度，默认是 3，选择其他核函数时会被忽略。

4）gamma：'rbf'，'poly' 和 'sigmoid' 的核函数参数。默认是 'auto'，则会选择 $1/n\_$ features。

5）coef0：核函数的常数项，对于 'poly' 和 'sigmoid' 有用。

6）probability：是否采用概率估计，默认为 False。

7）shrinking：是否采用 shrinking heuristic 方法，默认为 true。

8）tol：停止训练的误差值大小，默认为 1e-3。

9）max_iter：最大迭代次数，-1 为无限制。

10）decision_function_shape：决策函数形状，'ovo'（将类别两两之间进行划分）、'ovr'（一个类别与其他类别进行划分）、None，默认为 default = None。

11）random_state：数据清洗时的随机种子数，取 int 值。

主要调节的参数有 C、kernel、degree、gamma、coef0。

支持向量机回归函数 SVR( ) 参数及使用说明，其中核函数 rbf 称为高斯径向基：

```
sklearn. svm. SVR(kernel = 'rbf', degree = 3, gamma = 'auto', coef0 = 0.0, tol =
0.001, C = 1.0, epsilon = 0.1, shrinking = True, cache_size = 200, verbose = False, max_i-
ter = -1)
```

1）degree：int，多项式核函数的次数（'poly'），默认 = 3，其他内核忽略。

2）coef0：float，默认值 0.0，核函数中的独立项。它在 'poly' 和 'sigmoid' 中重要。

3）tol：float，默认值 = 1e-3，容忍停止标准。

4）cache_size：float，指定内核缓存的大小（以 MB 为单位）。

5）max_iter：int，求解器内迭代的最大迭代次数，默认值为 -1 表示无限制。

属性：

1）support_：（array-like, shape = [n_SV]）Indices of support vectors。

2）support_vectors_：（array-like, shape = [nSV, n_features]）Support vectors。

3）dual_coef_：（array, shape = [1, n_SV]）Coefficients of the support vector in the decision function。

4）coef_：（array, shape = [1, n_features]）Weights assigned to the features（coefficients in the primal problem）. This is only available in the case of a linear kernel. coef_is readonly property derived from dual_coef_and support_vectors_。

5）intercept_：（array, shape = [1]）Constants in decision function。

方法有 fit(X, y)、predict(X)、score(X, y[, sample_weight])。

例 14-12　用 SVC 对 "鸢尾花数据集" 多分类建模：$(x_i, y_i), x_i \in \mathbf{R}^4, y_i \in \{0, 1, 2\}, i = 1, \cdots, 150$。

建模思路：SVC 对小样本的非线性多分类问题，建模结果比较理想，训练参数选择主要有惩罚参数 C、核函数 kernel、核函数中的参数 gamma、决策函数 decision_function_shape。

```
1    import numpy as np;import matplotlib. pyplot as plt
2    from sklearn import datasets,metrics
3    from sklearn. svm import SVC                    # 支持向量机多分类
4    from sklearn. model_selection import train_test_split
5    iris = datasets. load_iris ()
6    x_train,x_test,y_train,y_test = train_test_split (iris. data,iris. target,
     test_size = 0.2,random_state = 0)
7    p = [];c = np. arange (0.01,0.2,0.005)        # 惩罚参数
8    for i in np. arange (len(c)):          # 对不同的惩罚参数进行迭代,观察对应的预测正确率
9        # svc = SVC (C = c[i],kernel = 'linear',decision_function_shape = 'ovr')
10       svc = SVC (C = c[i],kernel = 'rbf',gamma = 'auto',decision_function_shape =
     'ovr')
                                           # 分类决策:'ovr'
```

```
11      svc.fit(x_train,y_train)                    # 模型训练
12      y_fit = svc.predict(x_test)                 # 预测数据
13      a_score = metrics.accuracy_score(y_test,y_fit)  # 预测正确率
14      p.append(a_score)
15   plt.rcParams['font.sans-serif'] = 'SimHei'     # 消除中文乱码
16   plt.title('基于 SVC 的鸢尾花数据集多分类',fontsize = 13)
17   plt.xlabel('惩罚参数 C');plt.ylabel('预测正确率')
18   plt.plot(c,p);plt.show()
19   d = svc.decision_function(x_test)              # 根据测试数据,计算对应的决策数组
20   for i in range(len(d)):                        # 决策数组中,分量最大的维数为分类标签
21      print('决策向量函数:',d[i],'预测输出:',y_fit[i],'目标输出',y_test[i])
```

决策向量函数:[-0.21265103   1.01326112   2.2108132]预测输出:2 目标输出 2
决策向量函数:[-0.20820162   2.22739377   0.89149869]预测输出:1 目标输出 1
……

调试时，kernel = 'linear'时，为线性核，C 越大分类效果越好，但有可能会过拟合（defaul $C=1$）；kernel = 'rbf'时，为高斯核，gamma 值越小分类界面越连续；gamma 值越大分类界面越"散"，分类效果越好，但有可能会过拟合。

从图 14-19 可以看出，当惩罚参数 $C=0.135$ 时，预测正确率：100%。

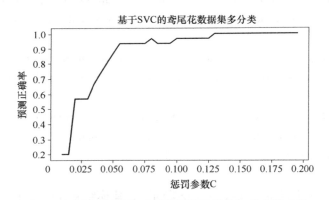

图 14-19　支持向量机对"鸢尾花数据集"多分类建模

14.5.5　SVR 进行回归预测：过拟合与股票预测

有多种方法可以对时间序列数据（如人口增长数、国家 GDP 数、股票综合指数等）进行回归预测。支持向量机（SVM）是其中之一，它适用于小样本数据。SVM 可以将输入向量 X 非线性映射到高维特征空间上，然后进行线性回归拟合，其核函数一般为高斯径向基函数，但里面的 gamma（伽马参数）若取值太小（0.001），会造成欠拟合（即训练拟合较差）；若取值太大（0.9），又会造成过拟合（即训练数据拟合非常好，但对未训练数据的拟合非常差）。

例 14-13　文件"历年总人口、新生人口和死亡人口.csv"收集了我国部分地区 1949—2019 年的出生人口数、死亡人口数，数据来自"中国统计局"官网（具体数据见本书的配套电子资源）。从 2016 年开始，出生人口数不断下降，而死亡人口数不断上升，按照目前的

人口政策及社会的发展情况，有权威机构利用多种模型及方法，预测：再过 8 年左右，我国人口总数将达到峰值。下面简单用 SVM 模型，对人口出生数、死亡数进行回归建模。数据如表 14-9 所示。

表 14-9　我国部分地区历年人口数（1949—2019 年）

年份	总人口/万人	出生人口/万人	死亡人口/万人	净增人口/万人
1949	54167	1950	1083	867
1950	55196	2042	994	1048
…	…	…	…	…
2016	138271	1786	977	809
2017	139008	1723	986	737
2018	139538	1523	993	530
2019	140005	1465	998	467

建模思路：输入自变量 $x = 0, 1, \cdots, 67$，因变量 y 分别用前 68 年（1949—2016 年）的出生人口数、死亡人口数进行 SVR 训练；然后根据已经训练好的模型参数，用自变量 $x = 0, 1, \cdots, 69, 70$ 进行输入测试，测试输出的人口数据，前 68 个数据为拟合，后 3 个数据为预测。训练过程中，设置核函数的伽马参数的不同取值，观察拟合情况。

```
1    import pandas as pd;import numpy as np
2    import matplotlib.pyplot as plt
3    from sklearn.svm import SVR
4    import time
5    df =pd.read_csv('d:\\历年总人口、新生人口和死亡人口.csv',encoding = 'gbk')
6    year =np.array(df.iloc[0:72,0])          #年份(1949—2019):获取 df 第 0~71 行、第 0 列的
                                                 数据,返回一维数组
7    y_data =np.array(df.iloc[0:72,2])        #历年(1949—2019)出生人口数:获取 df 第 0~71
                                                 行、第 2 列的数据
8    z_data =np.array(df.iloc[0:72,3])        #历年(1949—2019)死亡人口数:获取 df 第 0~71
                                                 行、第 3 列的数据
9    y_train =y_data[0:68]    # 出生训练数据:取前 68 年(1949—2016 年)的出生人口数,用于训练
10   z_train =z_data[0:68]    # 死亡训练数据:取前 68 年(1949—2016 年)的死亡人口数,用于训练
11   x_train =np.array(range(len(y_train)))
                              # 自变量训练数据:出生人口数下标为时间序列 0,1,2,3,…
12   #------ 将一维数组 x_train 变为二维数组,其中-1 表示行数为原一维数组的行数,列数为 1 ----
13   x_train =np.reshape(x_train,(-1,1))
14   y_train =np.reshape(y_train,(-1,1))      #将一维数组 y_train 变为二维数组:历年出生人口数
15   z_train =np.reshape(z_train,(-1,1))      #将一维数组 z_train 变为二维数组:历年出死亡口数
16   x_test =np.array(range(len(y_data)))      #将整个数据用于测试拟合
17   x_test =np.reshape(x_test,(-1,1))
18   g =np.linspace(0.001,0.9,10)             #将核函数的伽马参数取不同值,观察拟合情况
19   plt.rcParams['font.sans-serif'] =['SimHei']      #绘图时可以显示中文
20   for i in range(len(g)):                   # 对核函数的伽马参数 gamma 的不同取值进行迭代
21       svr =SVR(C =1e3,kernel = 'rbf',gamma =g[i])
                              # 惩罚参数:C =1e3,核函数:kernel = 'rbf'
```

22	svr.fit(x_train,y_train) # 用出生人口数 y_train 模型训练
23	y_fit = svr.predict(x_test) # 后面 3 年的出生人口数据没有用于训练,输出的为预测拟合
24	plt.figure(figsize = (10,6),dpi = 80)
25	plt.title('1949—2019 出生、死亡人口数。核函数的参数伽马:' + str(g[i]),fontsize = 12)
26	plt.plot(x_test,y_data,color = 'b',marker = '+') # 实际历年出生人口数折线图
27	plt.plot(x_test,y_fit,color = 'r',linestyle = ':',marker = 'o')
	# 拟合历年出生人口数,后 3 年的数据为预测
28	svr.fit(x_train,z_train) # 用死亡人口数 z_train 模型训练
29	z_fit = svr.predict(x_test) # 后面 3 年的死亡人口数据没有用于训练,输出的为预测拟合
30	plt.plot(x_test,z_data,color = 'b',marker = '+') # 实际历年死亡人口数折线图
31	plt.plot(x_test,z_fit,color = 'g',linestyle = ':',marker = 'o')
	# 拟合历年死亡人口数,后 3 年的数据为预测
32	plt.xticks(range(0,len(year),5),year[0::5],rotation = 45,fontsize = 12)
33	plt.legend(['实际出生人口数','预测出生人口数','实际死亡人口数','预测死亡人口数'],fontsize = 12)
34	plt.show()
35	time.sleep(1) # 停止 1s

建模结果如图 14-20 所示，当 gamma = 0.9 时，训练拟合非常理想，但预测结果很差。

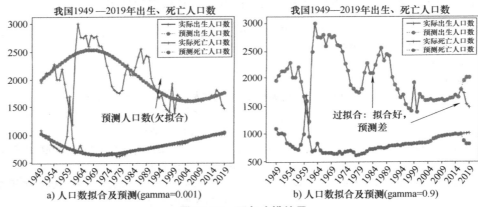

a) 人口数拟合及预测(gamma=0.001)　　　　b) 人口数拟合及预测(gamma=0.9)

图 14-20　回归建模结果

其实，影响人口数的因素比较多，只依靠一个时间整数作为自变量、过去的人口数作为因变量，来预测未来几年的人口数，是不够的。

下面按例 14-13 同样的建模思路，用股票数据进行仿真，看回归预测结果如何？

例 14-14　文件"A 股沪市综合指数（20200101 至 20201224）.csv"收集了我国 A 股沪市综合指数的收盘指数、每日涨幅（具体数据见本书配套资源）。用 SVM 模型，对沪市收盘指数进行回归建模。数据如表 14-10 所示。

支持向量机
动态人口预测
（过拟合）

（用微信扫一扫）

表 14-10　A 股沪市综合指数

交易日期	收盘指数	拟合预测
20200102	3085.2	**3085.1**
20200103	3083.79	**3083.7**
20200106	3083.41	**3083.3**

（续）

交 易 日 期	收盘指数	拟合预测
20200107	3104.8	**3104.7**
…	…	…
20200506	2878.14	**2878.2**
20200507	2871.52	**2871.6**
20200508	2895.34	**2895.2**
20200511	2894.8	**2907.5**
20200512	2891.56	**2907.1**
20200513	2898.05	**2906.9**

建模思路：先取前 82 天的收盘指数数据 y，对应自变量输入 $x=0,1,\cdots,82$，进行 SVR 训练；然后根据已经训练好的模型参数，用自变量 $x=0,1,\cdots,84,85$ 进行输入测试，测试输出的收盘指数，前 82 个数据为拟合，后 3 个数据为预测。建模结果如图 14-21 所示。

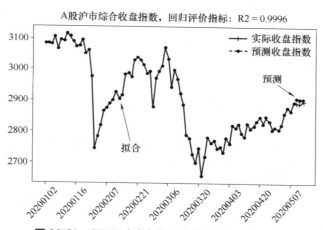

图 14-21　SVM 对沪市收盘指数回归拟合及预测

```
1   import pandas as pd;import numpy as np
2   import matplotlib.pyplot as plt;from sklearn.svm import SVR
3   from sklearn import metrics
4   df =pd.read_csv('d:\\A 股沪市综合指数(20200101—20201224).csv',encoding = 'gbk')
    # --- (1) 加载数据
5   day =np.array(df.iloc[0:85,0])          # 交易日期:取前 df 的前 85 行、第 0 列:
                                            2020.01.02—2020.05.13
6   y_data =np.array(df.iloc[0:85,1])       #收盘指数(2020.01.02—2020.05.13):
                                            取前 df 的前 85 行、第 1 列
7   y_train =y_data[0:82]                   # 取前 82 天的收盘指数,用于训练
8   x_train =np.array(range(len(y_train)))  # 自变量训练数据:收盘指数下标为时间序列
                                            0,1,2,3,…,82
9   x_train =np.reshape(x_train,(-1,1))     #将一维数组变为二维数组,其中行数为原一维
                                            数组的行数
10  y_train =np.reshape(y_train,(-1,1))
```

285

```
11    x_test = np.array(range(len(y_data)))
12    x_test = np.reshape(x_test,(-1,1))
13    #----(2)创建 SVR 对象,并初始化:惩罚参数 C = 1e3,核函数 kernel = 'rbf',核函数的伽马参数
      gamma = 0.8
14    svr = SVR(C = 1e3,kernel = 'rbf',gamma = 0.8)
15    svr.fit(x_train,y_train)              #----------- (3)模型训练 ------------------
16    y_fit = svr.predict(x_test)          #---------- (4)模型预测 ------------------
17    R2 = metrics.r2_score(y_data,y_fit)  #---------- (5)回归模型评估:R2 -------
18    plt.figure(figsize = (8,4),dpi = 80) #---------- (6) 模型结果可视化 --------
19    plt.rcParams['font.sans-serif'] = ['SimHei']    #绘图时可以显示中文
20    plt.title('A 股沪市综合收盘指数,回归评价指标:R2 = ' + str(round(R2,4)),fontsize = 13)
21    plt.plot(x_test,y_data,color = 'b',marker = '+')
22    plt.plot(x_test,y_fit,color = 'r',linestyle = ':',marker = 'o',markersize = 4.5)
23    plt.xticks(range(0,len(day),10),day[0::10],rotation = 45,fontsize = 12)
24    plt.legend(['实际收盘指数','预测收盘指数']);  plt.show()
25    for i in range(len(x_test)):
26        print('交易日期:',day[i],'收盘指数:',y_data[i],'拟合或预测收盘指数:',y_fit[i])
```

14.6　数据聚类

聚类分析是在没有给定划分类别的情况下，根据数据相似度对样本对象进行分组的一种方法。其目标是：组内的对象相互之间是相似的（相关的），而不同组中的对象是不同的（不相关的）。组内的相似性（同质性）越大，组间差别越大，聚类就越好。

所谓的"类"，通俗地说就是相似元素的集合。所谓的"聚类"（Clustering），就是通过某种算法，将相似的元素聚成一个组（或簇）的过程。

"簇"（Cluster）没有一个统一的规范化定义（或标准）。由于采用的标准不同，对同一组对象，会得出不同的聚类结果。比如，要想把中国所有的县分成若干类，可以按照自然条件来分，考虑降水、土地、日照、湿度等各方面；也可以考虑收入、教育水准、医疗条件、基础设施等指标。

14.6.1　聚类分析的相关概念

设有 m 个特征指标（随机变量）：$x_1,x_2,\cdots,x_m$，通过 n 次观察，得到样本数据集（n 个对象）：

$$T = \{X_1,X_2,\cdots,X_n\}^{\mathrm{T}} \subseteq \mathbf{R}^m, \quad X_i = (x_{i1},x_{i2},\cdots,x_{im}), \quad i = 1,\cdots,n$$

聚类就是把集合 T 划分为 k 个非空的子集 $C_1,C_2,\cdots,C_k$，使得任意两个子集非交、且 $C_1 \cap \cdots \cap C_k = T$。这里 k 为簇数，可以事先指定，也可以不用，由算法自己得出。

聚类必须先定义两个样本 X_i 和 X_j 之间的距离或相似度，其方法很多，常用的方法如下：

（1）欧氏距离：$d_{ij} = \|X_i - X_j\|$，距离越近，说明两个样本越相似。

（2）夹角余弦：X_i 和 X_j 之间的夹角 α_{ij} 的余弦 $\cos\alpha_{ij}$ 称为两个向量的相似系数，记为 s_{ij}，即

$$s_{ij} = \cos\alpha_{ij} = \frac{\displaystyle\sum_{k=1}^{m} x_{ik} x_{jk}}{\sqrt{\displaystyle\sum_{k=1}^{m} x_{ik}^2} \sqrt{\displaystyle\sum_{k=1}^{m} x_{jk}^2}} \quad i,j = 1,2,\cdots,n$$

$0 \leqslant s_{ij} \leqslant 1$，$s_{ij}$ 越大，说明两个样本越相似。

定义 14.6　一个聚类的凝聚度定义为：属于该聚类的成员之间的加权有效度（validity）；两个簇之间的分离度定义为：分别属于这两个簇的成员的平均相似度。

设 d_{ij} 表示对象 x_i、x_j 之间的距离，$C_1,\cdots,C_k$ 为数据集合 T 的一个聚类，则

凝聚度：$\mathrm{Validity}(C) = \dfrac{1}{n}\displaystyle\sum_{r=1}^{k} |C_r| \cdot \mathrm{validity}(C_r) = \dfrac{1}{n}\displaystyle\sum_{r=1}^{k} |C_r| \cdot \left(\dfrac{1}{2|C_r|}\displaystyle\sum_{j=1}^{|C_r|}\sum_{i=1}^{|C_r|} d_{ij} \right)$

分离度：$\mathrm{Separation}(C_i,C_j) = \displaystyle\sum_{\substack{x \in C_i \\ y \in C_j}} d_{ij}$

同一簇内元素间距离越小，则凝聚度越大，表示聚类结构越好，如图 14-22 所示。

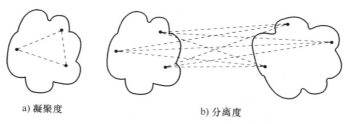

a) 凝聚度　　　　　　　　　　　　　　b) 分离度

图 14-22　凝聚度和分离度的基于图的观点

聚类分析的关键有两点：一是确定分类的标准；二是确定簇的个数 k。这两点不一样，聚类的结果不同。按照聚类使用的方法不同，主要确定 k 的方法有 3 种，包括：1）先将整个数据集分为一组，然后进行分裂；2）先将数据集里面的每一个对象分为一组，然后进行合并；3）先创建 k 个空的划分，然后按照指定的标准，依次将训练数据集中的每一个对象划分到某一个集合中，如果不满足要求，则重新指定组数 k。据此，业界提出了许多相应的聚类算法，这些算法可以分为 5 种：划分方法、层次方法、基于密度方法、基于网格方法和基于模型方法。

14.6.2　基于划分的聚类算法：k-means

k-means 是最简单、最基础的基于划分的聚类算法，其算法步骤如下：

（1）初始化：令迭代次数 $t=0$，$C_i = \varnothing$，$i=1,2,\cdots,k$，从样本集 T 中随机选择 k 个样本点作为初始聚类中心：$z_1(t),\cdots,z_k(t) \in \mathbf{R}^m$。

（2）对 T 进行聚类，即将每个样本点指派到与其最近的中心的类中，方法为：对任意的 $X_i \in T$，若

$$\min_{j \in \{1,\cdots,k\}} \|X_i - z_j(t)\|_2^2$$

则 $X_i \in C_j$。

（3）计算新的类中心：对当前的聚类结果 $C(t) = \{C_1,\cdots,C_k\}$，计算每个簇的类中心。

$$z_i(t) = \frac{1}{n_i}\sum_{X_j \in C_i} X_j, \quad i = 1,2,\cdots,k$$

式中，n_i 为簇 C_i 中的样本个数。

（4）如果迭代收敛或符合终止条件（当前均值向量均未更新），即

$$\sum_{i=1}^{k} \| z_i(t) - z_i(t-1) \|_2^2 \leqslant e_{min}$$

则算法结束，否则 $t = t + 1$，转（2）。

sklearn. cluster 库中 k-means 聚类函数 k-means（）语法及参数使用说明：

```
class sklearn. cluster. KMeans(n_clusters = 8, init = 'k-means ++ ', n_init = 10,
max_iter = 300, tol = 0.0001, precompute_distances = 'auto', verbose = 0, random_
state = None, copy_x = True, n_jobs = 1, algorithm = 'auto')
```

1）n_clusters：质心数量，即分类数，默认是 8 个。

2）init：初始化质心的选取方式，主要有下面 3 种参数可选，k-means ++ 、random 或 an ndarray，默认是 k-means ++ 。因为初始质心是随机选取的，会造成局部最优解，所以需要更换几次随机质心。

k-means 与 k-means ++ 区别：

原始 k-means 算法最开始随机选取数据集中 k 个点作为聚类中心，而 k-means ++ 按照如下的思想选取 k 个聚类中心：

假设已经选取 n 个初始聚类中心（$0 < n < K$），则在选取第 $n + 1$ 个聚类中心时：距离当前 n 个聚类中心越远的点会有更高的概率被选为第 $n + 1$ 个聚类中心，但在选取第一个聚类中心（$n = 1$）时同样通过随机的方法，这样是因为聚类中心互相离得越远越好。

3）n_init：随机初始化的次数，k-means 质心迭代的次数。

4）max_iter：最大迭代次数，默认是 300。

5）tol：误差容忍度最小值。

6）precompute_distances：是否需要提前计算距离，auto，True，False 3 个参数值可选。默认值是 auto，如果选择 auto，当样本数乘以质心数大于 1200 万的时候，就不会提前进行计算；如果小于，则会提前计算。提前计算距离会让聚类速度很快，但会消耗很多内存。

7）copy_x：主要起作用于提前计算距离的情况，默认值是 True，如果是 True，则表示在源数据的副本上提前计算距离时，不会修改源数据。

8）algorithm：优化算法的选择，有 auto、full 和 elkan 3 种选择。full 就是一般意义上的 k-Means 算法；elkan 是使用的 elkan k-Means 算法；默认的 auto 会根据数据值是否是稀疏的（稀疏一般指有大量缺失值），来决定如何选择 full 和 elkan。如果数据是稠密的，就选择 elkan k-means；否则就使用普通的 Kmeans 算法。

对象/属性：

1）cluster_centers_：输出聚类的质心。

2）labels_：输出每个样本集对应的类别。

3）inertia_：所有样本点到其最近点距离之和。

14.6.3　基于层次的聚类算法：凝聚法

层次聚类有两种方式，一种是从上至下（凝聚法）；另一种是从下至上（分裂法），如图 14-23 所示。

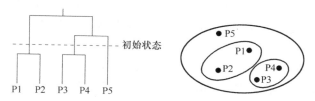

图 14-23 层次聚类有两种方式：凝聚法与分裂法

从上至下（凝聚法）：从上至下就是把每一个样本分别当作一类，然后计算两两样本之间的距离，将距离较近的两个样本进行合并，再计算两两合并以后的簇之间的距离，将距离最近的两个簇进行合并，重复执行这个过程，直到达到最后指定的类别数或者达到停止条件。

从下至上（分裂法）：从下至上就是刚开始把所有样本都当作同一类，然后计算两两样本之间的距离，将距离较远的两个样本分割成两类，然后计算剩余样本集中每个样本到这两类的距离，距离哪类比较近，则把样本划分到哪一类，循环执行这个过程，直至达到最后指定的类别数或者达到停止条件。

sklearn. cluster 库中凝聚法聚类函数 AgglomerativeClustering( ) 语法及参数使用说明：

```
class sklearn. cluster. AgglomerativeClustering (n_clusters = 2, affinity =
'euclidean',memory = None,connectivity = None,compute_full_tree = 'auto',linkage
= 'ward')
```

1）n_clusters：目标类别数，默认是 2。

2）affinity：样本点之间距离计算方式，可以是 euclidean（欧式距离），l1、l2、manhattan（曼哈顿距离），cosine（余弦距离），precomputed（可以预先设定好距离）。如果参数 linkage 选择 "ward"，只能使用 euclidean。

3）linkage：链接标准，即样本点的合并标准，主要有 ward、complete、average 3 个参数可选，默认是 ward。每个簇（类）本身就是一个集合，在合并两个簇的时候其实是在合并两个集合，所以需要找到一种计算两个集合之间距离的方式，主要有 3 种方式：ward、complete、average，分别表示使用两个集合方差、两个集合中点与点距离之间的平均值、两个集合中距离最小的两个点的距离。

对象/属性：

1）labels_：每个样本点的类别。

2）n_leaves_：层次树中叶结点树。

14.6.4　基于密度的聚类算法：DBSCAN 算法

基于密度的聚类是根据样本的密度分布来进行聚类。通常情况下，密度聚类从样本密度的角度来考查样本之间的可连接性，并基于可连接样本不断扩展聚类簇，以获得最终的聚类结果。其中，最著名的算法就是具有噪声的基于密度的聚类方法（Density-Based Spatial Clustering of Applications with Noise，DBSCAN）算法。

DBSCAN 算法是基于一组 "邻域" 参数（邻域半径 eps，邻域内点的个数 MinPts）来刻画样本分布的紧密程度。它把样本集合的点，分成 3 类：核心点、边界点、噪声点。3 类点的图形如图 14-24 所示。

设样本点集 $T = \{x_1, \cdots, x_n\} \subseteq \mathbf{R}^m$ 中有 n 个点，每个样本点有 m 维属性。

e- 邻域：给定半径 eps，对于 $x_j \in T$，其 e- 邻域包含样本集 T 中与 x_j 的距离不大于 eps 的所有样本点，即

$$N_e(x_j) = \{x_i \in T \mid d_{ij} = g(x_i, x_j) \leqslant \text{eps}\}$$

核心点（core point）：若 x_j 的 e- 邻域至少包含 MinPts 个样品，即

$$|N_e(x_j)| \geqslant \text{MinPts}$$

则 x_j 是一个核心点。

边界点（border point）：落在多个核心点的 e- 邻域内点，称为边界点。边界点不是核心点。

噪声点（noise point）：既不是核心点，也不是边界点的任何点。

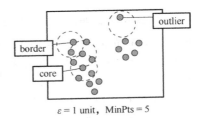

$\varepsilon = 1$ unit, MinPts = 5

图 14-24　DBSCAN 算法的核心点、边界点、噪声点

DBSCAN 聚类算法的步骤如下：

1）初始化参数：半径 eps、密度阈值 MinPts。

2）将所有的点标记为核心点、边界点或噪声点。具体步骤是以每一个点 x_j 为圆心，以 eps 为半径画一个圆圈，该圆圈被称为 x_j 的 e- 邻域；对这个 e- 邻域内包含的点进行计数，如果里面包含的点数超过了密度阈值 MinPts，那么该邻域的圆心记为核心点；如果某个点的 e- 邻域内点的个数小于密度阈值但是落在核心点的邻域内，则称该点为边界点；既不是核心点，也不是边界点的点，就是噪声点。

3）删除噪声点。

4）为距离在 eps 之内的所有核心点赋予一条边。

5）每组连通的核心点形成一个簇。

6）将每个边界点指派到一个与之关联的核心点的簇中。

sklearn. cluster 库中密度聚类函数 DBSCAN() 语法及参数使用说明：

```
class sklearn. cluster. DBSCAN(eps = 0.5,min_samples = 5,metric = 'euclidean',
metric_params = None,algorithm = 'auto',leaf_size = 30,p = None,n_jobs = 1)
```

1）eps：即邻域中的 r 值，可以理解为圆的半径。

2）min_samples：要成为核心对象的必要条件，即邻域内的最小样本数，默认是 5 个。

3）metric：距离计算方式，和层次聚类中的 affinity 参数类似，同样可以是 precomputed。

4）metric_params：其他度量函数的参数。

5）algorithm：最近邻搜索算法参数，auto、ball_tree（球树）、kd_tree（kd 树）、brute（暴力搜索），默认是 auto。

6）leaf_size：最近邻搜索算法参数，当 algorithm 使用 kd_tree 或者 ball_tree 时，停止建子树的叶子节点数量的阈值。

7）p：最近邻距离度量参数。只用于闵可夫斯基距离和带权重闵可夫斯基距离中 p 值的选择，p = 1 为曼哈顿距离，p = 2 为欧式距离。

对象/属性：

1）core_sample_indices_：核心对象数。

2）labels_：每个样本点的对应的类别，对于噪声点将赋值为 -1。

14.6.5　sklearn. metrics 模块的聚类模型评价指标

1. 轮廓系数（Silhouette Coefficient）

metrics. silhouette_score（X,labels_）

轮廓系数是聚类效果好坏的一种评价方式，它结合内聚度和分离度两种因素，可以在相同原始数据的基础上评价不同算法或者算法不同运行方式对聚类结果所产生的影响。具体计算步骤：

（1）计算样本 i 到同簇其他样本的平均距离 $a(i)$。$a(i)$ 越小，说明样本 i 越应该被聚类到该簇。将 $a(i)$ 称为样本 i 的簇内不相似度。某一个簇 C 中所有样本的 $a(i)$ 均值称为簇 C 的簇不相似度。

（2）计算样本 i 到其他某簇 C_j 的所有样本的平均距离 $b_j(i)$，称为样本 i 与簇 C_j 的不相似度。定义为样本 i 的簇间不相似度：$b(i) = \min\{b_1(i), b_2(i), \cdots, b_k(i)\}$，即某一个样本的簇间不相似度为该样本到所有其他簇的所有样本的平均距离中最小的那一个。$b(i)$ 越大，说明样本 i 越不属于其他簇。

（3）根据样本 i 的簇内不相似度 $a(i)$ 和簇间不相似度 $b(i)$，定义某一个样本样本 i 的轮廓系数 $s(i)$。

$$s(i) = \frac{b(i) - a(i)}{\max\{a(i), b(i)\}} = \begin{cases} 1 - \dfrac{a(i)}{b(i)}, & a(i) \leqslant b(i) \\ \dfrac{b(i)}{a(i)} - 1, & a(i) > b(i) \end{cases}$$

$s(i)$ 接近 1，则说明样本 i 聚类合理；$s(i)$ 接近 -1，则说明样本 i 更应该分类到另外的簇；$s(i)$ 近似为 0，则说明样本 i 在两个簇的边界上。

（4）所有样本的轮廓系数 S。所有样本的 $s(i)$ 的均值称为聚类结果的轮廓系数，定义为 S，是该聚类是否合理、有效的度量。聚类结果的轮廓系数的取值在 $[-1, 1]$ 之间，值越大，说明同类样本相距越近，不同样本相距越远，则聚类效果越好。

轮廓系数优点：对于不正确的聚类，分数为 -1，highly dense clustering（高密度聚类）为 +1。零点附近的分数表示 overlapping clusters（重叠的聚类）。当 clusters（簇）密集且分离较好时，分数更高，这与 cluster（簇）的标准概念有关。

轮廓系数缺点：convex clusters（凸的簇）的 Silhouette Coefficient 通常比其他类型的 cluster（簇）更高，例如通过 DBSCAN 获得的基于密度的 cluster（簇）。

函数 metrics. silhouette_score（X,labels_）用于计算聚类结果的轮廓系数，其参数说明：X 表示要聚类的样本数据；labels 为聚类之后得到的 label 标签。

2. CH 分数（Calinski Harabasz Score）

metrics. calinski_harabaz_score（X,labels），也称指数评价法（Calinski-Harabaz Index），其计算公式为

$$s(k) = \frac{\operatorname{tr}(B_k)}{\operatorname{tr}(W_k)} \times \frac{n-k}{k-1}$$

$$B_k = \sum_{q=1}^{k} n_q (c_q - c)(c_q - c)^{\mathrm{T}}, \quad W_k = \sum_{q=1}^{k} \sum_{x \in C_q} (x - c_q)(x - c_q)^{\mathrm{T}}$$

式中，n 为训练样本数；k 为类别数；B_k 为类别之间的协方差矩阵；W_k 为类别内部数据的

协方差矩阵；tr 为矩阵的迹。

类别内部数据的协方差越小越好，类别之间的协方差越大越好，这样的 Calinski- Harabasz 分数会高，聚类效果越好。

函数 metrics. calinski_harabaz_score（X,labels_）参数说明：X 表示要聚类的样本数据；labels 为聚类之后得到的 label 标签。

例 14-15 我国各个地区的发展不平衡，为了考查各地区消费支出的梯队情况，下面选取我国部分地区农村居民家庭平均每人在 8 个方面的支出：食品消费（x1）、衣着消费（x2）、居住消费（x3）、家庭设备及用品消费（x4）、交通通信消费（x5）、文教娱乐消费（x6）、医疗保健消费（x7）、其他消费（x8）。具体数据见本书配套电子资源，如表 14-11 所示，试用 k-means 建立聚类模型。

表 14-11　农村居民家庭平均每人消费支出　　　（单位：元）

序号	地区	x1	x2	x3	x4	x5	x6	x7	x8
1	北京	3944. 8	948	2199. 8	773. 5	1398. 8	1152. 7	1125. 2	336. 2
2	天津	3019. 9	780. 7	1263. 5	451. 3	1066. 3	766. 1	760. 4	228. 4
…	…	…	…	…	…	…	…	…	…
31	新疆	1891. 1	429. 9	1298. 5	219. 1	646. 4	261. 7	444. 2	110. 2

建模思路：簇数分别取 $k=2,3,4,5,6,7$ 等，观察聚类的轮廓系数的变化情况。

```
1    import pandas as pd
2    from sklearn. cluster import KMeans
3    from sklearn import metrics
4    df =pd. read_excel("d:\\农村居民家庭平均每人消费支出.xls")   #打开文件
5    Area =df. values[0:31,0]          #各地区名称:取 df 的第 0~30 行、第 0 列,返回一维
                                         数组,形状(31,)
6    x_data =df. values[0:31,1:9]      #指标数据:取 df 的第 0~30 行、第 1~8 列,返回二维
                                         数组,形状(31,8)
7    k =5                              #簇数 k =5
8    kmeans = KMeans(n_clusters =k)    #构造 k-means 聚类器
9    kmeans. fit(x_data)               #聚类训练
10   y_pred =kmeans. labels_          # 获取聚类标签:x_data 的每一行对应一个标签,返回
                                         一维数组,形状(31,)
11   SC =metrics. silhouette_score(x_data,y_pred)
12   CH =metrics. calinski_harabasz_score(x_data,y_pred)
13   print('k-means 聚类的轮廓系数:',round(SC,2))
14   print('k-means 聚类的指数分数:',round(CH,2))
15   row_sum =x_data. sum(axis =1)    # 按行求和,返回各地区消费支出的和,为一维数组,形
                                         状(31,)
16   for i in range(k):   #-----------分组输出聚类结果-----------------------------
17       label =[]
18       mean =0
19       n =0
20       for j in range(31):
21           if i ==y_pred[j]:
```

```
22                  n = n + 1
23                  label. append(Area[j])
24                  mean = mean + row_sum[j]
25          mean = round(mean/n,2)
26          label. append('人均消费支出:' + str(mean))
27          print(label)
```

k-means 聚类的轮廓系数:0.32
k-means 聚类的指数分数:40.09

指定聚类个数 $k = 5$ 时，聚类结果如表 14-12 所示，沿海与西部相差非常明显。

表 14-12　某年度我国农村居民家庭平均每人消费支出 k-means 聚类结果

组数	分 组 情 况	人均消费/元
1	贵州，西藏，甘肃	3671.80
2	内蒙古，辽宁，吉林，黑龙江，安徽，江西，山东，湖北，湖南，海南，重庆，四川，云南	5620.45
3	北京，上海，浙江	11501.07
4	河北，山西，河南，广西，陕西，青海，宁夏，新疆	5250.22
5	天津，江苏，福建，广东	8083.83

例 14-16　用 DBSCAN 算法对文件 "788points. txt" 中的数据进行聚类，该文件含 788 个样本点，每个样本点有 2 个数据。该算法的优点是不用指定簇数 k。

```
1    import matplotlib. pyplot as plt;import numpy as np
2    from sklearn. cluster import DBSCAN
3    from sklearn import metrics
4    def loadDataSet():
5        x = []
6        f = open('d:/788points. txt')              # 打开文本文件
7        for line in f. readlines():                 # 按行迭代读取数据
8            lineList = line. strip(). split(',')     # 按默认字符(空格)拆分数据
9            x. append([float(lineList[0]),float(lineList[1])])
10       return np. array(x)
11   X = loadDataSet()
12   ''' ----- DBSCAN 算法,eps 为指定半径参数,min_samples 为制定邻域密度阈值 ------'''
13   dbscan = DBSCAN(eps = 2,min_samples = 14)
14   dbscan. fit(X)
15   y = dbscan. labels_
16   plt. scatter(X[y==0,0],X[y==0,1],color = 'r',marker = 'o')
17   plt. scatter(X[y==1,0],X[y==1,1],color = 'b',marker = '+')
18   plt. scatter(X[y==2,0],X[y==2,1],color = 'g',marker = 's')
19   plt. scatter(X[y==3,0],X[y==3,1],color = 'k',marker = 'd')
20   plt. scatter(X[y==4,0],X[y==4,1],color = 'c',marker = '*')
21   plt. scatter(X[y==5,0],X[y==5,1],color = 'y',marker = 'D')
22   plt. scatter(X[y==6,0],X[y==6,1],color = 'M',marker = '1')
23   plt. show()
24   SC = metrics. silhouette_score(X,y)
25   print('DBSCAN 聚类的轮廓系数:',round(SC,2))
```

DBSCAN 聚类的轮廓系数：0.44，聚类结果如图 14-25 所示，聚类个数 $k=7$。

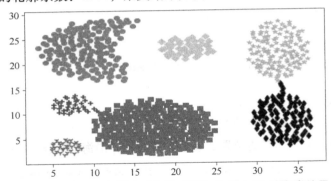

图 14-25　DBSCAN 算法对文件 "788points. txt" 的聚类结果

k-means 的优点在于：对于大型数据集，聚类简单高效，时间复杂度、空间复杂度低。k-means 的不足在于：

1）数据集大时结果容易局部最优；

2）需要预先设定 k 值，对最先的 k 个点选取很敏感；

3）对噪声和离群值非常敏感；

4）只用于 numerical 类型数据；

5）不能解决非凸数据。

DBSCAN 的优点在于：对噪声不敏感；能发现任意形状的聚类。其不足在于：

1）聚类的结果与参数有很大的关系；

2）DBSCAN 用固定参数识别聚类，但当聚类的稀疏程度不同时，相同的判定标准可能会破坏聚类的自然结构，即较稀的聚类会被划分为多个类或密度较大且离得较近的类会被合并成一个聚类。

 习题

14-1　为了确定化肥施用量与粮食产量的关系，表 14-13 列出了 20 组粮食产量与化肥施用量的数据（数据文件见本书配套数字资源："粮食产量与化肥施用量.xls"）。请根据这些数据，建立线性回归模型。

表 14-13　粮食产量与化肥施用量　　　　　　　　　　　　　　（单位：kt）

序号	化肥施用量 x	粮食产量 y	序号	化肥施用量 x	粮食产量 y
1	4541. 05	48526. 69	11	3212. 13	43061. 53
2	3637. 87	45110. 87	12	3804. 76	47336. 78
3	2287. 49	40753. 79	13	1598. 28	37127. 89
4	3056. 89	43824. 58	14	1998. 56	39515. 07
5	4883. 7	50890. 11	15	3710. 56	46598. 04
6	3779. 3	46370. 88	16	3269. 03	44020. 92
7	4021. 09	46577. 91	17	1017. 12	34866. 91
8	2989. 06	42947. 44	18	1864. 23	37184. 14
9	3021. 9	41673. 21	19	2797. 24	41864. 77
10	3953. 97	47244. 34	20	1034. 09	33717. 78

14-2 sklearn 库中的 fetch_california_housing 数据集，收录了美国加州住房 20640 条信息，每条记录含 8 个属性（如街区中等收入、住宅区平均房屋年龄、平均客房数、平均卧室数等），输出为房价。加载数据后，先进行标准化处理，再进行线性回归建模，并对模型进行评估，如 R2 值、哪些因素对房价影响较大？

14-3 经典二分类数据集有 $n=100$ 个观察值，指标（自变量）个数 $m=2$，因变量 $y=0$ 或 1。试建立逻辑回归模型，并绘制散点图及分类直线（数据见 testSet.txt），如图 14-26 所示。

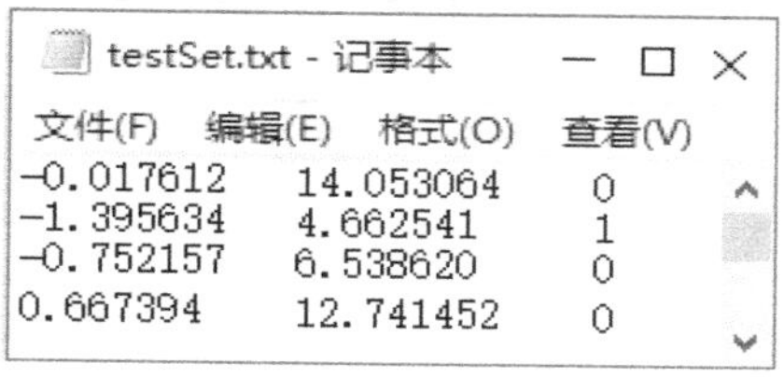

图 14-26 经典二分类数据集 testSet.txt

14-4 sklearn 库中的 load_wine 数据集，收录了葡萄酒成分 178 条信息，每条记录含 13 个属性（如 Alcohol 酒精、Malic acid 苹果酸、Ash 灰烬、Alcalinity of ash 灰分的碱性、Magnesium 镁、Total phenols 总酚类等），输出为葡萄酒分类（分为 3 类：class_0、class_1、class_0）。试用 BP 神经网络对其分类建模。

14-5 用 SVM 对 sklearn 库中的手写数字数据集 load_digits 进行多分类建模，并对模型进行评估。

14-6 文件"贵州茅台（sh600519）.csv"收录了贵州茅台上市以来（2001.08.27 至 2020.12.24）的日交易数据，包括交易日期、开盘价、最高价、最低价、收盘价、涨幅%，如表 14-14 所示。试选择一段时间的收盘价，用支持向量机进行回归建模，并预测之后 5 个交易日的收盘价。

表 14-14 贵州茅台（sh600519）日交易数据

序号	交易日期	开 盘 价	最 高 价	最 低 价	收 盘 价	涨幅（%）
1	20010827	34.51	37.78	32.85	35.55	0
…	…	…	…	…	…	…
4612	20201223	1897.99	1906.2	1821.02	1841.65	−2.09
4613	20201224	1818	1858.88	1795.02	1830.34	−0.61

14-7 加载 sklearn 库中的乳腺癌数据集 load_breast_cancer，进行聚类建模，并对模型进行评估。

14-8 用 k-means 聚类算法实现鸢尾花数据的聚类。样本数据观察个数：$n=150$，指标（自变量 X）个数：$m=4$，萼片长度、萼片宽度、花瓣长度、花瓣宽度，标签（因变量 Y）：鸢尾花类别 0,1,2，聚类时不用考虑这个标签。

附录

国家统计局数据查询及下载

国家统计局收录了国内、国外很多指标的数据，下面以我国 2019 年人口数据为例（见附表）⊖，简要介绍数据收集的步骤。

附表　2019 年人口数据

序号	地　　区	年末常住人口/万人	城镇人口/万人	乡村人口/万人
1	北京市	2154	1865	289
2	天津市	1562	1304	258
…	…	…	…	…
31	新疆维吾尔自治区	2523	1309	1214

用浏览器，进入国家统计局官网：https://data.stats.gov.cn/index.htm。

（1）先注册一个账号，然后登录（若不注册账号，则查询的数据无法下载），如附图 1 所示。

附图 1　账号注册

（2）输入要查询的一些关键词，然后单击："搜索"按钮，如附图 2 所示。

附图 2　关键词搜索

（3）在筛选栏目中，选择"分省年度数据"，单击"刷新"→"相关报表"，如附图 3 所示。

（4）单击"高级查询"按钮，选择要查询的指标，如附图 4 所示。

⊖　本书不包含港澳台地区的数据。

附图3 相关报表

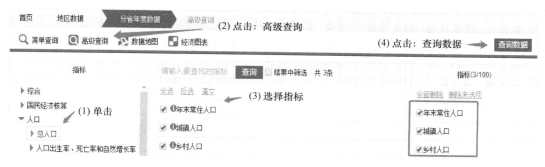

附图4 选择指标

（5）选择地区：选择省、自治区、直辖市，如附图5所示。

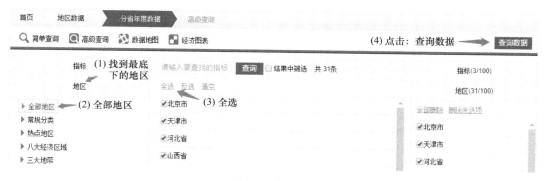

附图5 选择地区

（6）最后，单击"数据下载"，如附图6所示。

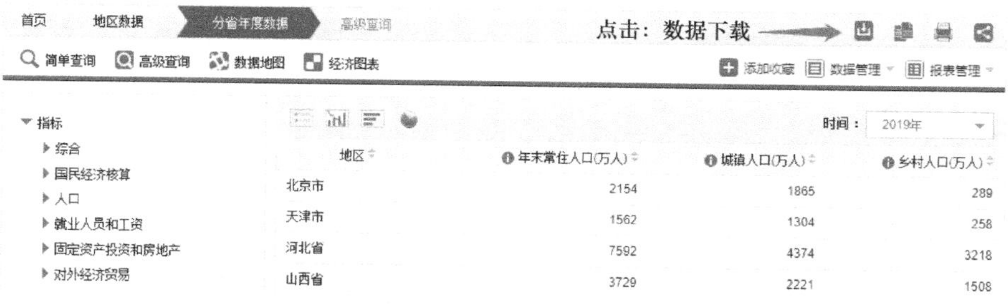

地区	❶年末常住人口(万人)	❶城镇人口(万人)	❶乡村人口(万人)
北京市	2154	1865	289
天津市	1562	1304	258
河北省	7592	4374	3218
山西省	3729	2221	1508

附图6 数据下载

参 考 文 献

[1] 董付国. Python 程序设计基础与应用 [M]. 北京：机械工业出版社，2019.

[2] 菜鸟教程. Python 菜鸟基础教程 [EB/OL]. (2019-03-13) [2020-04-17] https://www.runoob.com/python/.

[3] 黄红梅，张良均. Python 数据分析与应用 [M]. 北京：人民邮电出版社，2018.

[4] 嵩天，礼欣. Python 语言程序设计基础 [M]. 北京：高等教育出版社，2017.

[5] 李刚. 疯狂 Java 讲义 [M]. 北京：电子工业出版社，2018.

[6] 童恒庆. 理论计量经济学 [M]. 北京：科学出版社，2005.

[7] 李航. 统计学习方法 [M]. 2 版. 北京：清华大学出版社，2019.

[8] 周志华. 机器学习 [M]. 北京：清华大学出版社，2016.

[9] 袁亚湘，孙文瑜. 最优化理论与方法 [M]. 北京：科学出版社，2005.